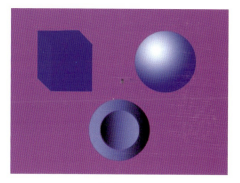

图 1-1-1

图 1-2-1

图 1-3-1

图 1-4-1

图 1-5-1

图 1-6-1

图 1-7-1

图 1-8-1

1

图 1-9-1

图 1-10-1

图 1-11-1

图 1-12-1

图 1-13-1

图 1-14-1

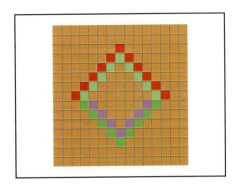

图 1-15-1

图 1-16-1

图 1-17-1

图 1-18-1

图 1-19-1

图 1-20-1

图 2-1-1

图 2-2-1

图 2-3-1

图 2-4-1

图 2-5-1

图 2-6-1

图 2-7-1

图 2-8-1

图 2-9-1

图 2-10-1

图 2-11-1

图 2-12-1

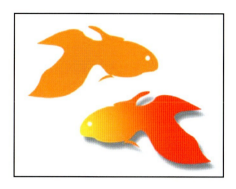
图 2-13-1

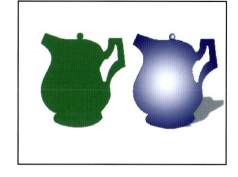
图 2-14-1

图 2-15-1

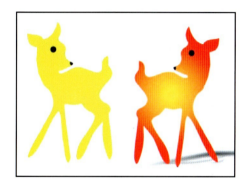
图 2-16-1

图 2-17-1

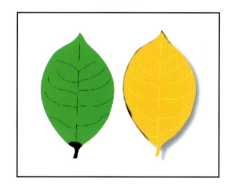
图 2-18-1

图 2-19-1

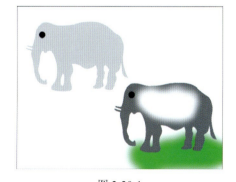
图 2-20-1

图 3-1-1　　　　　　　　图 3-2-1　　　　　　　　图 3-3-1

图 3-4-1　　　　　　　　　　　　　图 3-5-1

图 3-6-1　　　　　　　　　　　　　图 3-7-1

图 3-8-1　　　　　　　　　　　图 3-9-1

图 3-10-1　　　　　　　　　　　　图 3-11-1

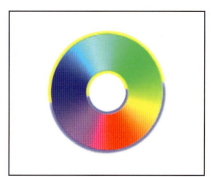

图 3-12-1　　　　　　　　　　　　图 3-13-1

图 3-14-1　　　　　　　　　　　　图 3-15-1

图 3-16-1　　　　　图 3-17-1　　　　　图 3-18-1

图 3-19-1　　　　　　　　　　　　　图 3-20-1

图 4-1-1　　　　　　图 4-2-1　　　　　　图 4-3-1

图 4-4-1　　　　　　　　　　　　　图 4-5-1

图 4-6-1　　　　　　图 4-7-1　　　　　　图 4-8-1

图 4-9-1

图 4-10-1

图 4-11-1

图 4-12-1

图 4-13-1

图 4-14-1

图 4-15-1

图 4-16-1

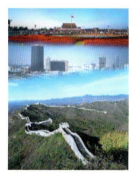

图 4-17-1

图 4-18-1

图 4-19-1

图 4-20-1

图 5-1-1

图 5-2-1

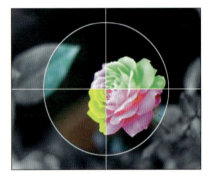

图 5-3-1

图 5-4-1

图 5-5-1

图 5-6-1

图 5-7-1

图 5-8-1　　　　　　　　　图 5-9-1　　　　　　　　　图 5-10-1

图 5-11-1　　　　　　　　　图 5-11-2　　　　　　　　　图 5-12-1

图 5-13-1　　　　　　　　　　　　　　图 5-14-1

图 5-15-1　　　　　　图 5-16-1　　　　　　图 5-17-1

图 5-17-2　　　　　　图 5-18-1　　　　　　图 5-19-1

图 5-19-2　　　　　　图 5-20-1

图 6-1-2　　　　　　图 6-1-4

图 6-1-6

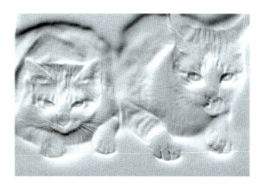
图 6-2-2

图 6-2-3

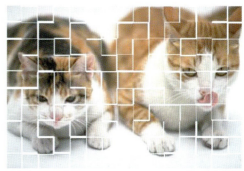
图 6-2-4

图 6-3-2

图 6-3-4

图 6-3-6

图 6-4-2

13

图 6-4-4

图 6-4-5

图 6-5-2

图 6-5-3

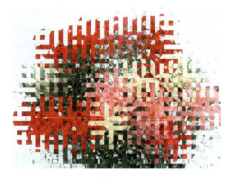

图 6-5-4

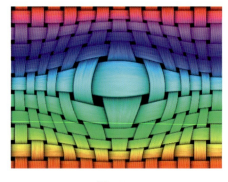

图 6-6-2

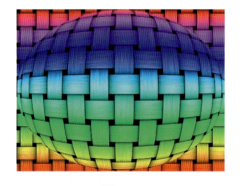

图 6-6-3

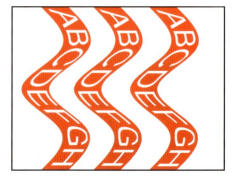

图 6-6-5

图 6-7-2　　　　　　　　　图 6-7-4

图 6-7-5　　　　　　　　　图 6-8-2

图 6-8-3　　　　　　　　　图 6-8-4

图 6-9-2　　　　　　　　　图 6-9-3

图 6-9-4　　　　　　　　　　图 6-10-2

图 6-10-4　　　　图 6-10-6　　　　图 6-11-2

图 6-11-4　　　　　　　　　　图 6-11-6

图 6-12-2　　　　　　　　　　图 6-12-3

图 6-12-6

图 6-13-2

图 6-13-3

图 6-13-4

图 6-14-2

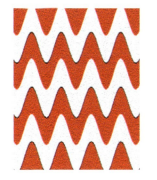
图 6-14-4

图 6-14-6

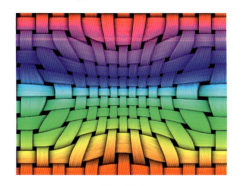
图 6-15-2

图 6-15-4

图 6-15-6

图 6-16-2

图 6-16-4

图 6-16-6

图 6-17-2

图 6-17-3

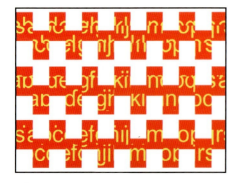

图 6-17-4

图 6-18-2

图 6-18-4　　　　　　　　　　　图 6-18-6

图 6-19-2　　　　　　　　　　　图 6-19-4

图 6-19-6　　　　　　　　　　　图 6-20-2

图 6-20-4　　　　　　　　　　　图 6-20-6

图 7-1-1

图 7-2-1

图 7-3-1

图 7-4-1

图 7-5-1

图 7-6-1

图 7-7-1

图 7-8-1

图 7-9-1

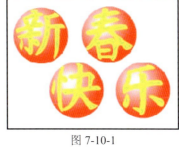

图 7-10-1

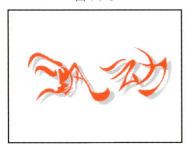

图 7-11-1

图 7-12-1

图 7-13-1

图 7-14-1

图 7-15-1

图 7-16-1

图 7-17-1

图 7-18-1

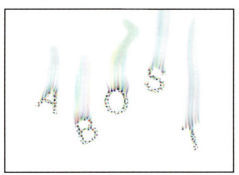
图 7-19-1

图 7-20-1

图 8-1-1

图 8-2-1

图 8-3-1

图 8-4-1

图 8-5-1

图 8-6-1

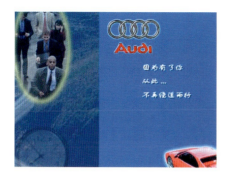

图 8-7-1

图 8-8-1

图 8-9-1

图 8-12-1

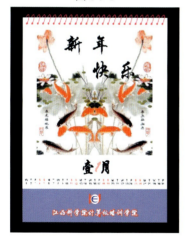

图 8-10-1

图 8-13-1

图 8-11-1

图 8-14-1

图 8-15-1

图 8-16-1

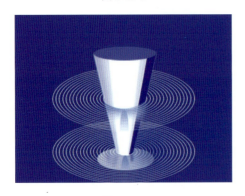

图 8-17-1

图 8-18-1

图 8-19-1

图 8-20-1

人力资源和社会保障部全国计算机信息高新技术考试指导教材
全国计算机信息高新技术考试最新版试题
职业教育"十二五"规划教材

Photoshop 7.0/CS 考证试题汇编详解

常林虎　编著

国防工业出版社
·北京·

内 容 简 介

本书以国家职业技能鉴定专家委员会计算机专业委员会编写的全国计算机信息高新技术考试试题库为依据,详细介绍了"计算机图像制作员职业技能考试"试题的解题过程。全书共分 8 个单元,每个单元均有 20 道试题,共有 160 道试题。包括点阵绘图、路径的运用、选定技巧、图层运用、色彩修饰、滤镜效果、文字效果、图像综合技法等内容。本书详细讲解了试题的解题方法,所有的操作都有详尽的操作步骤和图示,讲解清晰、通俗易懂,能帮助读者在最短的时间,以最快的速度撑握"绘图制作员级"职业技能考试的全部试题,顺利的通过考试。

本书既适合作为中高等职业院校和计算机培训机构相关专业课程的教材,参加全国计算机信息高新技术考试——图像制作员级职业技能考试——的所有考生的考试指导教材,也适合作为从事计算机平面绘图和电脑美术设计工作的技术人员的自学参考书。

图书在版编目(CIP)数据

Photoshop 7.0/CS 考证试题汇编详解/常林虎编著.
—北京:国防工业出版社,2022.1
职业教育"十二五"规划教材
ISBN 978 – 7 – 118 – 08763 – 5

Ⅰ.①P... Ⅱ.①常... Ⅲ.①图象处理软件 – 职业教育 – 题解 Ⅳ.①TP391.41 – 44

中国版本图书馆 CIP 数据核字(2013)第 065402 号

※

国防工业出版社 出版发行
(北京市海淀区紫竹院南路23号 邮政编码100048)
北京富博印刷有限公司印刷
新华书店经售

*

开本 787 × 1092 1/16 插页 12 印张 22¾ 字数 524 千字
2022 年 1 月第 1 版第 2 次印刷 印数 4001—6000 册 定价 49.00 元

(本书如有印装错误,我社负责调换)

国防书店:(010)88540777   发行邮购:(010)88540776
发行传真:(010)88540755   发行业务:(010)88540717

前　言

　　本书是根据《全国计算机信息高新技术考试图形图像处理技能培训和鉴定标准》、《图形图像处理模块(Photoshop平台)考试大纲》及国家职业技能鉴定专家委员会计算机专业委员会编写的《图形图像处理(Photoshop平台)Photoshop 7.0/CS试题汇编(图像制作员级)(2011年修订版)》(以下简称《试题汇编》)一书为标准,将图像制作员级的职业技能考试的全部试题详细解答,过程清晰,通俗易懂,并配有大量解题步骤图示和最终彩色效果图。读者通过解答过程和步骤图示,会很快地掌握全部考试试题的解题方法。

　　本书由编者的计算机图形图像教学讲义改编而成。本书中每题都由"操作要求"、"操作步骤"两部分组成,"操作要求"取自《试题汇编》,分要求和效果图,"操作步骤"根据各题的具体情况,分成若干解题部分,每部分又有详尽的解题步骤和步骤图示。

　　本书的目的在于帮助读者根据试题的操作要求,依据《试题汇编》的素材,实现解题过程,从而解决了应试者面对试题无从下手的困难,使应试者最终能绘制出与《试题汇编》最终效果图基本一致的图像,极大地方便了应试者。

　　由于本书每题都采用详尽步骤和步骤图示相结合的写作方法,最大的优点是使读者可以脱离计算机单独学习,方便读者在没有计算机的情况下也能学习解题方法。通过读者的学习和模仿练习,既能可靠地通过考试,又提高了计算机操作能力。

　　本书既适合作为中高等职业院校和计算机培训机构相关课程的教材,参加全国计算机信息高新技术考试——图像制作员级职业技能考试——的所有考生的考试指导教材,也适合作为从事计算机平面绘图和电脑美术设计工作的技术人员的自学参考书。

　　虽然编者努力使本书的最终效果图与《试题汇编》的最终效果图的视觉效果达到一致,但由于在不同类型显示器或不同显示器显示分辩率下制作出的图像是会有稍许差别的;考试也允许绘制出的图与《试题汇编》的最终效果图存在稍许差别。所以读者在使用本书时,应同时参考《试题汇编》的最终效果图,再根据本书详细的解题步骤和设置的参数,结合自己对《试题汇编》的试题操作要求和最终效果图的理解和判断,绘出与《试题汇编》的最终效果图基本一致的图像。同时,要敢于创新和另辟蹊径,用更好的方法实现解题,不要受本书的禁锢。

　　如果读者希望参照原始的最终效果图,可参见由科学出版社出版,国家职业技能鉴定专家委员会计算机专业委员会编写的《图形图像处理(Photoshop平台)Photoshop7.0/CS 试题汇编(图像制作员级)(2011修订版)》一书中的最终效果图。

本书中的全部素材可在高新考试教材服务网(www.citt.org.cn)下载。

邱小琼老师对本书内容进行了校验,并提出了许多宝贵的修改意见,在此表示衷心的感谢!

由于编者水平有限,本书难免存在疏漏和不足之处,恳请专家、计算机教师和广大读者批评指正。

编 者

目　录

第1单元　点阵绘图 ············· 1
 1.1　基本立体与按钮(第1题) ··· 1
 1.2　草地背景标志(第2题) ······ 5
 1.3　玉镯(第3题) ··············· 9
 1.4　字背景标志(第4题) ········ 10
 1.5　相框换色(第5题) ·········· 13
 1.6　禁止标志(第6题) ·········· 15
 1.7　学院标志(第7题) ·········· 16
 1.8　蝴蝶标志(第8题) ·········· 18
 1.9　影片效果(第9题) ·········· 21
 1.10　上机证(第10题) ·········· 25
 1.11　小册子封面(第11题) ····· 27
 1.12　白加黑(第12题) ·········· 29
 1.13　信封(第13题) ············ 30
 1.14　立体笔筒(第14题) ······· 34
 1.15　彩色格子(第15题) ······· 37
 1.16　路牌(第16题) ············ 39
 1.17　圆齿边缘照片(第17题) ··· 41
 1.18　邮票(第18题) ············ 44
 1.19　怀表(第19题) ············ 46
 1.20　花的换色(第20题) ······· 48

第2单元　路径的运用 ··········· 52
 2.1　小鸟(第1题) ··············· 52
 2.2　企鹅(第2题) ··············· 54
 2.3　树袋鼠(第3题) ············ 55
 2.4　雉(第4题) ················· 57
 2.5　候鸟(第5题) ··············· 59
 2.6　天鹅(第6题) ··············· 60
 2.7　冠鸟(第7题) ··············· 62

 2.8　蛙(第8题) ················· 63
 2.9　鱼(第9题) ················· 65
 2.10　花(第10题) ··············· 67
 2.11　苹果(第11题) ············ 69
 2.12　小鸭(第12题) ············ 71
 2.13　金鱼(第13题) ············ 73
 2.14　杯子(第14题) ············ 75
 2.15　茶壶(第15题) ············ 77
 2.16　小鹿(第16题) ············ 79
 2.17　鸽子(第17题) ············ 81
 2.18　树叶(第18题) ············ 83
 2.19　椰树(第19题) ············ 85
 2.20　大象(第20题) ············ 87

第3单元　选定技巧 ············· 90
 3.1　发光金盘(第1题) ·········· 90
 3.2　图像边框(第2题) ·········· 91
 3.3　花中靓女(第3题) ·········· 93
 3.4　郊外别墅(第4题) ·········· 95
 3.5　树林中的汽车(第5题) ····· 98
 3.6　沙漠中的树根(第6题) ··· 100
 3.7　地毯花(第7题) ··········· 102
 3.8　仙人球(第8题) ··········· 105
 3.9　金属球(第9题) ··········· 106
 3.10　握手(第10题) ··········· 109
 3.11　庭前菊花(第11题) ····· 111
 3.12　发光铜铃(第12题) ····· 113
 3.13　光盘(第13题) ··········· 115
 3.14　笑的草园(第14题) ····· 117
 3.15　软盘(第15题) ··········· 119

- 3.16 斑斓(第16题) ……………… 123
- 3.17 立体物体(第17题) ……… 125
- 3.18 烟灰缸(第18题) ………… 126
- 3.19 彩虹下的丰碑
  (第19题) ………………… 128
- 3.20 芦苇荡中小路
  (第20题) ………………… 129

第4单元　图层运用 ……………… 131
- 4.1 金发女郎的投影
  (第1题) ………………… 131
- 4.2 模特的投影(第2题) ……… 133
- 4.3 郁金香(第3题) …………… 134
- 4.4 水中人(第4题) …………… 137
- 4.5 水中倒影(第5题) ………… 138
- 4.6 环中女(第6题) …………… 139
- 4.7 环中卡片(第7题) ………… 141
- 4.8 钟的影子(第8题) ………… 142
- 4.9 钟表(第9题) ……………… 143
- 4.10 牌匾(第10题) …………… 145
- 4.11 云中飞机(第11题) ……… 149
- 4.12 山谷间的飞机
  (第12题) ………………… 151
- 4.13 冲出地球的火箭
  (第13题) ………………… 153
- 4.14 光辉吉它(第14题) ……… 154
- 4.15 人物倒影(第15题) ……… 156
- 4.16 环扣字(第16题) ………… 158
- 4.17 天上人间(第17题) ……… 159
- 4.18 红旗中的风彩
  (第18题) ………………… 161
- 4.19 怀表(第19题) …………… 164
- 4.20 草原上的气球
  (第20题) ………………… 166

第5单元　色彩修饰 ……………… 170
- 5.1 无色花变艳丽(第1题) …… 170
- 5.2 图像变更鲜艳(第2题) …… 171
- 5.3 四色花(第3题) …………… 173
- 5.4 清晰野菊花(第4题) ……… 175
- 5.5 紫红色花蕊(第5题) ……… 176
- 5.6 负片图像(第6题) ………… 178
- 5.7 色彩图片变旧图片
  (第7题) ………………… 179
- 5.8 翠绿树叶(第8题) ………… 180
- 5.9 灰倒立图变彩正立图
  (第9题) ………………… 181
- 5.10 图像单色效果
  (第10题) ………………… 182
- 5.11 不同背景的图像
  (第11题) ………………… 183
- 5.12 图像手绘效果
  (第12题) ………………… 185
- 5.13 红色花蕊(第13题) ……… 186
- 5.14 更清晰红色花蕊
  (第14题) ………………… 188
- 5.15 灰暗图像变鲜艳
  (第15题) ………………… 189
- 5.16 生硬图像变柔和
  (第16题) ………………… 191
- 5.17 单色图像(第17题) ……… 193
- 5.18 三色山菊(第18题) ……… 195
- 5.19 位图和双色调图像
  (第19题) ………………… 196
- 5.20 图像整体颜色改变
  (第20题) ………………… 197

第6单元　滤镜效果 ……………… 201
- 6.1 灯光及浮雕纹理
  (第1题) ………………… 201
- 6.2 石雕素描挂网(第2题) …… 204
- 6.3 模糊(第3题) ……………… 206
- 6.4 变形1(第4题) …………… 210

6.5 波纹(第5题) ……… 212
6.6 扭曲挤压球体化效果
    (第6题) ……… 214
6.7 质地1(第7题) ……… 216
6.8 块状(第8题) ……… 218
6.9 虚化块状(第9题) ……… 219
6.10 立体边界(第10题) ……… 221
6.11 质地2(第11题) ……… 223
6.12 质地3(第12题) ……… 225
6.13 负片变形(第13题) ……… 227
6.14 塑包、压印、网线阴影效果
     (第14题) ……… 228
6.15 挤压、勾边、纹理化效果
     (第15题) ……… 231
6.16 灯光浅浮雕、辐射效果
     (第16题) ……… 233
6.17 变形2(第17题) ……… 235
6.18 变形、块状化、浮雕效果
     (第18题) ……… 237
6.19 块状化浮雕玻璃质地效果
     (第19题) ……… 239
6.20 砖墙、辐射模糊、水波浪效果
     (第20题) ……… 242

第7单元 文字效果 ……… 245
7.1 灯管字(第1题) ……… 245
7.2 彩色牙膏字(第2题) ……… 246
7.3 透明玻璃字(第3题) ……… 248
7.4 金属字(第4题) ……… 250
7.5 彩色图案字(第5题) ……… 254
7.6 长刺字(第6题) ……… 255
7.7 燃烧字(第7题) ……… 258
7.8 穿孔字(第8题) ……… 261
7.9 彩色立体字(第9题) ……… 262
7.10 球体字(第10题) ……… 264

7.11 飘动字(第11题) ……… 265
7.12 鹅卵石字(第12题) ……… 267
7.13 彩带字(第13题) ……… 270
7.14 象形文字(第14题) ……… 274
7.15 发光文字(第15题) ……… 277
7.16 水中倒影字(第16题) … 280
7.17 桌面反光倒影字
     (第17题) ……… 282
7.18 卷曲字(第18题) ……… 285
7.19 自由落体字(第19题) ……… 286
7.20 凹陷字(第20题) ……… 288

第8单元 图像综合技法 ……… 291
8.1 玻璃后的人像(第1题) … 291
8.2 立体墙面(第2题) ……… 292
8.3 水中花(第3题) ……… 298
8.4 书签(第4题) ……… 301
8.5 荡秋千女孩(第5题) ……… 305
8.6 秋风落叶(第6题) ……… 306
8.7 汽车广告(第7题) ……… 310
8.8 木雕图案(第8题) ……… 314
8.9 狮身人面(第9题) ……… 316
8.10 挂历(第10题) ……… 317
8.11 羊头虎身(第11题) ……… 322
8.12 马路和草坪(第12题) … 323
8.13 空中楼阁(第13题) ……… 328
8.14 生命之水(第14题) ……… 330
8.15 空中通道(第15题) ……… 333
8.16 机器大象(第16题) ……… 336
8.17 梦幻环形(第17题) ……… 339
8.18 奔跑的老虎(第18题) … 345
8.19 沙漠海市蜃楼
     (第19题) ……… 347
8.20 大海海市蜃楼
     (第20题) ……… 349

Ⅶ

第 1 单元　点阵绘图

1.1　基本立体与按钮(第 1 题)

【操作要求】

建立一个 16 厘米(cm)×12 厘米(cm)、72 像素/英寸(pixels/inch)、RGB 模式的新文件，最终效果如图 1-1-1 所示。

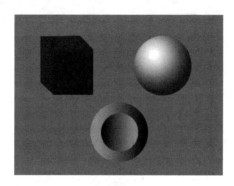

图 1-1-1

1．将背景填充为一个合适的紫色。通过绘制三个侧面的选区，再分别填充上不同的颜色来制作出第一个立体形状。

2．用选择工具画一正圆，并用白、蓝的渐变色填充。

3．用选择工具分别画出两正圆，用蓝、黑的渐变色填充。制作出几种基本立体与按钮形状。

4．将最终结果以 Xps1-01.tif 为文件名保存在考生文件夹中。

【操作步骤】

一、建立文件

1．建立一个 16 厘米×12 厘米、72 像素/英寸、RGB 模式的新文件。

2．设置背景色为紫色(R170 G40 B150)，然后按 Ctrl+Delete 组合键将背景色填充为紫色。

二、制作立方体

1．制作立方体的正面。

(1) 在默认零点状态下，拉出 5 根参考线作为立方体正面控制线，如图 1-1-2 所示。其中，第 2 根垂直参考线是立方体正面的水平中线。

(2) 新建图层 1，作为立方体正面的图层。选用"矩形选框工具"，再沿 4 根边缘参考线交点建立矩形选区，填充颜色为深蓝色(R0 G0 B125)，作出立方体的正面，如图 1-1-3 所示。按 Ctrl+D 组合键除去选区。

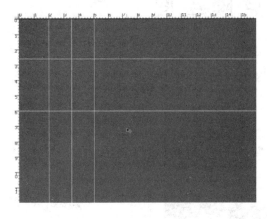

图 1-1-2　　　　　　　　　　　　　　图 1-1-3

2．制作立方体的侧面。

(1) 在立方体正面 2 根水平参考线的上方，分别增加一根与原水平参考线距离相等的参考线，如图 1-1-4 所示。

(2) 在图层面板中，压住左键将图层 1 拖到下方的"创建新的图层"按钮 上，复制成图层 1 副本，作为立体形侧面的图层。

(3) 选中图层 1 副本，按 Ctrl+T 组合键，然后，将图形水平压缩调整为如图 1-1-5 所示效果样式。

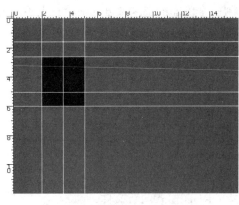 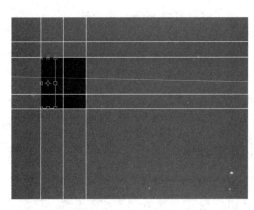

图 1-1-4　　　　　　　　　　　　　　图 1-1-5

(4) 对图层 1 副本上的图形执行【编辑/变换/斜切】命令，然后，向左上方拖拉成图 1-1-6 所示的形式。按 Enter 键确认。

(5) 置前景色为较浅一点的深蓝色(R0 G0 B200)，按住 Ctrl 键，单击图层 1 副本，载入选区，按 Alt+Delete 组合键，将侧面图形的颜色置换成较浅一点的深蓝色，如图 1-1-7 所示。

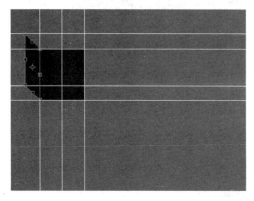 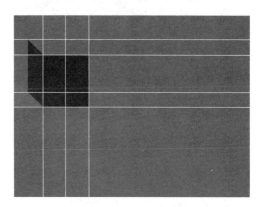

图 1-1-6　　　　　　　　　　　　图 1-1-7

3．制作立方体的顶面。

(1) 在立方体正面 2 根垂直参考线的左方,分别增加一根与原垂直参考线距离相等的参考线,如图 1-1-8 所示。

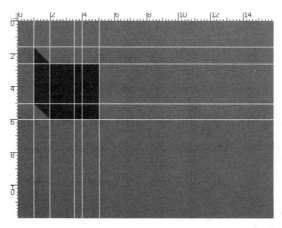

图 1-1-8

(2) 在图层面板中,压住左键将图层 1 拖到下方的"创建新的图层"按钮 上,复制成图层 1 副本,作为立方体顶面的图层。

(3) 在图层 1 副本 2 中,对深蓝色矩形执行【编辑/变换/斜切】命令,然后,将图形斜切调整为如图 1-1-9 所示效果。按 Enter 键确认。

(4) 置前景为界于正面和侧面颜色中间的蓝色(R0 G0 B160),按住 Ctrl 键,单击图层 1 副本 2,载入选区,按 Alt+Delete 组合键,将顶面图形的颜色置换成蓝色,如图 1-1-10 所示。

(5) 合并立体形的 3 个图层为图层 1。

三、制作球体

1．新建新图层 2,作为球体的图层。

2．设置前景为白色,背景为蓝色(R10 G10 B145)。

3．选择【渐变】工具 ,并单击属性栏中的【径向渐变】按钮 。

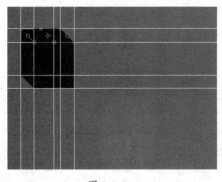
图 1-1-9

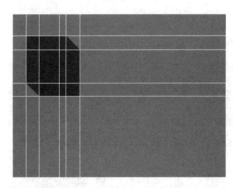
图 1-1-10

4．单击属性栏中的【编辑渐变】按钮 右侧的三角形按钮，在弹出的"渐变选项"面板中选择"从前景到背景"渐变选项。

5．选用"椭圆选框工具"，按住 Shift 键，在图层 2 右上角画一直径与立体图形高度一样大小的圆形选区。

6．在正圆形选区的左上角处斜向右下方约 45°拖拉出白色、蓝色的径向渐变，作为球体的亮光部位，如图 1-1-11 所示。

四、制作立体按钮体

1．按住 Ctrl 键单击图层 2，重新载入球体选区，执行【选择/变换选区】命令，然后，将其移动到画布下方中间，如图 1-1-12 所示。

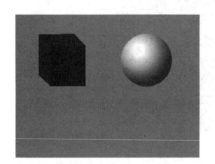
图 1-1-11

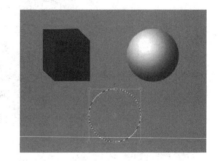
图 1-1-12

2．新建图层 3，作为立体按钮体的图层。

3．设置前景为蓝色，背景为黑色。

4．选择【渐变】工具，并单击属性栏中的【径向渐变】按钮。

5．单击属性栏中【编辑渐变】按钮 右侧的三角形按钮，在弹出的渐变选项面板中选择"从前景到背景"渐变选项。

6．在正圆形选区的中部靠左边缘处，水平拖拉出蓝—黑的径向渐变色，如图 1-1-13 所示。

7．执行【选择/变换选区】命令，然后，按住 Shift+Alt 组合键，将选区向圆心缩小，如图 1-1-14 所示，按 Enter 键确认，再水平拖拉出蓝—黑径向渐变色(注意：两个正圆形选区的渐变样式和方向是一样的)。

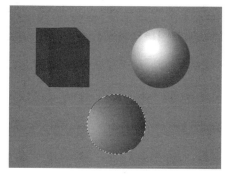
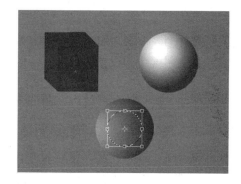

图 1-1-13　　　　　　　　　图 1-1-14

8．对缩小了的正圆形选区执行【编辑/变换/水平翻转】命令，按 Ctrl+D 组合键除去选区，最终效果如图 1-1-1 所示。

五、保存文件

将最终效果以 Xps1-01.tif 为文件名保存在考生文件夹中。

1.2　草地背景标志(第 2 题)

【操作要求】

建立一个 16 厘米×12 厘米、72 像素/英寸、RGB 模式的新文件，最终效果如图 1-2-1 所示。

1．调出文件 Yps1-02.tif，如图 1-2-2 所示。

图 1-2-1　　　　　　　　　图 1-2-2

2．将图像全部选定并复制到新文件中，用绘图工具修饰图像色彩使之更加鲜艳。从基本路径形状中找到此形，经过处理后描上一个白色的边。

3．输入英文字母"green"，填充白色，并制作出相应的立体效果。制作出如图 1-2-1 所示的效果。

4．将最终结果以 Xps1-02.tif 为文件名保存在考生文件夹中。

【操作步骤】

一、建立文件

1．打开文件 Ypsl-02.tif。

2．建立一个 16 厘米×12 厘米、72 像素/英寸、RGB 模式的新文件，并将图 Yps1-02.tif 复制到新文件中，命名为图层 1，按 Ctrl+T 组合键，调整图像到整个画面。

二、调整图层 1 的视觉效果成草地效果

1．对图层 1 执行【图像/调整/色彩平衡】命令，在弹出的【色彩平衡】对话框中设置各参数如图 1-2-3 所示。

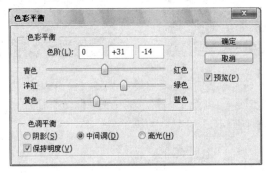

图 1-2-3

2．执行【图像/调整/亮度/对比度】命令，在弹出的【亮度/对比度】对话框中设置各参数如图 1-2-4 所示。

3．执行【图像/调整/色相/饱和度】命令，在弹出的【色相/饱和度】对话框中设置各参数如图 1-2-5 所示，图层 1 的视觉效果成为草地效果。

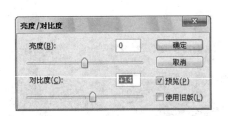

图 1-2-4

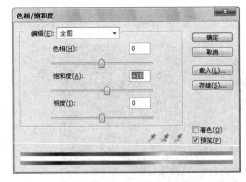

图 1-2-5

三、绘制原子核

1．在图层面板里新建图层 2，并用"椭圆选框工具" 画出椭圆选区，然后执行【编辑/描边】命令，并进行设置，宽度：1 像素，颜色：白色，位置：居中，其他参数默认，如图 1-2-6 所示，效果如图 1-2-7 所示。

2．在图层面板中复制图层 2 为图层 2 副本，改名为图层 3。然后执行【编辑/变换/缩放】命令(或按 Ctrl+T 组合键)，再按 Shift+Alt 组合键把图层 3 的椭圆按比例缩小，效果如图 1-2-8 所示。

3．在图层面板里链接图层 2 和图层 3，分两次执行【图层/对齐链接图层/水平居中】、【图层/对齐链接图层/垂直居中】命令(或在图层面板中链接图层 5 和图层 6，然后选择【移动】工具,再在选项栏中单击"水平中齐"按钮 和"垂直中齐"按钮)。

图 1-2-6

图 1-2-7

4. 取消链接，在图层面板里单击图层 3，执行【编辑/变换/缩放】命令(或按 Ctrl+T 组合键)，调整椭圆两侧，效果如图 1-2-9 所示。

图 1-2-8

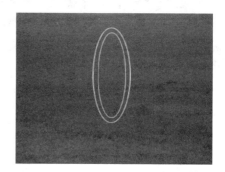
图 1-2-9

5. 在图层面板中链接图层 2 和图层 3，单击圈层面板上部右侧的向右的三角形按钮，在弹出的下拉菜单中选择【合并链接图层】选项，把图层 2 和图层 3 合并成图层 3。

6. 复制图层 3 为图层 4，对图层 4 执行【编辑/变换/旋转】命令，在属性栏中设置旋转角度为 60 度，效果如图 1-2-10 所示。

7. 复制图层 4 为图层 5，对图层 5 执行【编辑/变换/旋转】命令，设置旋转角度为 60 度，效果如图 1-2-11 所示。

图 1-2-10

图 1-2-11

8. 选中图层 1，链接图层 3、图层 4 和图层 5，选用"移动工具" ，在属性栏中单击"垂直中齐"按钮 和"水平中齐"按钮 ，使原子核的轨道居于画面正中。

7

9．建立图层 6，选中"椭圆选框工具" ◯ ，按住 Shift 键画一个正圆，执行【编辑/描边】命令，进行设置，宽度：1 像素，颜色：白色，位置：居中，其他参数默认。

10．选中图层 1，链接图层 6，选用"移动工具" ，在属性栏中，单击"垂直中齐"按钮 和 "水平中齐"按钮 ，使正圆表示的原子核居于画面正中。

11．在工具面板中选择"橡皮擦工具" ，设置好大小，擦除各椭圆交叉的地方，综合效果如图 1-2-12 所示。

12．合并除图层 1 以外所有图层为图层 2。

原子核的简易绘制方法（此方法是试题所要求方法）：

1．选择"自定义形状工具" ，在属性栏的"自定义形状拾色器"中选择"原子核"图形，如图 1-2-13 所示。在画布上拖出"原子核"图形，如图 1-2-14 所示。

图 1-2-12

图 1-2-13

图 1-2-14

2．转到路径面板，按住 Ctrl 键单击工作路径，生成"原子核"选区。执行【编辑/描边】命令，进行设置，宽度：1 像素，颜色：白色，位置：居中，将"原子核"选区描白边，效果如图 1-2-15 所示。

3．选中草地图层，链接"原子核"图层，在属性栏中单击"水平中齐"按钮 ，再用垂直向上键将"原子核"移到上方合适位置，最后做适当的缩小，效果如图 1-2-16 所示。

图 1-2-15

图 1-2-16

四、绘制文字

1．选中"横排文字工具" ，输入"green"，设置字体：中宋，大小：60 点，颜色：白色，单击字体属性栏中的"字变形"按钮 ，在弹出的"变形文字"对话框中，按照如图 1-2-17 所示内容进行设置。

2．复制字体图层为副本，选中字体图层。

3．执行【图层/栅格化/文字】命令，使字体图层变为普通图层。

4．置前景为黑色，按 Alt+Delete 组合键，把字体填充为黑色，然后，按键盘的移动箭头，右移 3 下，下移 2 下，形成字体的阴影效果，最终效果如图 1-2-1 所示。

五、保存文件

将最终效果以 xpsl-02.tif 为文件名保存在考生文件夹中。

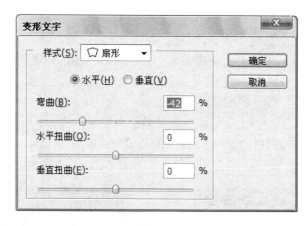

图 1-2-17

1.3 玉镯(第 3 题)

【操作要求】

建立一个 16 厘米×12 厘米、72 像素/英寸、RGB 模式的新文件,最终效果如图 1-3-1 所示。

1. 将背景填充为一个淡蓝色。
2. 画出合适的选区,并填充纯绿色。
3. 用工具绘制出相应的立体效果,制作出一个简单的玉镯形状。
4. 将最终结果以 Xps1-03.tif 为文件名保存在考生文件夹中。

【操作步骤】

一、建立文件

1. 建立一个 l6 厘米×12 厘米、72 像素/英寸、RGB 模式的新文件,填充背景色为淡蓝色(R6 G120 B170)。

2. 新建图层 1,选择"椭圆选框工具" ○ ,在画布中央建立一个椭圆选区,按下 Shift 键,使椭圆选区成为正圆选区。然后,填充为纯绿色(R92 G187 B92),效果如图 1-3-2 所示。

图 1-3-1

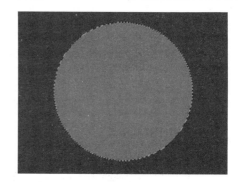

图 1-3-2

二、绘制玉镯

1. 执行【选择/变换选区】命令，按住 Shift+Alt 组合键，缩小选区到合适位置，先按 Enter 键，确认选区，再按 Delete 键删除小圆选区内图像，效果如图 1-3-3 所示。

2. 在图层面板上按住 Ctrl 键单击图层 1，把图层 1 的环选区载入。

3. 设置前景色为黑色，选择"画笔工具"，选用 45 像素的软画笔，流量为 25%，在玉镯背光处(外圈左下，内圈右上)擦出暗部效果，效果如图 1-3-4 所示。

4. 将前景色设置为白色，选用 65 像素的软画笔，流量为 25%，在玉镯受光处(外圈右下到内圈，内圈左上到外圈)擦出高光效果，效果如图 1-3-4 所示。

图 1-3-3

图 1-3-4

5. 执行【图像/调整/色彩平衡】命令，对"中间调"和"高光"分别设置参数如图 1-3-5 和图 1-3-6 所示，最终效果如图 1-3-1 所示。

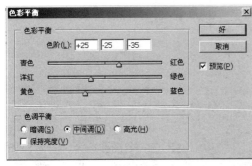

图 1-3-5

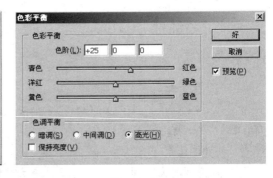

图 1-3-6

三、保存文件

将最终效果以 Xpsl-03.tif 为文件名保存在考生文件夹中。

1.4 字背景标志(第 4 题)

【操作要求】

建立一个 16 厘米×12 厘米、72 像素/英寸、RGB 模式的新文件，最终效果如图 1-4-1 所示。

图 1-4-1

　　1．输入英文字母"BLUE"(将文字变形并选择字体为华文彩云)，然后将文字填充到整个画布中。

　　2．在基本路径形状中找到相应的形状，经过处理后制作出如上效果。

　　3．输入英文字母"BLUE"，并制作出如上的立体效果，制作出如图 1-4-1 所示的标志效果。

　　4．将最终结果以 Xps1-04.tif 为文件名保存在考生文件夹中。

【操作步骤】

一、制作背景

　　1．建立一个 120 像素×40 像素、72 像素/英寸、RGB 模式、内容为"透明"的新文件。

　　2．输入英文字"BLUE"，字体为华文彩云，大小为 24，淡蓝色。

　　3．单击字体属性栏中的"字变形"按钮 ，在弹出的"变形文字"对话框中，选择"样式"下的"旗帜"，弯曲度设为+30%。字体效果如图 1-4-2 所示。

　　4．复制一个字体图层，调整两个字体图层到适当的位置，合并两个字体图层，效果如图 1-4-3 所示。

图 1-4-2

图 1-4-3

　　5．执行【编辑/定义图案】命令，在弹出的图案名称对话框中，定义图 1-4-3 所示图案的名称。

　　6．再建立一个 16 厘米×12 厘米、72 像素/英寸、RGB 模式、内容为"白色"的新文件。

　　7．执行【编辑/填充】命令，在打开的"填充"对话框中，在"使用"栏中选择"图案"，在"自定图案"栏中选择以图 1-4-3 定义的图案，如图 1-4-4 所示。填充的效果如图 1-4-5 所示。

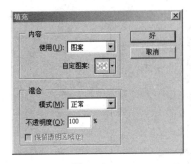
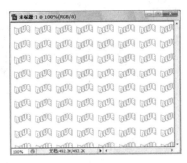

图 1-4-4　　　　　　　　　　　　　　图 1-4-5

二、制作标志

1. 新建图层 1，选择"自定形状工具"，如图 1-4-6 所示。
2. 在"自定义形状"拾色器中选择"饰件 2"形状，如图 1-4-7 所示。

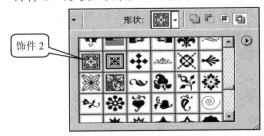

图 1-4-6　　　　　　　　　　　　　　图 1-4-7

3. 在图层 1 中按住 Shift 键拖拉出适当大小的"饰件 2"形状，如图 1-4-8 所示。
4. 将前景置为深蓝色，然后在路径面板中选中路径 1，单击"用前景填充颜色"按钮 ，如图 1-4-9 所示，为"饰件 2"的形状填充深蓝色的颜色，如图 1-4-10 所示。

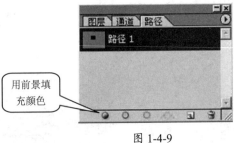

图 1-4-8　　　　　　　　图 1-4-9　　　　　　　　图 1-4-10

5. 选择"魔棒"工具 ，在属性栏中选中"添加到选区"按钮 ，在图层 1 中用"魔棒" 单击"饰件 2"形状图中内圆边缘的蓝色部分后，再单击内部的蓝色部分，按 Delete 键删除内圆的蓝色部分。
6. 执行【编辑/描边】命令，宽度设为 2 像素，颜色设为蓝色，如图 1-4-11 所示。
7. 输入字母"BLUE"，字体为华文中宋，大小为 68 点，单击字体属性栏中的"字变形"按钮 ，在弹出的"变形文字"对话框中，选择"样式"下的"扇形"，弯曲度设为-30%。
8. 复制"BLUE"图层为副本，然后选中"BLUE"图层，执行【图层/栅格化/文字】命令，使"BLUE"图层变为普通图层。

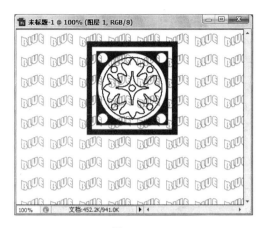

图 1-4-11

9. 将前景置为黑色，按住 Ctrl 键单击"BLUE"图层，载入"BLUE"选区，给选区填充颜色为黑色。

10. 选择移动工具 ，按方向键右移 3 下，下移 3 下，形成字体的阴影效果，最终效果如图 1-4-1 所示。

三、保存文件

将最终效果以 Xpsl-04.tif 为文件名保存在考生文件夹中。

1.5　相框换色(第 5 题)

【操作要求】

用工具给图换色，最终效果如图 1-5-1 所示。

1. 打开文件 Yps1-05.tif，如图 1-5-2 所示。

图 1-5-1

图 1-5-2

2. 将黄色的外框选中。
3. 将黄色的外框换成红色，达到给相框换色的效果。
4. 将最终结果以 Xps1-05.tif 为文件名保存在考生文件夹中。

13

【操作步骤】

一、图像处理

1．打开文件 Ysp1-05.tif。

2．选择"魔棒"工具，在属性栏中单击"添加到选区"按钮，并设置容差值为 40，选择"消除锯齿"，单击黄色的外框，然后执行【选择/选取相似】命令，适当放大图像后，然后选用"椭圆选框工具"，将黄色内框中的零散选区添加到外框选区，最后单击"从选区减去"按钮，在黄色外框的每个尖角处单击，将外框的选区紧贴外框，如图 1-5-3 所示。

3．执行【图像/调整/去色】命令，效果如图 1-5-4 所示。

图 1-5-3

图 1-5-4

4．执行【图像/调整/色彩平衡】命令，分别设置"中间调"和"高光"各部分的参数，如图 1-5-5 和图 1-5-6 所示。最终效果如图 1-5-1 所示。

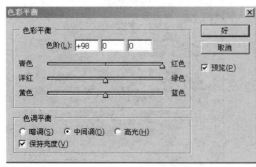
图 1-5-5

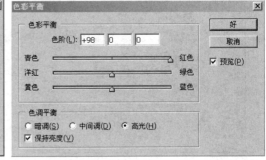
图 1-5-6

二、保存文件

将最终效果以 Xpsl-05.tif 为文件名保存在考生文件夹中。

1.6 禁止标志(第 6 题)

【操作要求】

建立一个 16 厘米×12 厘米、72 像素/英寸、RGB 模式的新文件,最终效果如图 1-6-1 所示。

1. 用选择工具配合辅助线画出禁止标志的外框。
2. 制作内部的斜线。
3. 输入文字"禁止"(字体为华文行楷),最后制作出一个禁止标志。
4. 将最终结果以 Xps1-06.tif 为文件名保存在考生文件夹中。

图 1-6-1

【操作步骤】

一、建立文件

1. 建立一个 16 厘米×12 厘米、72 像素/英寸、RGB 模式、背景为白色的新文件。
2. 新建图层 1,选择"椭圆选框工具" ,拖出椭圆后按 Shift 键,建立正圆选区,填充红色。
3. 选择【选择/变换选区】命令,按住 Shift+Alt 组合键,缩小选区到合适位置,先按 Enter 键,确认选区,再按 Delete 键删除小圆选区内图像,取消选区,完成红色圆环的绘制,效果如图 1-6-2 所示。
4. 新建图层 2,用"矩形选框工具" ,建立一个矩形选区,宽度与红色圆环的宽度大体相同,填充红色。
5. 执行【编辑/变换/旋转】命令,旋转后调整到合适的位置,链接图层 1 和图层 2,按 Ctrl+E 组合键合并图层 1 和图层 2,最后效果如图 1-6-3 所示。

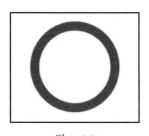

图 1-6-2

图 1-6-3

二、输入文字

1. 新建图层 3,用文字工具输入"禁止…"(原考题如此),字体为华文行楷,大小为 48 点,颜色为黑色。
2. 链接图层 2 和图层 3,执行【图层/对齐链接图层/垂直居中】命令,最终效果如图 1-6-1 所示。

三、保存文件

将最终效果以 Xps1-06.tif 为文件名保存在考生文件夹中。

1.7 学院标志(第 7 题)

【操作要求】

建立一个 16 厘米×12 厘米、72 像素/英寸、RGB 模式的新文件,最终效果如图 1-7-1 所示。

图 1-7-1

1．应用椭圆选择工具、矩形、直线套索工具和辅助线画出如图 1-7-1 所示标志。
2．所填充的颜色分别为纯红色、纯蓝色。
3．输入文字"江西省科学院计算机培训学院"(华文行楷),将文字填充为纯黑色,并作出文字的发光效果。
4．将最终结果以 Xps1-07.tif 为文件名保存在考生文件夹中。

【操作步骤】

一、绘制标志

1．建立一个 16 厘米×12 厘米、72 像素/英寸、RGB 模式的新文件,背景色填充为淡灰色。
2．建立图层 1,选择"椭圆选框工具" ,先画一椭圆,再按 Shift 键使椭圆成为正圆,填充为纯红色,取消选区。
3．复制图层 1 且更名为图层 2,按 Ctrl+T 键调出选区变换框,按 Shift+Alt 组合键,向内拖动选区中部的控制柄,使选区成为椭圆选区,单击属性栏右边的"进行变换"按钮 或按 Enter 键确定。
4．将前景置为白色,按 Alt+Delete 组合键给椭圆选区填充白色,取消选区,如图 1-7-2 所示。
5．复制图层 1 且更名为图层 3,并移到图层 2 的上方,按住 Ctrl 键单击图层 3,按 Ctrl+T 键调出选区变换框,按 Shift+Alt 组合键,向内拖动选区四角的控制柄,使选区成为比图层 2 稍小的正圆选区,单击属性栏右边的"进行变换"按钮 或按 Enter 键确定。
6．将前景置为蓝色,按 Alt+Delete 组合键给正圆选区填充蓝色,取消选区,如图 1-7-3 所示。

图 1-7-2　　　　　　　　　　　　　　图 1-7-3

7．复制图层 3 且更名为图层 4，按 Ctrl+T 键调出选区变换框，按 Shift+Alt 组合键，向内拖动选区四角的控制柄，使选区成为比图层 3 稍小的正圆选区，单击属性栏右边的"进行变换"按钮 ✔ 或按 Enter 键确定。

8．将前景置为白色，按 Alt+Delete 组合键给正圆选区填充白色，取消选区。

9．在图层面板中，选中图层 3 且链接图层 4，选择"移动工具"，在选项栏中先选择"右对齐按钮"，如图 1-7-3 所示。

10．建立图层 5，用"矩形选框工具"画一个矩形，填充为纯红色，放置在大圆的左边且相交。

11．复制图层 5 且更名为图层 6，按 Ctrl+T 键调出选区变换框，向上拖动选区底部的控制柄，使选区减小到图层 5 矩形选区的 1/2，单击属性栏右边的"进行变换"按钮 ✔ 或按 Enter 键确定，然后放置在大圆的右边并相交。

12．建立图层 7，用"矩形选框工具"，画一个矩形，填充为纯蓝色，放置在白色小圆的水平中心，综合效果如图 1-7-4 所示。

13．合并除背景图层外的所有图层为图层 1，选中背景图层，链接图层 1，选用"移动工具"，在属性栏中，单击"水平中齐"按钮，使徽标水平居中画面。

二、输入文字

1．输入文字"江西省科学院计算机培训学院"，字体设置为华文行楷，24 点，纯黑色。选中背景图层，链接文字图层，选用"移动工具"，在属性栏中，单击"水平中齐"按钮，使文字水平居中画面，效果如图 1-7-5 所示。

图 1-7-4　　　　　　　　　　　　　　图 1-7-5

2．双击文字图层，在"图层样式"的"外发光"对话框中设置参数如图 1-7-6 所示，使文字产生发黄色辉光的效果，最终效果如图 1-7-1 所示。

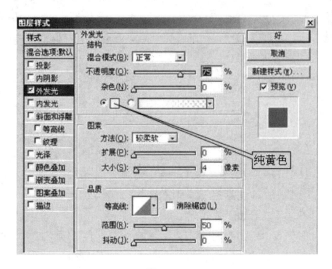

图 1-7-6

三、保存文件

将最终效果以 Xpsl-07.tif 为文件名保存在考生文件夹中。

1.8 蝴蝶标志(第 8 题)

【操作要求】

建立一个 16 厘米×12 厘米、72 像素/英寸、RGB 模式的新文件，最终效果如图 1-8-1 所示。

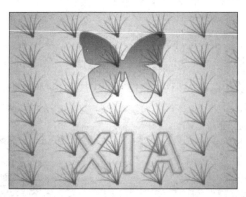

图 1-8-1

1．用合适的工具制作出背景图案。
2．用渐变工具拉出白、绿色的渐变色(并设置相应的透明度)。
3．找到合适的蝴蝶笔刷形状，并描边。输入文字：XIA，并制作文字效果。最后制作出蝴蝶在田地中飞行的效果。

4．将最终结果以 Xps1-08.tif 为文件名保存在考生文件夹中。

【操作步骤】

一、定义草绿色的"草"图案

1．建立一个 3 厘米×2 厘米、72 像素/英寸、RGB 模式、背景色为白色的新文件。

2．选择"画笔工具" ，单击选项栏中的"画笔按钮" 画笔 ，在"画笔笔尖形状"对话框的选项栏里选中"草"画笔，并设置画笔大小为 50 像素，如图 1-8-2 所示。

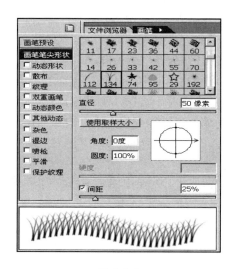

图 1-8-2

3．在图层面板建立图层 1，前景色设为草绿色(R30 G160 B40)，在画面中单击鼠标，会在图层 1 中出现一株草绿色的"草"。

4．复制图层 1 为图层 1 副本，对图层 1 副本执行【编辑/变换/旋转】命令，旋转-30 度。

5．再复制图层 1 为图层 1 副本 2，对图层 1 副本 2 执行【编辑/变换/旋转】命令，旋转-70 度。

6．链接除背景层以外的所有图层。按 Ctrl+E 组合键合并链接图层为图层 1。

7．选中背景图层，执行【编辑/定义图案】命令，在弹出的对话框中命名，然后单击"确定"按钮。

二、绘制背景

1．建立一个 16 厘米×12 厘米、72 像素/英寸、RGB 模式的新文件，以画布中心填充背景色为"白—绿(R90 G188 B100)"的水平"径向渐变"色，并设置相应的不透明度为 90%。

2．执行【编辑/填充】命令，在弹出的填充对话框中找到刚定义的草绿色的"草"图案，单击"确定"按钮，效果如图 1-8-3 所示。

三、绘制字符"XIA"

1．前景色设为草绿色(R30 G160 B40)，选择"横排文字工具" T，输入字符"XIA"，字体为 Atial，大小为 100 点，加粗，字间距设为 200，建立"XIA"文字层，如图 1-8-4 所示。

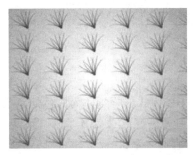
图 1-8-3

图 1-8-4

2．对文字层执行【图层/栅格化/文字】命令，将"XIA"文字层转为"XIA"普通图层。

3．按住 Ctrl 键单击"XIA"图层，载入选区，按 Delete 键删除绿色的"XIA"，执行【编辑/描边】命令，在弹出的对话框中，设置宽度为 2 像素、居中，颜色为草绿色(R30 G160 B40)，其他为默认，单击"好"按钮，如图 1-8-5 所示。

4．复制"XIA"图层为副本层在原图层之上，对原图层执行【滤镜/模糊/高斯模糊】命令，模糊半径 1.5；然后再执行【滤镜/模糊/动感模糊】命令进行设置，角度：40 度，距离：10 像素，如图 1-8-6 所示。

5．合并两个"XIA"图层，选中背景图层，链接合并后的"XIA"图层，选用"移动工具"，在属性栏中，单击"水平中齐"按钮，使字符 XIA 水平居中。

图 1-8-5

图 1-8-6

四、绘制蝴蝶

1．新建一图层，选择"自定义形状工具"，且在属性栏中点选"路径"按钮，然后在自定义形状工具选项栏中找到蝴蝶图形，在新图层的水平居中且偏上的位置拉出蝴蝶形状，如图 1-8-7 所示。

2．选用"删除锚点工具"，将蝴蝶触角处的锚点删除，如图 1-8-8 所示。

图 1-8-7

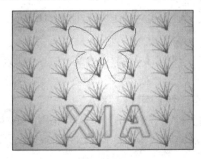
图 1-8-8

3．转到路径面板，选中工作路径，单击路径面板下方的"将路径作为选区载入"按钮，载入蝴蝶选区。

4．置前景为深绿色(R0 G100 B10)，选用"渐变工具"，在属性栏上的"渐变拾色器"中，选择"从前景到透明"样式，并选用"线性渐变"方式，"不透明度"设为60%，从上到下给蝴蝶选区填充深绿—透明的渐变色，如图1-8-9所示。

5．置前景为深灰色(R150 G150 B150)，执行【编辑/变换/描边】命令，在弹出的对话框中，设置宽度为2像素、居中，其他为默认，单击"好"按钮，给蝴蝶描上深灰色的边，按Ctrl+D组合键除去选区，如图1-8-10所示。

图 1-8-9

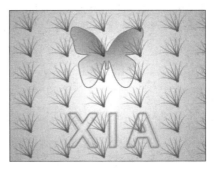
图 1-8-10

6．选中背景图层，链接蝴蝶图层，选用"移动工具"，在属性栏中单击"水平中齐"按钮，使蝴蝶水平居中画面，最终效果如图1-8-1所示。

五、保存文件

将最终效果以 Xpsl-08.tif 为文件名保存在考生文件夹中。

1.9 影片效果(第9题)

【操作要求】

建立一个16厘米×12厘米、72像素/英寸、RGB模式的新文件，最终效果如图1-9-1所示。

1．输入英文字母computer，并进行变形等处理后，将其填充到整个画布中。

2．调出文件 Ypsl-09.tif，如图1-9-2所示，复制部分图像到新建的文件中。

图 1-9-1

图 1-9-2

3．通过相应的工具将白色的边缘部分上面填充合适的黑色方块，并给图像边缘描上一个边。制作影片中的图像效果。

4．将最终结果以 Xps1-09.tif 为文件名保存在考生文件夹中。

【操作步骤】

一、绘制背景

1．建立一个 60 像素×30 像素、72 像素/英寸、RGB 模式、背景色为透明色的新文件。

2．输入 computer，颜色为蓝色，字体为华文行楷，大小 18 点，执行【编辑/变换/旋转】命令，大约逆时针旋转 20 度。

3．执行【编辑/定义图案】命令，在弹出的对话框中命名图案。

4．再建立一个 16 厘米×12 厘米、72 像素/英寸、RGB 模式的新文件，颜色为白色。

5．执行【编辑/填充】命令，在弹出的对话框中选择"自定图案"，在"自定图案"栏的下拉框中选择刚才定义的图案，单击"好"按钮，形成如图 1-9-3 所示的背景。

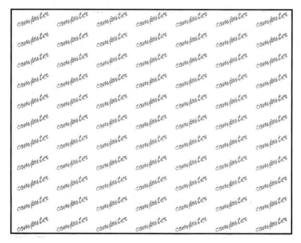

图 1-9-3

二、绘制影片框架

1．打开 Ypsl-09.tif 文件。

2．在工具箱中选择"矩形选框工具"，框选 Yps1-09.tif 文件中央的玫瑰花，选择"移动工具"把矩形选区的玫瑰花移入新文件中，生成图层 1。

3．复制图层 1 为图层 1 副本且更名为图层 2，把图层 2 移至图层 1 下面。按住 Ctrl 键用鼠标单击图层 2，把图层 2 载入选区，填充为淡灰绿色，按 Ctrl+T 组合键调出选区变换框，按住 Shift+Alt 组合键，以中心等比例放大，如图 l-9-4 所示。

注意：白色区域是下一步骤形成的，暂时不要理会。

4．复制图层 1 为图层 1 副本且更名为图层 3，把图层 3 移至图层 1 下面。按住 Ctrl 键用鼠标单击图层 3，把图层 3 载入选区，填充为白色；按 Ctrl+T 键调出选区变换框，按住 Shift+Alt 组合键，以中心等比例放大，如图 l-9-4 所示，此时的图层面板如图 1-9-5 所示。

图 1-9-4　　　　　　　　　　　　图 1-9-5

三、精绘影片

1．按住 Ctrl 键用鼠标单击图层 2，对最下层的图层 2 执行【选择/修改/平滑】命令，设置取样半径为1像素，单击"确定"按钮。

2．再执行【选择/反选】命令，然后按 Delete 键删除。

注意：上两步的目的是使影片的外框更加平滑和整齐，这两步也可以不要。

3．在图层 3 上建立图层 4，使用"矩形选框工具"，画一矩形选框，在不松开鼠标左键的情况下，再按住 Shift 键，形成正方形选区，填充黑色，并用"移动工具"将其准确放置在白框左边线和紧贴玫瑰花图片的上边线。

4．复制图层 4 为图层 4 副本，将其上的小黑块用"移动工具"移放到玫瑰花图片的中部(此图层上的小黑方块，是作为以后待用的)。

5．按住 Alt+Shift 键，将图层 4 拖拉复制成图层 4 副本 2 至图层 4 副本 11 共 10 个小黑方块图层，选用"移动工具"，移动图层 4 副本 11 到紧贴玫瑰花图片上边线和右边线的位置。

6．选中图层 4，链接图层 4 副本 2 至图层 4 副本 11，选用"移动工具"，单击选项栏中的"底对齐"按钮和"水平居中分布"按钮，效果如图 1-9-6 所示。多次按 Ctrl+E 组合键，将图层 4 和图层 4 副本 2 至图层 4 副本 11 合并成图层 4。

7．复制图层 4 为图层 4 副本 1，向下移动到玫瑰花图片的下边缘，如图 1-9-6 所示，将图层 4 和图层 4 副本 1 合并成图层 4。

8．新建图层 5，调用图层 4 副本上的备用小黑方块，在玫瑰花的右方上边缘补一个黑色的正方形，按住 Alt 键再拖出一个，放置在花的下边缘。链接所有黑色方块的图层后合并成图层 4(备用小黑方块所在的图层 4 副本除外)，如图 1-9-7 所示。

图 1-9-6　　　　　　　　　　　　图 1-9-7

9．此时图层面板如图1-9-8所示(有意没将备用小黑方块所在的图层4副本显示出来)。

10．调用图层4副本上的备用小黑方块，绘出玫瑰花的左右两边的黑色正方形图案，并链接所有黑色方块的图层后合并成图层4，效果如图1-9-9所示。

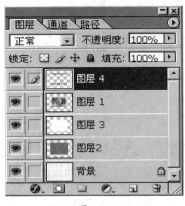

图1-9-8 　　　　　　　　　　　　　图1-9-9

11．关闭图层1，在白色图层3上沿黑框内部画一稍微离开黑边的矩形选区，然后按Delete键删除中间的白色部分，效果如图1-9-10所示。

12．选中白色图层3，放大整个图像。用"矩形选框工具" 多次选中外框多出来的白色部分，然后按Delete键删除，如图1-9-10所示。

13．将白色图层3调到玫瑰花图层1的上面，显示并选中玫瑰花图层1，按Ctrl+T组合键后，再按Shift+Ctrl组合键以中心等比例放大花到合适的大小，效果如图1-9-11所示。

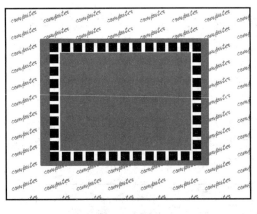 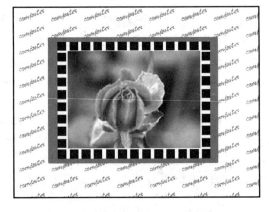

图1-9-10 　　　　　　　　　　　　　图1-9-11

14．选中图层2，放大整个图像。用"矩形选框工具" 分多次选中外框多出来的淡灰绿色部分，然后按Delete键删除,使影片四周的淡灰绿色部分一样宽，最终效果如图1-9-1所示。

注意：画影片的黑色格子也可用定义画笔和画笔描边的方法完成，请读者自行尝试。

四、保存文件

将最终效果以Xpsl-09.tif为文件名保存在考生文件夹中。

1.10 上机证（第 10 题）

【操作要求】

建立一个 16 厘米×12 厘米、72 像素/英寸、RGB 模式的新文件，最终效果如图 1-10-1 所示。

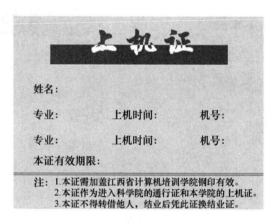

图 1-10-1

1. 画一合适的选区，并填充淡蓝色。
2. 绘制两条线段并填充深蓝色。
3. 输入相应的文字制作成如图 1-10-1 所示的效果，最后制作出上机证。
4. 将最终结果以 Xps1-10.tif 为文件名保存在考生文件夹中。

【操作步骤】

一、建立文件

建立一个 16 厘米×12 厘米、72 像素/英寸、RGB 模式的新文件，填充背景色为淡蓝色。

二、绘制图案

1. 新建图层 1，将前景置为深蓝色。用"矩形选框工具"，建立矩形选区，填充为深蓝色，并放置在画布正上方。

2. 新建图层 2，将前景置为深蓝色，选择"单行选框工具"，在图像下方绘制一单行选框，执行【编辑/填充】命令，在打开的对话框中的"使用"框中选择前景色。

3. 复制图层 2 为图层 2 副本，用移动工具将图层 2 副本向下移动到合适位置。合并图层 2 和图层 2 副本为图层 2，综合效果如图 1-10-2 所示。

三、绘制字符"上机证"

1. 用"横排文字工具"输入文字"上机证"，华文行楷、大小 45 点、粗体、字间距 200，移动文字，其下半部分放入深蓝色矩形内，由于当前的前景色是深蓝色，字符颜色是与深蓝色框一样的颜色。

2．选中粗深蓝色框图层 1，链接"上机证"文字图层，选用"移动工具" 单击选项栏中的"水平中齐"按钮 ，使文字"上机证"置于深蓝色框水平中间。

3．对文字层执行【图层/栅格化/文字】命令，使文字图层转为普通图层。

4．按住 Ctrl 键单击文字图层，建立选区，如图 1-10-3 所示。再选择"矩形选框工具" ，在属性栏上单击"与选区交叉"按钮 ，依着深蓝色矩形框的上边框向下画一矩形选框，选取文字的下半部分，填充为白色，如图 1-10-4 所示。

图 1-10-2

图 1-10-3

四、绘制其他字符

1．用"横排文字工具" T ，以 15 个像素大小、粗体、200 像素间距的宋体，分别输入"姓名："、两个"专业"、两个"上机时间："、两个"机号："和"本证有效期限"，形成四个文字图层，先大致调整它们之间的位置，选中"姓名"字图层，链接其它三个文字图层，选用"移动工具" ，单击选项栏中的"左对齐"按钮 和"垂直居中分布"按钮 ，使所输入的字符均匀对齐与分布，效果如图 1-10-5 所示。

图 1-10-4

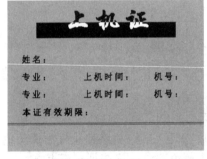
图 1-10-5

2．先以 14 像素、粗体、200 像素间距的宋体，输入文字"注"；再以 12 像素、240 像素间距的宋体，输入以下内容："1.本证需加盖江西省计算机培训学院钢印后有效。""2.本证作为进入科学院的通行证和本学院的上机证。""3.本证不得转借他人，结业后凭此证换结业证。"形成"注：…"文字图层。

3．先调整其垂直位置，然后，选中"姓名"字图层，链接"注：…"和其他三个文字图层，选用"移动工具" ，单击选项栏中的"左对齐"按钮 ，使所有的文字图层左对齐，最终效果如图 1-10-1 所示。

五、保存文件

将最终效果以 Xps1-10.tif 为文件名保存在考生文件夹中。

1.11 小册子封面(第 11 题)

【操作要求】

建立一个 16 厘米×12 厘米、72 像素/英寸、RGB 模式的新文件,最终效果如图 1-11-1 所示。

1．将画布填充为深绿色。

2．输入文字,并制作立体的文字效果。

3．在基本路径类型中找到相应的形状制作出图 1-11-1 中所示的效果,最后制作出小册子的封面效果。

4．将最终结果以 Xps1-11.tif 为文件名保存在考生文件夹中。

【操作步骤】

一、建立文件

建立一个 16 厘米×12 厘米、72 像素/英寸、RGB 模式、背景色为深绿色的新文件。

二、绘制浮雕"美"图案

1．将前景置为白色,新建图层 1,用"单行选框工具"，在画布的左上角单击建立单行选区,执行【编辑/填充】命令,在打开的对话框中的"使用"框中选择前景色。

2．新建图层 2,用"单列选框工具"，在画布的左上角单击建立单列选区,执行【编辑/填充】命令,在打开的对话框中的"使用"框中选择前景色。

3．用"移动工具"分别调整单行框和单列框到合适的位置,合并图层 1 和图层 2 成图层 1,效果如图 1-11-2 所示。

图 1-11-1

图 1-11-2

4．使用"横排文字工具"输入字符"美",华文行楷、大小 90 点,颜色为白色,建立文字"美"图层,用"移动工具"将字符"美"移动到画布左上角的合适位置。

5．执行【图层/栅格化/文字】命令,将字符"美"图层变为普遍图层,对图层面板,按住 Ctrl 键单击"美"图层,形成"美"选区,按 Delete 键删除白色区域。(注意：步骤 4 步骤 5 也可用"横排文字蒙板工具"来实现。)

6．执行【编辑/描边】命令，宽度为 1 像素，颜色为白色，位置为居中。

7．单击图层面板左下方的"添加图层样式"按钮，在弹出的"图层样式"菜单中选择"斜面和浮雕"选项，打开"图层样式"的"斜面和浮雕"对话框，设置的参数如图 1-11-3 所示。

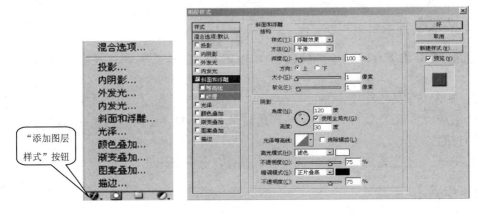

图 1-11-3

8．在"图层样式"对话框中单击"投影"选项，打开"投影"对话框，设置的参数如图 1-11-4 所示，效果如图 1-11-5 所示。

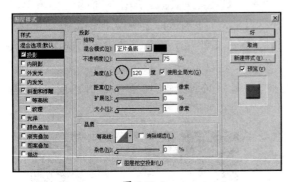 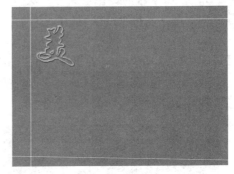

图 1-11-4　　　　　　　　　　　　　　图 1-11-5

三、绘制图案

1．新建图层 2，选用"自定义形状工具"，在选项栏中单击"形状"栏的下拉三角形，在弹出的形状框中双击例图中的花蕊形状，如图 1-11-6 所示。在选项栏中单击"路径"按钮，按住 Shift 键拉出花蕊图案，用"移动工具"移到右下角的合适位置。

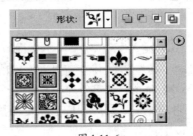

图 1-11-6

2．在路径面板中单击"将路径作为选区载入"按钮 ，形成花蕊选取区，执行【编辑/描边】命令，宽度为 1 像素，颜色为白色，居中，最终效果如图 l-11-1 所示。

四、保存文件

将最终结果以 Xps1-11.tif 为文件名保存在考生文件夹中。

1.12　白加黑(第 12 题)

【操作要求】

建立一个 l6 厘米×12 厘米、72 像素/英寸、RGB 模式的新文件，最终效果如图 1-12-1 所示。

图 1-12-1

1．将画布的上半部分填充为纯黑色。
2．将画布的下半部分填充为纯白色。
3．输入相应的文字制作白底黑字、黑底白字的效果。
4．将最终结果以 Xps1-12.tif 为文件名保存在考生文件夹中。

【操作步骤】

一、建立文件

建立一个 l6 厘米×12 厘米、72 像素/英寸、RGB 模式、颜色为白色的新文件。

二、制作黑白背景

1．将标尺的零点定位在画布的左上角，用"矩形选框工具" 在画布的上部画一宽为 16 厘米、高为 6 厘米的矩形选框。
2．置前景为黑色，按 Alt+Delete 组合键将画布上半部填充为黑色。

三、制作白黑字符

1．置前景为黑色，选用"横排文字工具" ，选用"宋体，大小 120 像素"。在画布的白色区域输入文字"白加黑"，建立"白加黑"文字图层，如图 1-12-2 所示。
2．选中背景图层，链接字符图层，选用"移动工具" ，单击属性栏上的"水平中齐" 按钮，使"白加黑"字符水平居中。然后，用向上方向键↑将其移动到如图 1-12-3 所示位置。

图 1-12-2　　　　　　　　　　　　图 1-12-3

3．执行【图层/栅格化/文字】命令，使"白加黑"文字图层变为普通图层。

4．按住 Ctrl 键单击"白加黑"图层，建立"白加黑"文字选区，如图 1-12-4 所示。

5．选用"矩形选框工具"，且在选择栏中点选"与选区相交" 按钮，将"白加黑"选区的上部分框住，效果如图 1-12-5 所示。

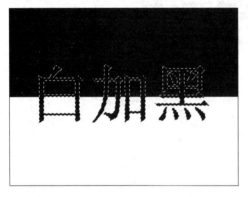 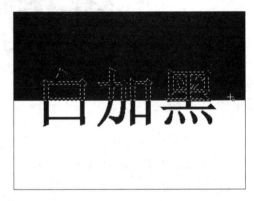

图 1-12-4　　　　　　　　　　　　图 1-12-5

6．前景置为白色，按 Alt+Delete 组合键将"白加黑"选区的上部分填充为白色，最终效果如图 1-12-1 所示。

四、保存文件

将最终结果以 Xps1-12.tif 为文件名保存在考生文件夹中。

1.13　信封(第 13 题)

【操作要求】

建立一个 16 厘米×12 厘米、72 像素/英寸、RGB 模式的新文件，最终效果如图 1-13-1 所示。

1．将画布的背景填充为黑色。

2．用合适的选择工具画出信封的基本形状，并将折叠部分填充上灰色(R200　G200　B200)。

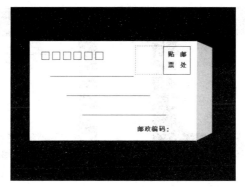

图 1-13-1

3．配合文字和选区工具制作出信封的其它部份，最后制作出一个简单的信封效果。

4．将最终结果以 Xps1-13.tif 为文件名保存在考生文件夹中。

【操作步骤】

一、建立文件

建立一个 16 厘米×12 厘米、72 像素/英寸、RGB 模式的新文件，填充为黑色。

二、绘制信封框架

1．新建图层 1，选用"矩形选框工具" ，画一长为 12 厘米、宽为 7 厘米的矩形选框，填充为白色，形成信封主体。

2．新建图层 2，选用"钢笔工具" ，画出信封的折叠部份，在路径面板上单击"将路径作为选区载入"按钮 ，形成折叠部分选区。

3．前景置为灰色(R200 G200 B200)，按 Alt+Delete 组合键将折叠部分填充为灰色。

4．合并图层 1 和图层 2 为图层 1，成为信封框架的图层，如图 1-13-2 所示。

图 1-13-2

三、绘制信封上的图案

1．在图层 1 上新建图层 2，选用"矩形选框工具" ，画一小矩形选区，再按 Shift 键，形成一小正方形选区，执行【编辑/描边】命令，进行设置，宽度：1 像素，颜色：红色，位置：居中。

2．选用"移动工具" ，按住 Alt+Shift 组合键拖出五个红色的小正方形，大致调整好它们的水平距离。

3．在图层面板中链接六个小正方形的图层，且在选项栏中单击"水平居中分布" 按钮，使六个小正方形的水平距离相等。合并六个小正方形的图层为图层 2，并调整好六个小正方形的位置，如图 1-13-3 所示。

4．在图层 2 上新建图层 3，选用"矩形工具" ，画一大矩形路径，再按 Shift 键，形成一大正方形路径，如图 1-13-4 所示。

5．按 Ctrl+Enter 组合键，将大正方形路径转为选区，执行【编辑/描边】命令，进行设置，宽度：1 像素，颜色：红色，位置：居中。

图 1-13-3　　　　　　　　　　　　　　图 1-13-4

6. 选用"画笔工具" ，且单击选项栏上的"切换画笔调板"按钮，打开"画笔预设"面板，单击"画笔笔尖形状"选项，在"画笔笔尖形状"选项的面板中，选择一种硬画笔，将"直径"设为 1 像素，间距设为 350%，如图 1-13-5 所示。

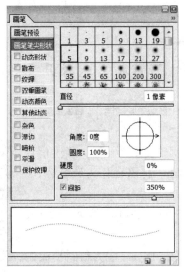

图 1-13-5

7. 在图层 3 上新建图层 4，且将前景色置为红色。

8. 转到路径面板，右击工作路径，在弹出的菜单中选择"描边路径"命令，如图 1-13-6 所示，打开"描边路径"对话框，在"工具"栏中下拉出"画笔"，单击"好"按钮，如图 1-13-7 所示。

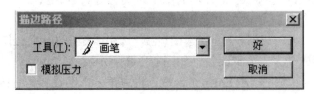

图 1-13-6　　　　　　　　　　　　　　图 1-13-7

9. 转到图层面板，按水平向左键使绘好的红色虚框正好压住红色实框的左边框，如图1-13-8所示。合并图层3和图层4为图层3。

10. 在图层3上新建图层4，置前景为纯红色，选用"钢笔工具" ，沿水平方向画一路径；单击"画笔工具" ，在属性栏的"画笔预设选择器"中选取用"1像素"的硬画笔。

11. 转到路径面板，单击下方的"用画笔描边路径"按钮 ，将路径描成红色。

12. 将图层4两次拖到图层面板下方的"创建新图层"按钮 上，生成图层4副本和图层4副本1，选用"移动工具" ，移动图层4副本和图层4副本1上的红色线条到如图1-13-9所示位置。合并图层4、图层4副本和图层4副本1成图层4。

图1-13-8

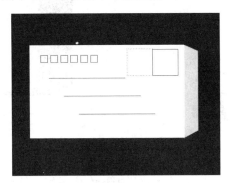
图1-13-9

四、输入文字

1. 点选"横排文字工具" ，在选项栏中设置字体为"宋体"，大小为12像素。

2. 在画布中的红色实框左上处单击，分两排输入字符"贴邮票处"，如图1-13-10所示。

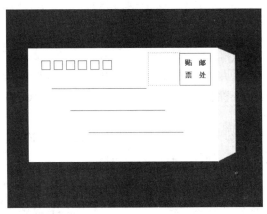
图1-13-10

3. 在画布中的右边靠中间处单击，输入字符"邮政编码"；单击任意工具后单击"横排文字工具" ，然后将光标定位在"码"字符的后面，输入"："字符，最终效果如图1-13-1所示。

五、保存文件

将最终结果以Xps1-13.tif为文件名保存在"考生"文件夹中。

1.14 立体笔筒(第14题)

【操作要求】

建立一个16厘米×12厘米、72像素/英寸、RGB模式的新文件，最终效果如图1-14-1所示。

图1-14-1

1. 将整个画布填充为纯黑色。
2. 用相应的选择工具画出立体形状的底部、左边和右边部分，并填上不同的灰色。
3. 在基本路径形状中找到相应的形状，画出铅笔的形状，分别填上不同的渐变色，最后制作出立体笔筒的效果。
4. 将最终结果以Xps1-14.tif为文件名保存在考生文件夹中。

【操作步骤】

一、建立文件

建立一个16厘米×12厘米、72像素/英寸、RGB模式的新文件，填充为黑色。

二、绘制立体形

1. 新建图层1，用"矩形选框工具" 在画布中央画出一长方形，填充淡灰色。在长方形的左右两边缘上放置参考线，然后再在这两根参考线右侧等距离处分别放置一根参考线，如图1-14-2所示。

2. 按Ctrl+T组合键，显示出长方形的变换框。执行【编辑/变换/斜切】命令，将长方形上边的左、右顶点分别拖到各自右边的参考线上，如图1-14-3所示。

图1-14-2

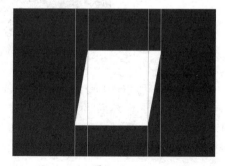

图1-14-3

3．新建图层 2，用"矩形选框工具" ▭ 再画出一长方形，填充较深一点的淡灰色，如图 1-14-4 所示。将图层 2 移至图层 1 下面，效果如图 1-14-5 所示。

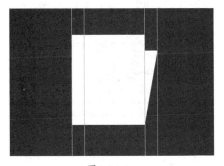

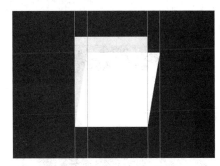

图 1-14-4　　　　　　　　　　　　　图 1-14-5

4．在图层 1 上新建图层 3，选用"钢笔工具" ✎ ，在两个矩形的左边画一倒三角形。转到路径面板，单击"将路径作为选区载入"按钮 ○ ，将倒三角形路径转为选区，回到图层面板，填充较深一点的淡灰色，如图 1-14-6 所示。

5．在图层 3 上新建图层 4，选用"钢笔工具" ✎ ，在两个矩形的右上角画一个三角形，按 Ctrl+Enter 组合键，将三角形路径转为选区，填充与图层 3 同样的淡灰色，如图 1-14-7 所示。将图层 4 移至图层 1 下面，效果如图 1-14-8 所示。

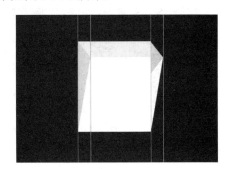

图 1-14-6　　　　　　　　　　　　　图 1-14-7

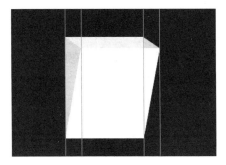

图 1-14-8

三、绘制立体形铅笔

如依题意，"在基本路径中找到相应的形状，画出铅笔的形状"，效果并不好，故不采用。

1．在图层 3 上新建图层 5，拉出参考线，选用"钢笔工具" ✎ ，画一铅笔路径，转到路径面板，按住 Ctrl 键单击铅笔路径图层，形成铅笔选区，效果如图 1-14-9 所示。

2．回到图层面板，选用"渐变工具" ，单击属性栏中的"可编辑渐变"框 ，在打开的"渐变编辑器"中，将第 1 个和第 3 个色标设为黄色，第 2 个色标设为白色，如图 1-14-10 所示。

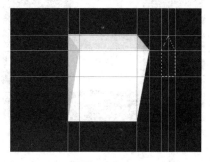
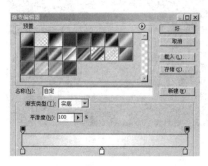

图 1-14-9　　　　　　　　　　　　　　图 1-14-10

3．单击属性栏中的"线性渐变"按钮 ，在选区中水平拖拉出"黄—白—黄"的线性渐变，绘制出铅笔的图案，如图 1-14-11 所示。

4．将"黄—白—黄"铅笔水平缩小，用"移动工具" 将其移动到立体形中，且将"黄—白—黄"铅笔所在的图层 5 移到图层 1 下面，效果如图 1-14-12 所示。

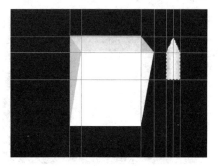

图 1-14-11　　　　　　　　　　　　　　图 1-14-12

5．复制图层 5 成图层 5 副本，按 Ctrl 键单击图层 5 副本，形成铅笔选区，按步骤 2 至步骤 4 的方法绘制"红—白—红"的铅笔，用"移动工具" 将其移动到合适位置。

6．复制图层 5 副本成图层 5 副本 2，按 Ctrl 键单击图层 5 副本 2，形成铅笔选区，按步骤 2 至步骤 4 的类似方法绘制"深蓝—白—深蓝"的铅笔，用"移动工具" 将其移动到合适位置。

7．复制图层 5 副本 2 成图层 5 副本 3，按 Ctrl 键单击图层 5 副本 3，形成铅笔选区，按步骤 2 至步骤 4 的方法绘制"浅蓝—白—浅蓝"的铅笔，用"移动工具" 将其移动到合适位置。

8．链接图层 5、图层 5 副本、图层 5 副本 2 和图层 5 副本 3，选用"移动工具"，在属性栏上单击"水平居中分布" 按钮，将四支铅笔水平居中分布，最终效果如图 1-14-1 所示。

注意：对于后 4 枝铅笔，可调用第 1 支铅笔的选区，然后再通过填充不同渐变色的方法绘制。

9．链接且合并图层 5、图层 5 副本、图层 5 副本 2 和图层 5 副本 3，且更名为图层 5。

四、保存文件

将最终结果以 Xps1-14.tif 为文件名保存在考生文件夹中。

1.15 彩色格子(第 15 题)

【操作要求】

建立一个 16 厘米×12 厘米、72 像素/英寸、RGB 模式的新文件，最终效果如图 l-15-1 所示。

1．将整个画布填充上一种合适的木纹纹理。
2．用相应的选择工具画出相同大小的格子。
3．选择相邻的几个格子分别制作成如图 1-15-1 所示的效果。
4．将最终结果以 Xps1-15.tif 为文件名保存在考生文件夹中。

【操作步骤】

一、填充底纹

1．先建立一个 15 厘米×15 厘米、72 像素/英寸、RGB 模式的新文件。
2．执行【编辑/填充】命令，打开"填充"对话框，在"使用"框中选择"图案"，在"自定图案"栏中选择名为"木质"的图案，如图 l-15-2 所示，使背景成为木质图案。

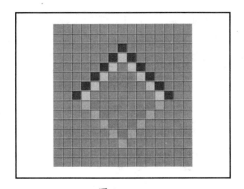
图 l-15-1

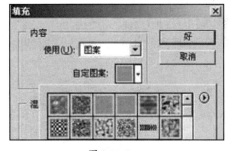
图 l-15-2

二、绘制黑白正方形格子点阵

1．新建图层 1，将标尺 0 点定位在画布的左上角，选用"移动工具"，拉出一条距画布上边线垂直距离为 1 厘米的水平参考线。选用"钢笔工具"，在属性栏中单击"路径"按钮，然后，在水平参考线上画一水平路径。

2．将前景色置为黑色，选择 1 像素的硬画笔；转到路径面板，单击"用画笔描边路径"按钮，给水平路径描 1 像素的黑色边。

3．用"路径选择工具"框选路径，然后按一次向上方向键。

4．将前景置为白色，选择 1 像素的硬画笔；在路径面板，单击"用画笔描边路径"按钮，给水平路径描 1 像素的白色边，形成水平黑白直线。

5．转到图层面板并回到图层 1，按 Ctrl+T 组合键，载入水平黑白直线的选框，按

Shift 键，拖拉水平黑白直线的左、右端点，将水平黑白直线拉满画面。

6．多次按 Ctrl+空格键，放大画面到合适级别，按住 Alt 键并使用"移动工具"，拖出多根水平黑白直线，分别放置在2厘米、3厘米、4厘米、5厘米、6厘米、7厘米、8厘米、9厘米、10厘米、11厘米、12厘米、13厘米、14厘米处，形成水平黑白直线的图层副本1至图层副本12的图层，效果如图 l-15-3 所示。

7．链接且合并图层1至图层副本12，命名为图层1，为水平黑白直线的图层。

8．复制图层1且更名为图层2，执行【编辑/变换/旋转 90°(逆时针)】命令，将所有水平黑白直线逆时针旋转成白黑垂直直线，效果如图 l-15-4 所示。

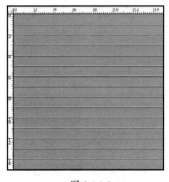
图 l-15-3

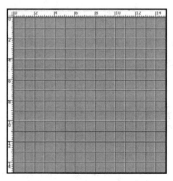
图 l-15-4

三、绘制彩色方块

1．新建图层3，用"矩形选框工具"在第8列、第3行的小格子中画一矩形选区，填充棕红色；然后按住 Alt 键用"移动工具"，拖出多个棕红色小方块，形成图 l-15-5 的效果，最后将全部的棕红色小格子图层合并成图层3。

2．新建图层4，用同样方法绘制淡黄色小格子，然后将图层合并成图层4，效果如图 l-15-6 所示。

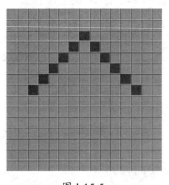
图 l-15-5

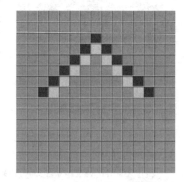
图 l-15-6

3．新建图层5，用同样方法绘制金黄色小格子，然后将图层合并成图层5，效果如图 l-15-7 所示。

4．新建图层6，用同样方法绘制紫色小格子，然后将图层合并成图层6，效果如图 l-15-8 所示。

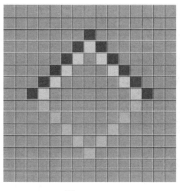   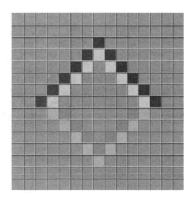

图 l-15-7   图 l-15-8

5．执行【图层/合并图层】命令，将全部图层合并成背景图层。
6．按 Ctrl+A 组合键，全选图像，然后，按 Ctrl+C 组合键，复制图像。
四、按题意，建立一个 16 厘米×12 厘米、72 像素/英寸、RGB 模式的新文件
1．建立一个 l6 厘米×12 厘米、72 像素/英寸、RGB 模式的新文件。
2．按 Ctrl+V 组合键，将前面绘制的图案粘贴到新文件中，效果如图 l-15-9 所示。

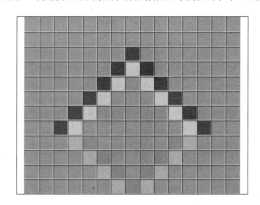

图 l-15-9

3．按 Ctrl+T 键调出选区变换框，按住 Shift+Alt 组合键成比例缩小，使图案全部呈现在画布中。
4．选中背景图层，链接图案图层，单击属性栏中的"垂直中齐" 按钮和"水平中齐" 按钮，将图案放置在画面的正中央，最终效果如图 l-15-1 所示。
五、保存文件
将最终结果以 Xps1-15.tif 为文件名保存在考生文件夹中。

1.16　路牌(第 16 题)

【操作要求】

建立一个 16 厘米×12 厘米、72 像素/英寸、RGB 模式的新文件，最终效果如图 l-16-1 所示。

图 1-16-1

1. 将画布填充为黑色。
2. 应用辅助线，配合选择工具画出路牌上部分的边缘，并填充上相应的白—蓝渐变色。
3. 将路牌的上部分面填充为纯白色，并输入文字和画上深红色的箭头。制作出路牌的下部份，填充一个白—蓝渐变色，最后制作出一个简单的指路牌。
4. 将最终结果以 Xps1-16.tif 为文件名保存在考生文件夹中。

【操作步骤】

一、建立文件

1. 建立一个 16 厘米×12 厘米、72 像素/英寸、RGB 模式的新文件。
2. 置前景为黑色，用 Alt+Delete 组合键将背景置为黑色。

二、绘制路牌

1. 新建图层 1，用"矩形选框工具"画一矩形选区，填充白—蓝的径向渐变色。
2. 单击图层面板下方的"添加图层样式"按钮 ƒ，在弹出的快捷菜单中选择"斜面与浮雕"命令，在打开的对话框中进行设置，如图 1-16-2 所示。使矩形框有浮雕效果，如图 1-16-3 所示。

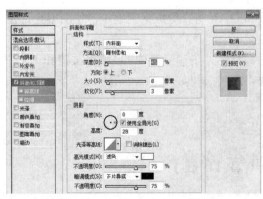

图 1-16-2

图 1-16-3

3. 新建图层 2，拉出参考线至凸起处，用"矩形选框工具"画一参考线所围成的矩形选区，如图 1-16-4 所示，将其填充为白色，如图 1-16-5 所示。

图 1-16-4

图 1-16-5

4．在背景图层之上新建图层 3，用"矩形选框工具" 画一垂直矩形选区，填充为蓝—白—蓝线性渐变色，如图 1-16-6 所示。

图 1-16-6

5．选中背景图层，链接其它 3 个图层，选用"移动工具"，在属性栏中单击"水平中齐"按钮，使路牌水平居中于画面。

三、绘制文字与箭头

1．在图层 2 上，选择"横排文字工具"，输入字符"由此前进"，字体为"华文楷体"，字号为"36 点"。

2．在文字图层上新建图层 4，选择"自定形状工具"，在属性栏中的"形状"栏中选择形状"箭头 9"，拖出向右的箭头，用"直接选择工具"，对箭头的形状作整；然后，按 Ctrl+Enter 组合键将箭头路径转换为箭头选区，并将箭头填为深红色。

3．选中白色区域图层 2，链接文字图层和图层 4，在属性栏中单击"水平中齐"按钮，使文字和箭头在白色区域水平居中，最终效果如图 1-16-1 所示。

四、保存文件

将最终结果以 Xps1-16.tif 为文件名保存在考生文件夹中。

1.17 圆齿边缘照片(第 17 题)

【操作要求】

建立一个 16 厘米×12 厘米、72 像素/英寸、RGB 模式的新文件，最终效果如图 1-17-1 所示。

1．用工具制作图像的边缘效果并得到相应的选区。
2．打开 Yps1-17.tif，如图 1-17-2 所示，并进行复制。

图 1-17-1　　　　　　　　　　　　　图 1-17-2

3．置入"夜"字，制作此文字的立体效果。
4．将最终结果以 Xps1-17.tif 为文件名保存在考生文件夹中。

【操作步骤】

一、建立文件

建立一个 16 厘米×12 厘米、72 像素/英寸、RGB 模式的新文件。

二、绘制锯齿图片

1．新建图层 1，选择"矩形工具" ，在画布上画一矩形路径；选择"画笔工具" ，然后单击"切换画笔调板"按钮 ，在"画笔笔尖形状"面板中，选择"实边圆 13"的画笔，间距设为 100%。

2．前景色置为白色，然后转到路径面板，单击下方的"用画笔描边路径"按钮 。
注意：此时由于是用白色描边路径，画布不会有任何变化。

3．回到图层面板，按住 Ctrl 键，单击图层 1，画布出现小圆边框选区，如图 1-17-3 所示。

4．选用"矩形选框工具" ，在属性栏中选择"添加到选区"按钮 ，然后以图 1-17-1 所示的路径为基准，画一矩形选区，效果如图 1-17-4 所示。

图 1-17-3　　　　　　　　　　　　　图 1-17-4

5．删除图层 1，隐藏矩形路径(画布上仍有锯齿选区)。

6．打开 Yps1-17.tif，选用"矩形选框工具"，将所需的图像框住；然后按 Ctrl+C 组合键，复制矩形选区中的图像，如图 l-17-5 所示。

7．回到新建文件中，按 Shift+Ctrl+V 组合键，粘入 Yps1-17.tif 文件中矩形选区中的图像到锯齿选区中(注意：由于框选的图像比较小，会出现看不见锯齿边缘的情况，只要合适放大图像，锯齿边缘就出现了)，且在新建文件中形成新的图层 1。

8．按 Ctrl+T 组合键，放大调整图层 1 中的图像，效果如图 l-17-6 所示。

图 l-17-5

图 l-17-6

9．复制图层 1 为图层 2，且将图层 1 移到图层 2 上面；然后，给图层 2 填充浅蓝色。此时图层面板如图 l-17-7 所示。

10．单击图层面板上图层 2 的白色区域，再单击三次向上方向键，效果如图 l-17-8 所示。

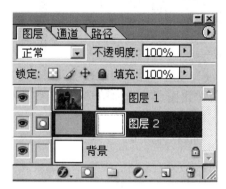
图 l-17-7

图 l-17-8

11．复制图层 1 为图层 3，且将图层 1 移到图层 3 上面；然后，给图层 3 填充深蓝色。此时图层面板如图 l-17-9 所示。

12．单击图层面板上图层 3 的白色区域，再单击三次向右方向键，三次向下方向键，效果如图 l-17-10 所示。

三、输入文字

1．置前景色为黑色，选用"横排文字工具"T，选用 50 像素的加粗楷体，在属性栏中单击"切换字符和段落调板"按钮，在打开的对话框中设置"水平缩放"T 130%，在画布的右上角输入字符"夜"，如图 l-17-11 所示。

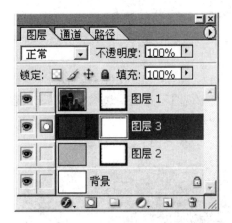
图 l-17-9

图 l-17-10

图 l-17-11

2. 复制"夜"图层为"夜"图层副本。右击"夜"图层，在弹出的快捷菜单中单击"栅格化图层"命令；置前景色为白色，按住 Ctrl 键单击图层 4，将图层 4 上字符"夜"的选区载入，按 Alt+Delete 组合键，将选区填充为白色。

3. 按两次向下方向键，两次向右方向键，形成文字的立体效果，最终效果如图 1-17-1 所示。

四、保存文件

将最终结果以 Xps1-17.tif 为文件名保存在考生文件夹中。

1.18 邮票(第 18 题)

【操作要求】

建立一个 16 厘米×12 厘米、72 像素/英寸、RGB 模式的新文件，最终效果如图 l-18-1 所示。

1. 将画布填充为纯黑色，制作邮票边缘的锯齿效果，得到相应选区。

2. 打开 Yps1-18.tif，如图 l-18-2 所示，复制全部图像。

图 1-18-1　　　　　　　　　　　　　　图 1-18-2

3．输入相应的文字，描一个黑色的边即可制作出邮票的效果，最后制作出如图 1-18-1 所示邮票的效果。

4．将最终结果以 Xps1-18.tif 为文件名保存在考生文件夹中。

【操作步骤】

一、建立文件

建立一个 l6 厘米×12 厘米、72 像素/英寸、RGB 模式的新文件，并将画布填充纯黑色。

二、绘制邮票锯齿效果

1．新建一个图层 1，选择"矩形工具" ，在画布上画一矩形路径；置前景色为白色，转到路径面板，单击"用前景色填充路径"按钮 ，效果如图 1-18-3 所示。

2．选择"画笔工具" ，然后单击"切换画笔调板"按钮 ，在"画笔笔尖形状"面板中，选择"实边圆 13"的画笔，间距设为 100%。

3．将前景色置为黑色，然后转到路径面板，先点选路径，再单击下方的"用画笔描边路径"按钮 ，效果如图 1-18-4 所示。

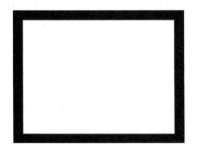

图 l-18-3　　　　　　　　　　　　　　图 l-18-4

三、绘制邮票图形与文字

1．打开 Yps1-18.tif，按 Ctrl+A 组合键全选图像，按 Ctrl+C 组合键复制全部图像。

2．回到新建文件中，按住 Ctrl 键单击图层 1，载入图层 1 的锯齿选区；然后按 Shift+Ctrl+V 组合键，将 Yps1-18.tif 图像粘贴入选区，形成图层 2，效果如图 l-18-5 所示。

45

3. 用"移动工具" ，将图层 2 中的图像移到如图 1-18-6 所示位置。

图 1-18-5

图 1-18-6

4. 在图层 2 上，用"橡皮擦工具" 将不需要部分擦除，如图 1-18-7 所示。

5. 在图层 2 上新建图层 3，用"矩形选框工具" 画一矩形选区，将前景置为黑色，然后执行【编辑/描边】命令，在打开的对话框中，设置：宽度：2 像素，位置：居中。效果如图 1-18-8 所示。

图 1-18-7

图 1-18-8

6. 选择合适的字体、字号及字型，用"横排文字工具" 输入字符"CHINA"、"50 分"和"中国邮政"；用"直排文字工具" 输入文字"腊梅香自苦寒来"。

7. 在属性栏中单击"切换字符和段落调板"按钮 ，调整各字符间的距离和设置字符"50 分"中的"分"为上角标，完成邮票的绘制，最终效果如图 1-18-1 所示。

四、保存文件

将最终结果以 Xps1-18.tif 为文件名保存在考生文件夹中。

1.19 怀表(第 19 题)

【操作要求】

通过相应的复制操作，复制怀表并制作出不同的效果，最终效果如图 1-19-1 所示。

1. 打开文件 Yps1-19.tif，如图 1-19-2 所示。

图 l-19-1　　　　　　　　　　　　　图 l-19-2

2．将怀表复制一份，放置在左上角，并制作出灰色的效果。

3．将怀表再复制一份，放置在右上角，并制作出不同的彩色效果。最后在同一图像中分别制作出不同的灰度与彩色效果。

4．将最终结果以 Xps1-19.tif 为文件名保存在考生文件夹中。

【操作步骤】

一、复制两个怀表

1．打开文件 Xps1-19.tif，选用"磁性套索工具" ，在文件 Xps1-19.tif 上套索住怀表且成为选区，然后执行【选择/羽化】命令，在打开的对话框中设"羽化半径"为 15 像素。

2．按 Ctrl+C 组合键复制选区中的怀表；新建图层 1 和图层 2，然后，分别在图层 1 和图层 2 中复制一个怀表，并分别放置在左上角和右上角，效果如图 l-19-3 所示。

图 l-19-3

二、给两个怀表制作出不同的颜色

1．对图层 1 执行【图像/调整/去色】命令。

2．执行【图像/调整/"亮度/对比度"】命令，在打开的对话框中设置参数，如图 l-19-4 所示。

3．再执行【图像/调整/"色相/饱和度"】命令，在打开的对话框中设置参数，如图 l-19-5 所示。使图 1-19-3 中左上角的怀表成为灰度效果。

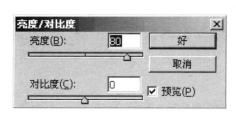 

图 l-19-4　　　　　　　　　　　　　图 l-19-5

4．对图层 2 执行【图像/调整/"色相/饱和度"】命令，在打开的对话框中设置参数，如图 1-19-6 所示。

5．再执行【图像/调整/"亮度/对比度"】命令，在打开的对话框中设置参数，如图 1-19-7 所示。使图 1-19-3 中右上角的怀表成为暗黄色效果。

图 1-19-6

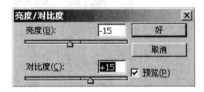

图 1-19-7

6．选中图层 1 或图层 2，执行【选择/变换选区】命令，将选区移到原怀表上，如图 1-19-8 所示。按 Enter 键确认选区的移动。

7．选中背景图层，执行【图像/调整/"亮度/对比度"】命令，在打开的对话框中设置参数，如图 1-19-9 所示。使原怀表亮度增加，最终效果如图 1-19-1 所示。

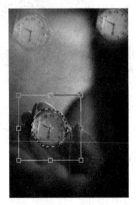

图 1-19-8

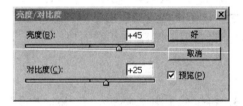

图 1-19-9

三、保存文件

将最终结果以 Xps1-19.tif 为文件名保存在考生文件夹中。

1.20 花的换色(第 20 题)

【操作要求】

通过相应的工具将一朵花复制多份，最终效果如图 1-20-1 所示。

1．打开文件 Yps1-20.tif，如图 1-20-2 所示。

图 1-20-1

图 1-20-2

2．用相应的工具将花复制两份，并放到相应的位置。

3．用工具将其中一朵花的红色换成洋红色。

4．将最终结果以 Xps1-20.tif 为文件名保存在考生文件夹中。

【操作步骤】

一、复制两朵花

1．打开文件 Xps1-20.tif，选用"魔棒工具"，在属性栏中取容差为"80"，且单击"添加到选区"按钮，然后，在花朵四处单击，选中花朵。

2．转到路径面板，单击"从选区生成工作路径"按钮，从花的选区生成花的工作路径，然后用"转换工具"、"添加锚点工具"、"删除锚点工具"，对路径进行适当的调整。

3．按住 Ctrl 键，单击花的工作路径，重新载入花的选区。

4．按 Ctrl+J 组合键两次复制选区中的花朵,且自动生成图层 1 和图层 1 副本，然后，分别将图层 1 和图层 1 副本上的花朵，放置于如图 1-20-3 所示位置。

5．选择"裁剪工具"，将画布裁剪成图 1-20-4 所示。

图 1-20-3

图 1-20-4

二、处理左边的花朵

1．在背景图层上，转到路径面板，单击"将路径作为选区载入"按钮，将原来花朵的选区复原，回到图层面板，然后，执行【图像/调整/"色相/饱和度"】命令，在打开的对话框中设置参数,如图 1-20-5 所示,使原来的花朵成为洋红色。

2．执行【图像/调整/"亮度/对比度"】命令进行设置,亮度:-10,对比度:+10。最终效果如图 1-20-6 所示。

图 1-20-5　　　　　　　　　　　　　图 1-20-6

三、处理上边的花朵

1．在图层面板上,按住 Ctrl 键并单击上边花朵的图层 1,载入上边花朵的选区。

2．执行【图像/调整/"亮度/对比度"】命令进行设置,亮度:+98,对比度:-5。

3．执行【图像/调整/"色相/饱和度"】命令进行设置,明度:+15,如图 1-20-7 所示。最终效果如图 1-20-8 所示。

图 1-20-7　　　　　　　　　　　　　图 1-20-8

四、处理右边的花朵

1．在图层面板上,按住 Ctrl 键并单击右边花朵的图层 2,载入右边花朵的选区,如图 1-20-9 所示。

2．选用"多边形套索工具" ，在属性栏上单击"从选区减去"按钮 ，沿花朵的左偏上→右偏上→右外→左外→左偏上,将花朵套索,使花的选区变为如图 1-20-10 所示样式。

3．执行【选择/羽化】命令,羽化半径取 20。

4．执行【图像/调整/"亮度/对比度"】命令进行设置,亮度:-35,对比度:-20,降低花朵下部分的亮度。

5．重新载入右边花朵的选区。选用"多边形套索工具" ，在属性栏上点选"与选区交叉"按钮 ，沿花朵的左偏上→右偏上→右外→左外→左偏上,将花朵套索,使花的选区变为图 1-20-11 所示样式。

图 1-20-9　　　　　　　　图 1-20-10　　　　　　　　图 1-20-11

6．执行【选择/羽化】命令，羽化半径取 15。

7．执行【图像/调整/"亮度/对比度"】命令进行设置，亮度：+48，对比度：+10，提高花朵上部分的亮度。最终效果如图 1-20-1 所示。

五、保存文件

将最终结果以 Xps1-20.tif 为文件名保存在考生文件夹中。

第 2 单元　路径的运用

2.1　小鸟(第 1 题)

【操作要求】

建立一个 640 像素×480 像素、72 像素/英寸、RGB 模式的新文件,最终效果如图 2-1-1 所示。

1. 调出文件 Yps2-01tif,如图 2-1-2 所示。使用 Path 路径勾勒工具将小鸟的外轮廓绘制成一个封闭的 Path 图形(小鸟的脚部和爪部不用绘制)。

图 2-1-1　　　　　　　　　　　　　图 2-1-2

2. 将小鸟的 Path 图形完整地复制到新文件中,再复制一个新的 Path 图形,将它们分别放置在左、右两侧(要求有两个独立 Path 轮廓)。

3. 将左侧轮廓填充为纯蓝色,加白色圆点作为眼睛。将右侧轮廓中央填充纯黄色,加纯红色圆点作为眼睛。

4. 用纯红色将右侧轮廓的四周喷成立体效果,右下侧喷出简易阴影效果。

5. 将最终结果以 Xps2-01.tif 为文件名保存在考生文件夹中。

【操作步骤】

一、绘制左侧小鸟图形

1. 打开 Yps2-01.tif 文件。

2. 选用"磁性套索工具",沿小鸟的外轮廓绘制成一个封闭的选区(小鸟的脚部和爪部不用绘制)。

3. 转到路径面板,单击"从选区生成工作路径"按钮,生成名为"工作路径"的小鸟 Path 路径。

4．建立一个 640 像素×480 像素、72 像素/英寸、RGB 模式的新文件。

5．选用"路径选择工具" ，将小鸟的 Path 工作路径移入新文件的左侧，在路径面板中生成路径 1，按 Ctrl+Enter 组合键，将左侧小鸟的 Path 路径转为轮廓选区。

6．转到新文件图层面板，新建一图层 1，置前景色为纯蓝色，按 Alt+Delete 组合键填充为纯蓝色。

7．选用"画笔工具" ，在属性栏的"画笔"框中选择一种硬画笔，像素取 13，置前景为白色，加白色圆点作为眼睛，效果如图 2-1-3 所示。

图 2-1-3

二、绘制右侧小鸟图形

1．新建一图层 2，转到路径面板，按住鼠标左键将左侧小鸟的"路径 1"拖往下方的"创建新工作路径"按钮 上，生成"路径 1 副本"路径；再用"路径选择工具" ，将小鸟的 Path 路径移至右侧，此时路径面板如图 2-1-4 所示。

2．置前景色为纯黄色，单击路径面板下方的"用前景填充路径"按钮 ，给图层 2 上的右侧小鸟填充为纯黄色。

3．按住 Ctrl 键单击"路径 1 副本"，将右侧小鸟选区载入。

4．转到图层 2，置前景色为纯红色；选用画笔工具，在属性栏的"画笔"框中选择一种软画笔，像素取为 30。用画笔将小鸟选区喷成立体效果。再换用一硬画笔，像素取为 13，加纯红色圆点作为眼睛，效果如图 2-1-5 所示。

图 2-1-4

图 2-1-5

三、绘制右侧小鸟图形的阴影

1．复制图层 2 为图层 3，并把图层 2 上的小鸟移动到右下一些。

2．置前景色为黑色，按住 Ctrl 键并单击图层 2，将图层 2 上的小鸟选区载入；执行【选择/羽化】命令,在打开的对话框中设"羽化半径"为"3"像素。

3．按 Alt+Delete 组合键填充为黑色，并将图层面板上的"不透明度"改为"50%"，形成简易阴影效果。最终效果如图 2-1-1 所示。

注意：小鸟图形的阴影也可用【图层/图层样式/投影】命令完成。

四、保存文件

将最终结果以 Xps2-01.tif 为文件名保存在考生文件夹中。

2.2 企鹅(第 2 题)

【操作要求】

建立一个 640 像素×480 像素、72 像素/英寸、RGB 模式的新文件,最终效果如图 2-2-1 所示。

图 2-2-1

图 2-2-2

1．调出文件 xps2-02.tif,如图 2-2-2 所示。使用 Path 路径勾勒工具将企鹅的外轮廓绘制成一个封闭的 Path 图形。

2．将企鹅 Path 图形完整地复制到新文件中,再复制一个新的 Path 图形,将它们分别放置在左、右两侧(要求有两个独立 Path 轮廓)。

3．将左侧企鹅轮廓作水平翻转(使两企鹅面面相对)。

4．将企鹅的背部、翅膀、脚喷成黑色,腹部喷成白色,再加上黄色的眼睛。将背景做成由纯蓝到纯白构成的云彩效果。

5．将最终结果以 Xps2-02.tif 为文件名保存在考生文件夹中。

【操作步骤】

一、建新文件,并将背景制作成由纯蓝到纯白构成的云彩效果

1．新建一个 640 像素×480 像素、72 像素/英寸、RGB 模式的新文件。

2．置前景色为纯蓝色,背景色设为白色,按 Alt+Delete 组合键为背景填充纯蓝色。

3．执行【滤镜/渲染/云彩】命令,将背景制作成由纯蓝到纯白构成的云彩效果,如图 2-2-3 所示。

图 2-2-3

二、绘制右侧企鹅图形

1. 打开文件 Xps2-02.tif。
2. 选用"磁性套索工具" ，沿企鹅的外轮廓绘制成一个封闭的选区。
3. 转到路径面板，单击"从选区生成工作路径"按钮 ，生成名为"工作路径"的企鹅 Path 路径。
4. 选用"路径选择工具" ，将企鹅 Path 路径移入新建文件的右侧，在路径面板中生成"路径 1"，按 Ctrl+Enter 组合键，将右侧企鹅的 Path 路径转为轮廓选区。
5. 转到新文件图层面板，新建一图层 1，置前景色为白色，按 Alt+Delete 组合键填充为白色。
6. 选用"画笔工具" ，在属性栏的"画笔"框中选择一种软画笔，像素取 30；置前景色为黑色，将企鹅的背部、脚和翅膀喷成黑色，效果如图 2-2-4 所示。
7. 置前景色为黄色，选择一种软画笔，像素取 13；给企鹅加上黄色的眼睛，如图 2-2-4 所示。

三、绘制左侧企鹅图形

1. 新建一图层 2，转到路径面板，按住鼠标左键将右侧企鹅的"路径 1"拖往下方的"创建新工作路径"按钮 上，生成"路径 1 副本"路径；转到图层面板，再用"路径选择工具" ，将企鹅的 Path 路径移至画面左侧。
2. 然后执行【编辑/变换路径/水平翻转】命令，效果如图 2-2-5 所示。

图 2-2-4

图 2-2-5

3. 用绘制右侧企鹅图形的类似方法，给左侧企鹅图形上色和画眼睛，最终效果如图 2-2-1 所示。

四、保存文件

将最终结果以 Xps2-02.tif 为文件名保存在考生文件夹中。

2.3 树袋鼠(第 3 题)

【操作要求】

建立一个 640 像素×480 像素、72 像素/英寸、RGB 模式的新文件，最终效果如图 2-3-1 所示。

1．调出文件 xps2-03.tif，如图 2-3-2 所示。使用 Path 路径勾勒工具沿树袋鼠的外轮廓绘制成一个封闭的 Path 图形。

图 2-3-1

图 2-3-2

2．将树袋鼠的外轮廓线复制到新文件中，再复制一个新的轮廓线，将它们分别放置在上、下侧(要求有两个独立 Path 轮廓)。

3．将上方轮廓填充纯黄色，加纯黑色圆点作为眼睛，纯红色圆点作为鼻子。

4．将下方轮廓四周喷成纯黑色带白色羽状边效果，用纯黑色作眼睛，纯红色作鼻子。

5．将最终结果以 Xps2-03.tif 为文件名保存在考生文件夹中。

【操作步骤】

一、建新文件

建立一个 640 像素×480 像素、72 像素/英寸、RGB 模式的新文件。

二、绘制上部树袋鼠图形

1．打开文件 Yps2-03.tif。

2．选用"磁性套索工具"，沿树袋鼠的外轮廓绘制成一个封闭的选区。

3．转到路径面板，单击"从选区生成工作路径"按钮，生成名为"工作路径"的树袋鼠 Path 路径。

4．新建一个 640 像素×480 像素、72 像素/英寸、RGB 模式的文件。

5．选用"路径选择工具"，将树袋鼠的 Path 路径移入新文件的上部，在路径面板生成"路径 1"，按 Ctrl+Enter 组合键，将上部树袋鼠的 Path 路径转为轮廓选区。

6．转到新文件图层面板，新建一图层 1，置前景色为黄色，按 Alt+Delete 组合键填充为黄色。

7．选用"画笔工具"，在属性栏的"画笔"框中选择一种软画笔，像素取 30；置前景色为绿色，将树袋鼠的轮廓喷上很少的绿色(此步骤试题并没有要求，但试题的效果图有绿色轮廓，从效果来看，树袋鼠有绿色轮廓显得逼真一些，所以给树袋鼠喷上绿色轮廓)。

8．选择一种硬画笔，像素取 16，给树袋鼠的耳朵和鼻子点上红色(此步骤试题并没有要求，但试题效果图有红色的耳朵和鼻子，从效果来看，树袋鼠有红色的耳朵和鼻子显得逼真一些，所以给树袋鼠喷上红色的耳朵与鼻子)。

9．置前景色为黑色，选择一种硬画笔，像素取 13，给树袋鼠加上黑色的眼睛,效果如图 2-3-3 所示。

三、绘制下部树袋鼠图形

1. 新建一图层 2，转到路径面板，按住鼠标左键将上部树袋鼠的"路径 1"拖往下方的"创建新工作路径"按钮 上，生成"路径 1 副本"。再用"路径选择工具" ，将树袋鼠的 Path 路径移至下方，效果如图 2-3-4 所示。

 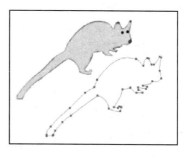

图 2-3-3　　　　　　　　　　　　　图 2-3-4

2. 用绘制上部树袋鼠图形的类似方法，给下部树袋鼠图形上色和画眼睛，最终效果如图 2-3-1 所示。

四、保存文件

将最终结果以 Xps2-03.tif 为文件名保存在考生文件夹中。

2.4　雉(第 4 题)

【操作要求】

建立一个 640 像素×480 像素、72 像素/英寸、RGB 模式的新文件，最终效果如图 2-4-1 所示。

1. 调出文件 Yps2-04.tif，如图 2-4-2 所示。使用 Path 路径勾勒工具沿雉的外轮廓绘制成一个封闭的图形。

图 2-4-1　　　　　　　　　　　　　图 2-4-2

2. 将雉的轮廓线复制到新文件中，再复制一个新的轮廓线(并作水平镜像变换)，将它们分别放置在左、右两侧(要求有两个独立 Path 轮廓)。

3. 将左侧雉轮廓填充为纯黑色，加纯白色圆点作为眼睛；将右侧雉轮廓填充为纯黄色，加纯黑色圆点作为眼睛。

4. 用直径为 3 像素、硬度为 0% 的黑色笔刷勾路径。

5. 将最终结果以 Xps2-04.tif 为文件名保存在考生文件夹中。

【操作步骤】

一、建新文件

建立一个 640 像素×480 像素、72 像素/英寸、RGB 模式的新文件。

二、绘制右侧雉图形

1. 打开文件 Yps2-04.tif。

2. 选用"磁性套索工具" ，沿雉的外轮廓绘制成一个封闭的选区。

3. 转到路径面板，单击"从选区生成工作路径"按钮 ，生成名为"工作路径"的雉 Path 路径。

4. 新建一个 640 像素×480 像素、72 像素/英寸、RGB 模式的新文件。

5. 选用"路径选择工具" ，将雉的 Path 路径移入新文件的右侧，在路径面板生成"路径 1"。

6. 在新文件中新建一图层 1，置前景色为纯黄色，按 Ctrl+Enter 组合键，将右侧雉的 Path 路径转为轮廓选区，按 Alt+Delete 组合键填充为纯黄色。

7. 置前景色为黑色，选用"画笔工具" ，在属性栏的"画笔"框中选择一种硬画笔，像素值取为 3，然后执行【编辑/描边】命令，给右侧的雉勾出黑色轮廓。

8. 选择一种硬画笔，像素值取 13，给雉加上黑色的眼睛，效果如图 2-4-3 所示。

三、绘制左侧雉图形

1. 新建一图层 2，转到路径面板，按住鼠标左键将右侧雉的"路径 1"拖往下方的"创建新工作路径"按钮 上，生成"路径 1 副本"；再用"路径选择工具" ，将雉的 Path 路径移至左侧，然后执行【编辑/变换路径/水平翻转】命令，效果如图 2-4-4 所示。

图 2-4-3

图 2-4-4

2. 用绘制右侧雉图形的类似方法，给左侧雉图形上色和画眼睛，最终效果如图 2-4-1 所示。

四、保存文件

将最终结果以 Xps2-04.tif 为文件名保存在考生文件夹中。

2.5 候鸟(第5题)

【操作要求】

建立一个 640 像素×480 像素、72 像素/英寸、RGB 模式的新文件,最终效果如图 2-5-1 所示。

1. 调出文件 Yps2-05.tif,如图 2-5-2 所示。使用 Path 路径勾勒工具沿左侧鸟的外轮廓绘制成一个封闭的图形。

图 2-5-1   图 2-5-2

2. 将鸟的轮廓线复制到新文件中,再复制一个新的轮廓线并作水平镜像变换,将它们分别放置在左、右两侧(要求有两个独立 Path 轮廓)。

3. 将左侧轮廓填充为纯黄色,将鸟的嘴、眼、尾喷成纯黑色,脚喷成纯红色。

4. 将右侧轮廓用一直径为 3 像素,硬度为 0%的笔刷勾勒,并将嘴、眼、尾喷成纯黑色,脚喷成纯红色。

5. 将最终结果以 Xps2-05.tif 为文件名保存在考生文件夹中。

【操作步骤】

一、建新文件

建立一个 640 像素×480 像素、72 像素/英寸、RGB 模式的新文件。

二、绘制左侧鸟图形

1. 打开文件 Yps2-05.tif。

2. 选用"磁性套索工具",沿左侧鸟的外轮廓绘制成一个封闭的选区。

3. 转到路径面板,单击"从选区生成工作路径"按钮,生成名为"工作路径"的鸟 Path 路径。

4. 新建一个 640 像素×480 像素、72 像素/英寸、RGB 模式的文件。

5. 选用"路径选择工具",将鸟的 Path 路径移入新文件的左侧,在路径面板生成"路径 1"。

6. 在新文件中新建一图层 1,置前景色为纯黄色,按 Ctrl+Enter 组合键,将左侧鸟的 Path 路径转为轮廓选区,按 Alt+Delete 组合键填充为纯黄色。

7. 置前景色为黑色,选用"画笔工具",在属性栏的"画笔"框中选择一种软画笔，像素值取为 30，将鸟的嘴、尾喷成纯黑色。

8．置前景色为红色，用同样的方法将脚喷成纯红色。

9．置前景色为黑色，选择一种硬画笔，像素值取 13，给鸟加上黑色的眼睛，效果如图 2-5-3 所示。

三、绘制右侧鸟图形

1．新建一图层 2，转到路径面板，按住鼠标左键将左侧鸟的"路径 1"拖往下方的"创建新工作路径"按钮 上，生成"路径 1 副本"；再用"路径选择工具" ，将鸟的 Path 路径移至右侧，然后用【编辑/变换路径/水平翻转】命令，效果如图 2-5-4 所示。

图 2-5-3

图 2-5-4

2．用绘制右侧鸟图形的类似方法，给左侧鸟图形上色和画眼睛，最终效果如图 2-5-1 所示。

四、保存文件

将最终结果以 Xps2-05.tif 为文件名保存在考生文件夹中。

2.6　天鹅(第 6 题)

【操作要求】

建立一个 640 像素×480 像素、72 像素/英寸、RGB 模式的新文件，最终效果如图 2-6-1 所示。

1．调出文件 Yps2-06.tif，如图 2-6-2 所示。使用 Path 路径勾勒工具沿右侧天鹅的外轮廓绘制成一个封闭的图形。

图 2-6-1

图 2-6-2

2．将天鹅的轮廓线复制到新文件中，再复制一个新的轮廓线，将它们分别放置在上、下两侧(要求有两个独立 Path 轮廓)。

3．将上方轮廓用直径为 3 像素，硬度为 0%的笔刷勾出一个 R、G、B 均为 128 的灰色边界。

4．将天鹅嘴的前部和后部分别喷成纯黑色和纯黄色，用纯黑圆点作为眼睛；将下方轮廓用直径为 3 像素，硬度为 0%的笔刷勾一个纯黑色的边界，天鹅嘴和眼部处理同上步。

5．将最终结果以 Xps2-06.tif 为文件名保存在考生文件夹中。

【操作步骤】

一、建新文件

建立一个 640 像素×480 像素、72 像素/英寸、RGB 模式的新文件。

二、绘制上部天鹅图形

1．打开文件 Yps2-06.tif。

2．选用"磁性套索工具" ，沿天鹅的外轮廓绘制成一个封闭的选区。

3．转到路径面板，单击"从选区生成工作路径"按钮 ，生成名为"工作路径"的天鹅 Path 路径。

4．新建一个 640 像素×480 像素、72 像素/英寸、RGB 模式的文件。

5．选用"路径选择工具" ，将天鹅的 Path 路径移入新文件的上部，在路径面板上生成"路径 1"，按 Ctrl+Enter 组合键，将上边天鹅的 Path 路径转为轮廓选区。

6．在新文件中新建一图层 1，置前景色为 R、G、B 均为 128 的灰色，选用直径为 3 像素，硬度为 0%的画笔；转到路径面板，单击"用画笔描边路径"按钮 ，给天鹅描边。

7．置前景色为纯黑色，选用"画笔工具" ，在属性栏的"画笔"框中选择一种硬画笔，像素值取为 13，给天鹅画上纯黑色的眼睛。

8．置前景色为纯黄色，选择一种软画笔，像素值取为 30，然后给天鹅嘴的后部喷成纯黄色。

9．置前景色为纯黑色，选择一种软画笔，像素值取为 30，给天鹅嘴的前部喷成纯黑色，效果如图 2-6-3 所示。

三、绘制下边天鹅图形

1．在图层面板中新建一图层 2，转到路径面板，按住鼠标左键将上边天鹅的"路径 1"拖往下方的"创建新工作路径"按钮 上，生成"路径 1 副本"。再用"路径选择工具" ，将天鹅的 Path 路径移至下边，效果如图 2-6-4 所示。

图 2-6-3

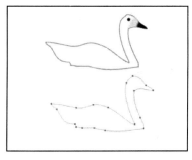

图 2-6-4

2．用绘制上边天鹅图形的类似方法，给下面的天鹅图形描上 3 像素的黑边并上色及画眼睛，最终效果如图 2-6-1 所示。

四、保存文件

将最终结果以 Xps2-06.tif 为文件名保存在考生文件夹中。

2.7 冠鸟(第 7 题)

【操作要求】

建立一个 640 像素×480 像素、72 像素/英寸、RGB 模式的新文件，最终效果如图 2-7-1 所示。

1．调出文件 Yps2-07.tif，如图 2-7-2 所示。使用 Path 路径勾勒工具沿鸟的外轮廓绘制成一个封闭的图形。

图 2-7-1

图 2-7-2

2．将鸟的轮廓线复制到新文件中，再复制一个新的轮廓线，将它们分别放置在上、下两侧(要求有两个独立 Path 轮廓)。

3．将上侧轮廓填充为纯黄色，加黑色圆点作为眼睛，下侧喷出简易阴影效果。

4．将下侧轮廓的四周以咖啡色(R140 G60 B0)喷出渐变立体效果，加黑色圆点作为眼睛。

5．将最终结果以 Xps2-07.tif 为文件名保存在考生文件夹中。

【操作步骤】

一、建新文件

建立一个 640 像素×480 像素、72 像素/英寸、RGB 模式的新文件。

二、绘制上边鸟的图形

1．打开文件 Yps2-07.tif。

2．选用"磁性套索工具" ，沿鸟的外轮廓绘制成一个封闭的选区。

3．转到路径面板，单击"从选区生成工作路径"按钮 ，生成名为"工作路径"的鸟 Path 路径。

4. 新建一个 640 像素×480 像素、72 像素/英寸、RGB 模式的文件。

5. 在新文件中新建一图层 1，选用"路径选择工具" ，将鸟的 Path 路径移入新文件的上边，在路径面板上生成"路径 1"，按 Ctrl+Enter 组合键，将上边鸟的 Path 路径转为轮廓选区。

6. 置前景色为黄色，转到路径面板，单击"用前景填充路径"按钮 ，给鸟填上黄色。

7. 置前景色为纯黑色，选用"画笔工具" ，在属性栏的"画笔"框中选择一种硬画笔，像素值取为 13，给鸟画上纯黑色的眼睛。

8. 置前景色为灰色，选择一种软画笔，像素值取为 30；按住 Ctrl 键并单击"工作路径"，将鸟的选区载入，然后将鸟腹部、尾部用画笔刷勾出灰色边界；置前景色为纯黑色，给鸟的脚部刷出纯黑色。

9. 新建一图层 2，并放置于图层 1 下面，选择一种硬画笔，像素值取为 5，在鸟的嘴尖处画一小圆，然后移动到合适的位置，形成小虫子的视觉，如图 2-7-3 所示。最后将图层 1 和图层 2 合并成图层 1。

三、绘制下边鸟的图形

1. 新建一图层 2，转到路径面板，按住鼠标左键将上边鸟的"路径 1"拖往下方的"创建新工作路径"按钮 上，生成"路径 1 副本"；再用"路径选择工具" ，将鸟的 Path 路径移至下边，效果如图 2-7-4 所示。

图 2-7-3

图 2-7-4

2. 用绘制上边鸟的图形的类似方法，给下边鸟的图形上色和画眼睛，最终效果如图 2-7-1 所示。

四、保存文件

将最终结果以 Xps2-07.tif 为文件名保存在考生文件夹中。

2.8 蛙(第 8 题)

【操作要求】

建立一个 640 像素×480 像素、72 像素/英寸、RGB 模式的新文件，最终效果如图 2-8-1 所示。

1．调出文件 Yps2-08.tif，如图 2-8-2 所示。使用 Path 路径勾勒工具沿蛙的外轮廓绘制成一个封闭的图形。

图 2-8-1   图 2-8-2

2．将蛙的轮廓线复制到新文件中，再复制一个新的轮廓线，并作水平镜像变换(要求有两个独立 Path 轮廓)。

3．将上方轮廓填充为土黄色，加纯黑色圆点作为眼睛；将下方轮廓填充为深绿色(R0 G150 B0)。

4．对下方轮廓用笔刷(直径为 1 像素，硬度为 100%)勾一个黑色的边界，将该轮廓的下侧轮廓喷出白色渐变效果。

5．将最终结果以 Xps2-08.tif 为文件名保存在考生文件夹中。

【操作步骤】

一、建新文件

建立一个 640 像素×480 像素、72 像素/英寸、RGB 模式的新文件。

二、绘制上边蛙的图形

1．打开文件 Yps2-08.tif。

2．选用"磁性套索工具"，沿蛙的外轮廓绘制成一个封闭的选区。

3．转到路径面板，单击"从选区生成工作路径"按钮，生成名为"工作路径"蛙的 Path 路径。

4．新建一个 640 像素×480 像素、72 像素/英寸、RGB 模式的文件。

5．在新文件中新建一图层 1，选用"路径选择工具"，Path 路径移入新文件的上部,生成路径 1，按 Ctrl+Enter 组合键，将上边蛙的 Path 路径转为轮廓选区。

6．置前景色为土黄色，转到路径面板，单击"用前景填充路径"按钮，给蛙填充土黄色。

7．置前景色为纯黑色，选用"画笔工具"，在属性栏的"画笔"框中选择一种硬画笔，像素值取为 13，给蛙画上纯黑色的眼睛，效果如图 2-8-3 所示。

三、绘制下边蛙的图形

1．建一图层 2，转到路径面板，按住鼠标左键将上边蛙的"路径 1"拖往下方的"创建新工作路径"按钮上，生成"路径 1 副本"；再用"路径选择工具"，将蛙的 Path 路径移至下边，并作水平镜像变换，效果如图 2-8-4 所示。

图 2-8-3

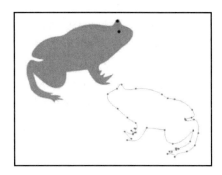
图 2-8-4

2．将前景色置为深绿色(R0 G150 B0)，单击"用前景填充路径"按钮 ，给下边蛙填上深绿色。

3．将前景色置为纯黑色，选用"画笔工具"，在属性栏的"画笔"框中选择一种硬画笔，像素值取为 1 像素，单击"用画笔描边路径"按钮，给蛙勾一个黑色的边界。

4．将前景色置为白色，选用"画笔工具"，在属性栏的"画笔"框中选择一种软画笔，像素值取为 25 像素，将下边蛙喷出白色渐变效果。

5．将前景色置为纯黑色，选用"画笔工具"，在属性栏的"画笔"框中选择一种硬画笔，像素值取为 13，给蛙画上纯黑色的眼睛，最终效果如图 2-8-1 所示。

四、保存文件

将最终结果以 Xps2-08.tif 为文件名保存在考生文件夹中。

2.9 鱼(第 9 题)

【操作要求】

建立一个 640 像素×480 像素、72 像素/英寸、RGB 模式的新文件，最终效果如图 2-9-1 所示。

1．调出文件 Yps2-09.tif，如图 2-9-2 所示。使用 Path 路径勾勒工具沿鱼的外轮廓绘制成一个封闭的图形。

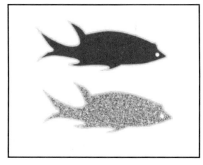
图 2-9-1

图 2-9-2

2．将鱼的轮廓线复制到新文件中，再复制一个新的轮廓线，将它们分别放置在上、下两侧(要求有两个独立 Path 轮廓)。

3．将上方轮廓填充为纯红色，用白色圆点作为眼睛；并用直径为 9 像素，硬度为 0%的笔刷沿路径勾一个纯黄色边界。

4．将下方轮廓填充为纯红色与白色的随机点状，用白色圆点作为眼睛，用与上一步同样的笔刷沿路径勾一个纯黄色边界，并在右下侧制作出阴影效果。

5．将最终结果以 Xps2-09.tif 为文件名保存在考生文件夹中。

【操作步骤】

一、建新文件
建立一个 640 像素×480 像素、72 像素/英寸、RGB 模式的新文件。

二、绘制上边鱼的图形

1．打开文件 Yps2-09.tif。

2．选用"磁性套索工具"，沿鱼的外轮廓绘制成一个封闭的选区。

3．转到路径面板，单击"从选区生成工作路径"按钮，生成"工作路径"鱼的 Path 路径。

4．新建一个 640 像素×480 像素、72 像素/英寸、RGB 模式的文件。

5．在新文件中新建一图层 1，选用"路径选择工具"，将鱼的 Path 路径移入新文件的上部,生成名为"路径 1"的路径，按 Ctrl+Enter 组合键，将路径 1 转为轮廓选区。

6．置前景色为纯红色，转到路径面板，单击"用前景填充路径"按钮，给鱼填上纯红色。

7．置前景色为纯黄色，选用"画笔工具"，在属性栏的"画笔"框中选择一种硬画笔，像素值取为 9，单击"用画笔描边路径"按钮，给鱼勾一个纯黄色边界。

8．置前景色为纯白色，选用"画笔工具"，在属性栏的"画笔"框中选择一种硬画笔，像素值取为 13，给鱼画上纯白色的眼睛，效果如图 2-9-3 所示。

图 2-9-3

三、绘制下边鱼的图形

1．新建一图层 2，转到路径面板，按住鼠标左键将上边鱼的"路径 1"拖往下方的"创建新工作路径"按钮上，生成"路径 1 副本"。再用"路径选择工具"，将鱼的 Path 路径移至下部，效果如图 2-9-4 所示。

2. 按 Ctrl+Enter 组合键,将路径 1 副本转为轮廓选区;置前景色为纯红色,置背景色为白色,执行【滤镜/纹理/颗粒】命令,在打开的对话框中设置参数,如图 2-9-5 所示。

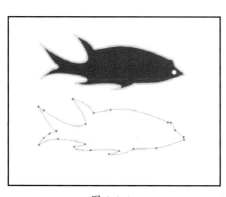

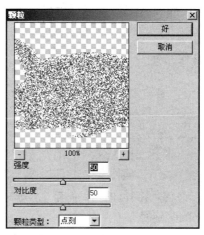

图 2-9-4   图 2-9-5

3. 置前景色为纯白色,选用"画笔工具"，在属性栏的"画笔"框中选择一种硬画笔,像素值取为 13,给鱼画上纯白色的眼睛,最终效果如图 2-9-1 所示。

四、保存文件

将最终结果以 Xps2-09.tif 为文件名保存在考生文件夹中。

2.10 花(第 10 题)

【操作要求】

建立一个 640 像素×480 像素、72 像素/英寸、RGB 模式的新文件,最终效果如图 2-10-1 所示。

1. 调出文件 Yps2-10.tif,使用 Path 路径勾勒工具沿左侧花的外轮廓绘制成一个封闭的图形。

图 2-10-1   图 2-10-2

2. 将花的轮廓线复制到新文件中,再复制一个新的轮廓线,将它们分别放置在左、右两侧(要求有两个独立 Path 轮廓)。

3．将左侧路径填充为纯黄色，用纯红色圆点作为花蕊；并用直径为 5 像素、硬度为 0%的笔刷沿路径勾一个纯红边界，将右侧路径填充为纯红色，加纯黄色圆点作为花蕊。

4．右侧路径四周以纯黄色喷出渐变立体效果，右下侧制作出简易阴影效果。

5．将最终结果以 Xps2-10.tif 为文件名保存在考生文件夹中。

【操作步骤】

一、建新文件

建立一个 640 像素×480 像素、72 像素/英寸、RGB 模式的新文件。

二、绘制左上方花的图形

1．打开文件 Yps2-10.tif。

2．选用"磁性套索工具" ，沿花的外轮廓绘制成一个封闭的选区。

3．转到路径面板，单击"从选区生成工作路径"按钮 ，生成名为"工作路径"花的 Path 路径。

4．新建一个 640 像素×480 像素、72 像素/英寸、RGB 模式的文件。

5．在新文件中新建一图层 1，选用"路径选择工具" ，将花的 Path 路径移入新文件的左侧,生成名为"路径 1"的路径，按 Ctrl+Enter 组合键，将路径 1 转为轮廓选区。

6．置前景色为纯黄色，转到路径面板，单击"用前景填充路径"按钮 ，给花填上纯黄色。

7．置前景色为纯红色，选用"画笔工具" ，在属性栏的"画笔"框中选择一种软画笔，像素值取为 80，画一纯红色圆点作花蕊。

8．在属性栏的"画笔"框中选择一种硬画笔，像素值取为 5，在路径面板上单击"用画笔描边路径"按钮 ，给花勾一个纯红色边界，效果如图 2-10-3 所示。

图 2-10-3

三、绘制右下方花的图形

1．新建一图层 2，转到路径面板，按住鼠标左键将左上方花的"路径 1"拖往下方的"创建新工作路径"按钮 上，生成"路径 1 副本"；再用"路径选择工具" ，将花的 Path 路径移至右下方,效果如图 2-10-4 所示。

2．按 Ctrl+Enter 组合键，将路径 1 副本转为轮廓选区；置前景色为纯红色，在路径面板中，单击"用前景填充路径"按钮 ，给花填上纯红色。

3．置前景色为纯黄色，选用"画笔工具" ，在属性栏的"画笔"框中选择一种软画笔，像素值取为 100，用纯黄色圆点作为花蕊。

4．将像素值改为30，在路径面板上，选择右下方花的路径图层，然后再单击"用画笔描边路径"按钮 ◎ ，给花勾一个纯黄边界，效果如 2-10-5所示。

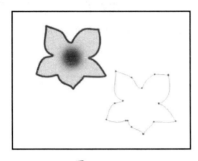

图 2-10-4

图 2-10-5

5．在图层面板，按住 Ctrl 键将图层 2 拖到"创建新的图层" ⬚ 按钮上，复制图层 2 为图层 2 副本。

6．置前景色为纯黑色；按住 Ctrl 键单击图层 2，形成图层 2 上花的选区。

7．执行【选择/羽化】命令，在打开的对话框中设置羽化半径为 5；按住 Alt+Delete 组合键，将选区填上纯黑色，然后在图层面板上将不透明度设为 60，使图层 2 上的花形成朦胧的感觉。

8．用"移动工具" ▶⊕ ，将图层 2 移往稍下的位置，然后执行【编辑/变换/扭曲】命令，将朦胧的花调整到合适的状态，产生简易阴影效果，最终效果如图 2-10-1 所示。

四、保存文件

将最终结果以 Xps2-10.tif 为文件名保存在考生文件夹中。

2.11 苹果(第 11 题)

【操作要求】

建立一个 640 像素×480 像素、72 像素/英寸、RGB 模式的新文件,最终效果如图 2-11-1 所示。

1．调出文件 Yps2-11.tif，如图 2-11-2 所示。使用 Path 路径勾勒工具沿苹果的外轮廓绘制成一个封闭的图形。

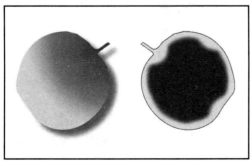

图 2-11-1

图 2-11-2

2．将苹果的轮廓线复制到新文件中，再复制一个新的轮廓线，并作水平镜像变换，放置在左、右两侧(要求有两个独立 Path 轮廓)。

3．将右侧路径填充为纯绿色,四周喷出纯黄色渐变效果，并用直径为 1 像素，硬度为 1%的笔刷勾一个纯黑色边界；将左侧路径填充为纯红色与纯黄色的辐射状渐变。

4．左侧路径右下侧制作出简易阴影效果。

5．将最终结果以 Xps2-11.tif 为文件名保存在考生文件夹中。

【操作步骤】

一、建新文件

建立一个 640 像素×480 像素、72 像素/英寸、RGB 模式的新文件。

二、绘制右侧苹果图形

1．打开文件 Yps2-11.tif。

2．选用"磁性套索工具"，沿右下方苹果的外轮廓绘制成一个封闭的选区。

3．转到路径面板，单击"从选区生成工作路径"按钮，生成名为"工作路径"苹果的 Path 路径。

4．新建一个 640 像素×480 像素、72 像素/英寸、RGB 模式的文件。

5．在新文件中新建一图层 1，选用"路径选择工具"，将苹果的 Path 路径移入新文件的右侧，生成名为"路径 1"的路径，按 Ctrl+Enter 组合键，将路径 1 转为轮廓选区。

6．置前景色为纯绿色，转到路径面板，单击"用前景填充路径"按钮，给苹果填上纯绿色。

7．置前景色为纯黄色，选用"画笔工具"，在属性栏的"画笔"框中选择一种软画笔，像素值取为 35，四周喷出纯黄色渐变效果。

8．置前景色为纯黑色，在属性栏的"画笔"框中选择一种硬画笔，像素值取为 1，在路径面板中单击"用画笔描边路径"按钮，给苹果勾一个纯黑色边界，效果如图 2-11-3 所示。

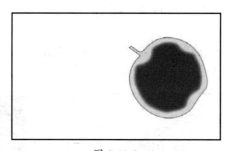

图 2-11-3

三、绘制左侧苹果图形

1．新建一图层 2，转到路径面板，按住鼠标左键将右侧苹果的"路径 1"拖到下方的"创建新工作路径"按钮上，生成名为"路径 1 副本"的左侧苹果的 Path 路径。用"路径选择工具"，将苹果的 Path 路径移至画面左侧。

2. 按 Ctrl+T 组合键将左侧苹果的 Path 路径作自由变换路径处理，在属性栏的"设置旋转"栏中输入"90"，效果如图 2-11-4 所示。

3. 按 Enter 键确认路径变换后，按 Ctrl+Enter 组合键，将路径 1 副本转为轮廓选区；置前景色为纯红色，背景为纯黄色；选择"渐变工具"，在属性栏中单击"径向渐变"按钮，将左侧苹果填充为纯红色与纯黄色的辐射状渐变，效果如图 2-11-5 所示。

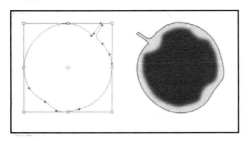

图 2-11-4

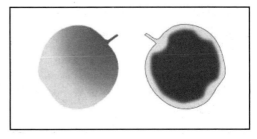

图 2-11-5

四、绘制左侧苹果的阴影

1. 将图层 2 复制成图层 2 副本，然后将图层 2 移往下方偏右的合适地方；按住 Ctrl 键单击图层 2 副本，生成下移苹果选区。

2. 置前景色为纯黑色，按 Alt+Delete 组合键将左侧苹果选区填充为纯黑色，然后在图层面板上将不透明度改为 50%，形成简易阴影效果，最终效果如图 2-11-1 所示。

五、保存文件

将最终结果以 Xps2-11.tif 为文件名保存在考生文件夹中。

2.12 小鸭(第 12 题)

【操作要求】

建立一个 640 像素×480 像素、72 像素/英寸、RGB 模式的新文件，最终效果如图 2-12-1 所示。

1. 调出文件 Yps2-12.tif，如图 2-12-2 所示。使用 Path 路径勾勒工具沿小鸭的外轮廓绘制成一个封闭的图形。

图 2-12-1

图 2-12-2

2. 将小鸭的轮廓线复制到新文件中，再复制一个新的轮廓线，将它们放置在上、下两侧(要求有两个独立 Path 轮廓)。

3. 上方路径填充为纯黄色，将眼睛和嘴喷成黑色。

4. 将下方路径填充为纯黄色与白色辐射状渐变，将眼睛和嘴喷成黑色，沿路径勾一个直径为 1 像素，硬度为 100%的边界，下方喷简易深色小草(R40 G180 B0)。

5. 将最终结果以 Xps2-12.tif 为文件名保存在考生文件夹中。

【操作步骤】

一、建新文件
建立一个 640 像素×480 像素、72 像素/英寸、RGB 模式的新文件。

二、绘制左上侧小鸭图形

1. 打开文件 Yps2-12.tif。

2. 选用"磁性套索工具" ，沿小鸭的外轮廓绘制成一个封闭的选区。

3. 转到路径面板，单击"从选区生成工作路径"按钮 ，生成名为"工作路径"小鸭的 Path 路径。

4. 新建一个 640 像素×480 像素、72 像素/英寸、RGB 模式的文件。

5. 在新文件中新建一图层 1，选用"路径选择工具" ，将小鸭的 Path 路径移入新文件的左上侧，生成名为"路径 1"的路径，按 Ctrl+Enter 组合键，将路径 1 转为轮廓选区。

6. 置前景色为纯黄色，转到路径面板，单击"用前景填充路径"按钮 ，给左上侧小鸭填上纯黄色。

7. 置前景色为纯黑色，选用"画笔工具" ，在属性栏的"画笔"框中选择一种软画笔，像素值取为 35，给小鸭的嘴喷成纯黑色。

8. 在属性栏的"画笔"框中选择一种硬画笔，像素值取为 13，给小鸭画上眼睛，效果如图 2-12-3 所示。

图 2-12-3

三、绘制右下侧小鸭图形

1. 新建一图层 2，转到路径面板，按住鼠标左键将左上侧小鸭的"路径 1"拖到下方的"创建新工作路径"按钮 上，生成名为"路径 1 副本"的右下侧小鸭的 Path 路径。用"路径选择工具" ，将小鸭的 Path 路径移至右下侧，效果如图 2-12-4 所示。

2. 按 Ctrl+Enter 组合键，将路径 1 副本转为轮廓选区；置前景色为纯白色，背景色为黄色；选择"渐变工具" ，在属性栏中点选"径向渐变"按钮 ，以小鸭的中心为小鸭填充为纯白－纯黄色的辐射状渐变，效果如图 2-12-5 所示。

图 2-12-4

图 2-12-5

3．置前景色为纯黑色，选用"画笔工具" ，在属性栏的"画笔"框中选择一种软画笔，像素值取为 35，给小鸭的嘴喷出纯黑色。

4．在属性栏的"画笔"框中选择一种硬画笔，像素值取为 13，给小鸭画上眼睛。

5．将画笔调整为 1 像素，在路径面板中单击"用画笔描边路径"按钮 ，沿路径勾一个直径为 1 像素，硬度为 100%的边界。

四、绘制简易深色小草

新建一图层 3，置前景色为深色(R40 G180 B0)，选用"画笔工具" ，在属性栏的"画笔"框中选择一种硬画笔，像素值取为 5，在右下侧小鸭的下边喷出简易深色小草，最终效果如图 2-12-1 所示。

五、保存文件

将最终结果以 Xps2-12.tif 为文件名保存在考生文件夹中。

2.13　金鱼(第 13 题)

【操作要求】

建立一个 640 像素×480 像素、72 像素/英寸、RGB 模式的新文件,最终效果如图 2-13-1 所示。

1．调出文件 Yps2-13.tif，如图 2-13-2 所示。使用 Path 路径勾勒工具沿金鱼的外轮廓绘制成一个封闭的图形。

图 2-13-1

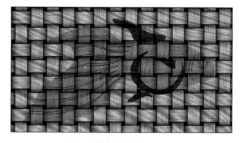

图 2-13-2

2．将金鱼的轮廓线复制到新文件中，再复制一个新的轮廓线，并作水平镜像变换，将它们放置在上、下两侧(要求有两个独立 Path 轮廓)。

3．将上方路径填充为金黄色(R225 G140 B0)，用白色圆点作为眼睛；将下方轮廓填充为纯黄色与纯红色的线性渐变，加白色圆点作为眼睛。

4．下方轮廓喷出简易阴影。

5．将最终结果以 Xps2-13.tif 为文件名保存在考生文件夹中。

【操作步骤】

一、建新文件

建立一个 640 像素×480 像素、72 像素/英寸、RGB 模式的新文件。

二、绘制上侧金鱼图形

1．打开文件 Yps2-13.tif。

2．选用"磁性套索工具" ，沿金鱼的外轮廓绘制成一个封闭的选区。

3．转到路径面板，单击"从选区生成工作路径"按钮 ，生成名为"工作路径"金鱼的 Path 路径。

4．在新文件中新建一图层 1，选用"路径选择工具" ，将金鱼的 **Path** 路径移入新文件的上侧，生成名为"路径 1"的路径，按 Ctrl+Enter 组合键，将路径 1 转为轮廓选区。

5．置前景色为金黄色(R225 G140 B0)，转到路径面板，单击"用前景填充路径"按钮 ，给上侧金鱼填上金黄色。

6．置前景色为白色，选用"画笔工具" ，在属性栏的"画笔"框中选择一种硬画笔，像素值取为 13，给金鱼画出白色的眼睛，效果如图 2-13-3 所示。

图 2-13-3

三、绘制下侧金鱼图形

1．新建一图层 2，转到路径面板，按住鼠标左键将上侧金鱼的路径 1 拖到下方的"创建新工作路径"按钮 上，生成名为"路径 1 副本"的下侧金鱼的 Path 路径。用"路径选择工具" ，将金鱼的 Path 路径移至下侧，并作水平镜像变换，效果如图 2-13-4 所示。

2．按 Ctrl+Enter 组合键，将路径 1 副本转为轮廓选区；置前景色为纯黄色，背景色为纯红色；选择"渐变工具" ，在属性栏中点选"径向渐变"按钮 ，从金鱼的头部往尾部为金鱼填充纯黄色与纯红色的径向渐变，效果如图 2-13-5 所示。

3．置前景色为白色，选用"画笔工具" ，在属性栏的"画笔"框中选择一种硬画笔，像素值取为 13，给金鱼画出白色的眼睛，效果如图 2-13-5 所示。

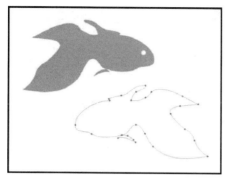

图 2-13-4

图 2-13-5

四、给下侧金鱼做出简易阴影

1. 将图层 2 复制成图层 2 副本，然后将图层 2 移到下侧偏右的合适地方；按住 Ctrl 键单击图层 2，生成下侧偏右金鱼选区。

2. 置前景色为纯黑色，按 Alt+Delete 组合键将下侧金鱼选区填充为纯黑色，然后在图层面板上将不透明度改为 50%，形成简易阴影效果，最终效果如图 2-13-1 所示。

五、保存文件

将最终结果以 Xps2-13.tif 为文件名保存在考生文件夹中。

2.14 杯子(第 14 题)

【操作要求】

建立一个 640 像素×480 像素、72 像素/英寸、RGB 模式的新文件，最终效果如图 2-14-1 所示。

1. 调出文件 Yps2-14.tif，如图 2-14-2 所示。使用 **Path** 路径勾勒工具沿杯子的外轮廓绘制成一个封闭的图形。

图 2-14-1

图 2-14-2

2. 将杯子的轮廓线复制到新文件中，再复制一个新的轮廓线，并将它们分别放置在左、右两侧(要求有两个独立 Path 轮廓)。

3. 将左侧路径填充为纯绿色，加绿色圆点作杯盖顶端的把手。

4．将右侧轮廓填充为纯蓝色与白的辐射渐变色，勾一个纯蓝色的边界，加纯蓝色圆点作为盖的把手，右下侧喷出简易阴影效果。

5．将最终结果以 Xps2-14.tif 为文件名保存在考生文件夹中。

【操作步骤】

一、建新文件

建立一个 640 像素×480 像素、72 像素/英寸、RGB 模式的新文件。

二、绘制左侧杯子图形

1．打开文件 Yps2-14.tif。

2．选用"磁性套索工具"，沿杯子的外轮廓绘制成一个封闭的选区。

3．在属性栏中单击"从选区中减去"按钮，沿杯子的把手内部轮廓绘制成一个封闭的选区，效果如图 2-14-3 所示。

4．转到路径面板，单击"从选区生成工作路径"按钮，生成名为"工作路径"的杯子 Path 路径。

5．在新文件中新建一图层 1，选用"路径选择工具"，先从下往上套选住杯子的全部路径，再将杯子的 Path 路径移入新文件的左侧，生成名为"路径 1"的路径，按 Ctrl+Enter 组合键，将路径 1 转为轮廓选区。

6．置前景色为纯绿色(R0 G96 B27)，转到路径面板，单击"用前景填充路径"按钮，给左侧杯子填上纯绿色。

7．选用"画笔工具"，在属性栏的"画笔"框中选择一种硬画笔，像素值取为 20，用纯绿色(R0 G96 B27)为杯子画出杯盖顶端的把手，效果如图 2-14-4 所示。

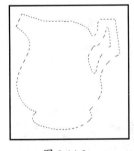

图 2-14-3

图 2-14-4

三、绘制右侧杯子图形

1．新建一图层 2，转到路径面板，按住鼠标左键将左侧杯子的"路径 1"拖到下方的"创建新工作路径"按钮上，生成名为"路径 1 副本"的右侧杯子的 Path 路径。用"路径选择工具"，先从下往上套选住杯子的全部路径，再将杯子的 Path 路径移至右侧，效果如图 2-14-5 所示。

2．按 Ctrl+Enter 组合键，将路径 1 副本转为轮廓选区；置前景色为白色，背景色为纯蓝色；选择"渐变工具"，在属性栏中点选"径向渐变"按钮，以杯子的中心，给杯子填上纯蓝色与白色的辐射渐变色。

3．选用"椭圆选框工具"，在属性栏中进行设置，样式：固定大小，宽度：20 像素，高度：20 像素，然后，给杯子画一杯盖顶端的把手。

4．同样给杯盖顶端的把手填上白－纯蓝的辐射渐变色，效果如图 2-14-6 所示。

图 2-14-5　　　　　　　　　　　　图 2-14-6

四、给右侧杯子作出简易阴影

1．在图层 1 上新建图层 3，用钢笔工具画一阴影路径，作适当的修改和移动，转到路径面板，按住 Ctrl 键单击阴影路径，将阴影路径生成选区(注意：右侧杯子的简易阴影也可复制一个右侧的杯子，填充灰色后，进行"扭曲"操作而形成)。

2．执行【选择/羽化】命令，羽化半径取 1 像素。

3．置前景色为纯黑色，按 Alt+Delete 组合键将右侧杯子阴影选区填充为纯黑色，然后在图层面板上将不透明度改为 50%，形成简易阴影效果，最终效果如图 2-14-1 所示。

五、保存文件

将最终结果以 Xps2-14.tif 为文件名保存在考生文件夹中。

2.15　茶壶(第 15 题)

【操作要求】

建立一个 640 像素×480 像素、72 像素/英寸、RGB 模式的新文件,最终效果如图 2-15-1 所示。

1．调出文件 Yps2-15.tif，如图 2-15-2 所示。使用 Path 路径勾勒工具沿茶壶的外轮廓绘制成一个封闭的图形。

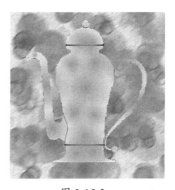

图 2-15-1　　　　　　　　　　　　图 2-15-2

2．将茶壶的轮廓线复制到新文件中，再复制一个新的轮廓线，并将它们分别放置在左、右两侧(要求有两个独立 Path 轮廓)。

3．将左侧的轮廓填充为纯蓝色，用纯白色绘成高光效果。

4．将右侧的轮廓中央用纯黄色填充，四周以纯红色喷出渐变立体效果，右下侧喷出简易阴影效果。

5．将最终结果以 Xps2-15.tif 为文件名保存在考生文件夹中。

【操作步骤】

一、建新文件

建立一个 640 像素×480 像素、72 像素/英寸、RGB 模式的新文件。

二、绘制左侧茶壶图形

1．打开文件 Yps2-15.tif。

2．选用"钢笔工具" ，在属性栏分别单击"路径" 按钮和"重叠区域除外"按钮 ，首先沿茶壶的外轮廓画出"外轮廓路径"，再沿茶壶把手的内轮廓画出"内轮廓路径"，形成名为"工作路径"茶壶的 Path 路径，如图 2-15-3 所示。

3．选用"路径选择工具" ，从画布右下到左上角，按住左键，将茶壶的路径全部套住选中，按 Ctrl+C 组合键复制路径。

4．建立一个 640 像素×480 像素、72 像素/英寸、RGB 模式、背景为白色的新文件。

5．按 Ctrl+V 组合键将茶壶的 Path 路径粘贴到新文件中，生成名为"路径 1"的路径，选用"路径选择工具" ，从画布右下到左上角，按住左键，将茶壶的路径全部套住选中，并用平向左方向键移至画布的左边。

6．在新文件中新建图层 1，置前景色为纯蓝色，转到路径面板，单击"用前景填充路径"按钮 ，给左侧茶壶填上纯蓝色。

7．选用"画笔工具" ，在属性栏的"画笔"框中选择一种软画笔，像素值取为 25，用纯白色喷成高光效果，效果如图 2-15-4 所示。

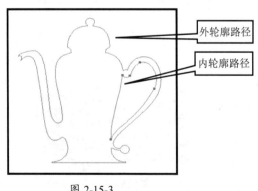

图 2-15-3

图 2-15-4

三、绘制右侧茶壶图形

1．新建一图层 2，转到路径面板，按住鼠标左键将左侧茶壶的路径 1 拖到下方的"创建新工作路径"按钮 上，生成名为"路径 1 副本"的右侧茶壶的 Path 路径。用"路径选择工具" ,按住左键,从画布右下到左上角,将茶壶的路径全部套住选中,再将茶壶的 Path 路径移至右侧,效果如图 2-15-5 所示。

2.按 Ctrl+Enter 组合键,将路径 1 副本转为轮廓选区;置前景色为纯黄色,按 Alt+Delete 组合键将右侧茶壶填充为纯黄色。

3.置前景色为纯红色,选用"画笔工具" ,在属性栏的"画笔"框中选择一种软画笔,像素值取为 25,给右侧茶壶四周喷出纯红色渐变立体效果,效果如图 2-14-6 所示。

图 2-15-5

图 2-15-6

四、绘制右侧茶壶简易阴影

1.新建一图层 3,置前景色为纯黑色,选用"画笔工具" ,在属性栏的"画笔"框中选择一种硬画笔,像素取为 10;在画布上画一简易阴影,然后在图层面板上,将不透明度改为 50%,最终效果如图 2-15-1 所示。

五、保存文件

将最终结果以 Xps2-15.tif 为文件名保存在考生文件夹中。

2.16 小鹿(第 16 题)

【操作要求】

建立一个 640 像素×480 像素、72 像素/英寸、RGB 模式的新文件,最终效果如图 2-16-1 所示。

1.调出文件 Yps2-16.tif,如图 2-16-2 所示。使用 Path 路径勾勒工具沿小鹿的外轮廓绘制成一个封闭的图形。

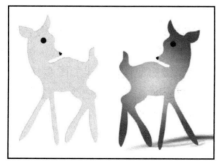

图 2-16-1

图 2-16-2

2．将小鹿的轮廓线复制到新文件中，再复制一个新的路径，并作水平镜像变换，放置在左、右两侧(要求有两个独立 Path 轮廓)。

3．将左侧路径填充为纯黄色，加纯黑色圆点作为眼睛和鼻子，沿轮廓勾一个深黄色(R240 G160 B0)的边界。

4．将右侧轮廓填充为纯黄色与纯红色的渐变色，加黑色圆点作为眼睛和鼻子，下侧喷出简易阴影效果。

5．将最终结果以 Xps2-16.tif 为文件名保存在考生文件夹中。

【操作步骤】

一、建新文件

建立一个 640 像素×480 像素、72 像素/英寸、RGB 模式的新文件。

二、绘制左侧小鹿图形

1．打开文件 Yps2-16.tif。

2．选用"磁性套索工具"，沿小鹿的外轮廓绘制成一个封闭的选区。

3．转到路径面板，单击"从选区生成工作路径"按钮，生成名为"工作路径"小鹿的 Path 路径。

4．在新文件中新建一图层 1，选用"路径选择工具"，将小鹿的 Path 路径移入新文件的左侧，生成名为"路径 1"的路径，按 Ctrl+Enter 组合键，将路径 1 转为轮廓选区。

5．置前景色为纯黄色，按 Alt+Delete 组合键给左侧小鹿填上纯黄色。

6．置前景色为纯黑色，选用"画笔工具"，在属性栏的"画笔"框中选择一种硬画笔，像素值取为 16，给小鹿画出眼睛和鼻子，效果如图 2-16-3 所示。

图 2-16-3

三、绘制右侧小鹿图形

1．新建一图层 2，转到路径面板，按住鼠标左键将左侧小鹿的路径 1 拖到下方的"创建新工作路径"按钮上，生成名为"路径 1 副本"的右侧小鹿的 Path 路径。用"路径选择工具"，将小鹿的 Path 路径移至右侧，然后做水平镜像变换，效果如图 2-16-4 所示。

2．按 Ctrl+Enter 组合键，将路径 1 副本转为轮廓选区；置前景色为纯黄色，背景色为纯红色；选择"渐变工具"，在属性栏中单击"径向渐变"按钮，以小鹿的肚子为中心给小鹿填上纯黄色与纯红色的辐射渐变色。

3．置前景色为纯黑色，选用"画笔工具"，在属性栏的"画笔"框中选择一种硬画笔，像素值取为 16，给小鹿画出眼睛和鼻子，效果如图 2-16-5 所示。

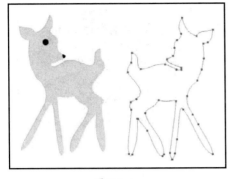

图 2-1-4

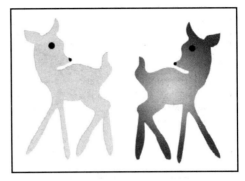

图 2-16-5

四、给右侧小鹿作出简易阴影

1. 新建图层 3，用"钢笔工具" 画最上方较长的阴影路径，作适当的修改和移动，按住 Ctrl 键单击图层 3，将阴影路径生成选区，然后，执行【选择/羽化】命令，羽化半径值取为 4。

2. 置前景色为纯黑色，按 Alt+Delete 组合键将较长的阴影选区填充为纯黑色，然后在图层面板上将不透明度改为 50%，形成较长的简易阴影效果。

3. 新建图层 4，用钢笔工具画中间的阴影路径，作适当的修改和移动，按住 Ctrl 键单击图层 4，将阴影路径生成选区，然后，执行【选择/羽化】命令，羽化半径值取为 2。

4. 按 Alt+Delete 组合键将中间的阴影选区填充为纯黑色，然后在图层面板上将不透明度改为 40%，形成中间的简易阴影效果。

5. 新建图层 5，用上面步骤(3)和步骤(4)同样的方法和参数画最下方的阴影。

6. 将图层 3、图层 4、图层 5 链接并合并成为图层 5，形成阴影层，最终效果如图 2-16-1 所示。

五、保存文件

将最终结果以 Xps2-16.tif 为文件名保存在考生文件夹中。

2.17 鸽子(第 17 题)

【操作要求】

建立一个 640 像素×480 像素、72 像素/英寸、RGB 模式的新文件，最终效果如图 2-17-1 所示。

1. 调出文件 Yps2-17.tif，如图 2-17-2 所示。用 Path 路径勾勒工具沿鸽子的外轮廓绘制成一个封闭的图形。

2. 将鸽子的轮廓线复制到新文件中，再复制一个新的路径，并作水平镜像变换，放置在左、右两侧(要求有两个独立 Path 轮廓)。

3. 将左侧路径填充为纯蓝色，加白色圆点作为眼睛。

4. 将右侧轮廓填充为白色与纯蓝色的渐变立体效果，加白色圆点作为眼睛，右下侧喷出浅绿色(R154 G255 B63)。

图 2-17-1

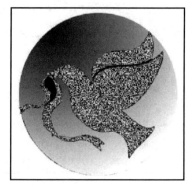

图 2-17-2

5．将最终结果以 Xps2-17.tif 为文件名保存在考生文件夹中。

【操作步骤】

一、建新文件

建立一个 640 像素×480 像素、72 像素/英寸、RGB 模式的新文件。

二、绘制右侧鸽子图形

1．打开文件 Yps2-16.tif。

2．选用"磁性套索工具" ，沿鸽子的外轮廓绘制成一个封闭的选区。

3．转到路径面板，单击"从选区生成工作路径"按钮 ，生成名为"工作路径"的鸽子 Path 路径。

4．在新文件中新建一图层 1，选用"路径选择工具" ，将鸽子的 Path 路径移入新文件的右侧，生成名为"路径 1"的路径，按 Ctrl+Enter 组合键，将路径 1 转为轮廓选区。

5．置前景色为白色，背景为纯蓝色，选择"渐变"工具 ，在属性栏中单击"径向渐变"按钮 ，以鸽子的肚子为中心给鸽子填上白—蓝的辐射渐变色。

6．置前景色为白色，选用"画笔工具" ，在属性栏中的"画笔"框中选择一种硬画笔，像素值取为 16，给鸽子画出眼睛，效果如图 2-17-3 所示。

图 2-17-3

三、绘制左侧鸽子图形

1．新建一图层 2，转到路径面板，按住鼠标左键将右侧鸽子的路径 1 拖到下方的"创建新工作路径"按钮 上，生成名为"路径 1 副本"的左侧鸽子的 Path 路径。用"路径选择工具" ，将鸽子的 Path 路径移至左侧，然后作水平镜像变换，效果如图 2-17-4 所示。

2．按 Ctrl+Enter 组合键，将路径 1 副本转为轮廓选区；置前景色为纯蓝色，按 Ctrl+Delete 组合键给鸽子填上纯蓝色。

3．置前景色为白色，选用"画笔工具" ，在属性栏的"画笔"框中选择一种硬画笔，像素值取为 16，给鸽子画出眼睛，效果如图 2-17-5 所示。

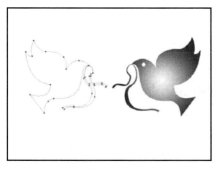

图 2-17-4　　　　　　　　　　　　　　　图 2-17-5

四、绘制简易绿草地

1．新建图层 3，用"钢笔工具" 画出草地路径，按住 Ctrl 键单击图层 3，将草地路径生成选区，然后，执行【选择/羽化】命令，羽化半径取为 15。

2．置前景色为浅绿色(R154 G255 B63)，按 Alt+Delete 组合键，形成简易绿草地，最终效果如图 2-17-1 所示。

五、保存文件

将最终结果以 Xps2-17.tif 为文件名保存在考生文件夹中。

2.18　树叶(第 18 题)

【操作要求】

建立一个 640 像素×480 像素、72 像素/英寸、RGB 模式的新文件,最终效果如图 2-18-1 所示。

1．调出文件 Yps2-18.tif，如图 2-18-2 所示。使用 Path 路径勾勒工具沿树叶的外轮廓绘制成一个封闭的图形。

图 2-18-1　　　　　　　　　　　　　　　图 2-18-2

2．将树叶的轮廓线复制到新文件中，再复制一个新的路径，放置在左、右两侧(要求有两个独立 Path 轮廓)。

3．将左侧的轮廓填充为纯绿色，用深绿色(R0 G200 B0)画出简易叶脉。

4．将右侧轮廓填充为土黄色(R255 G200 B0)，用浅黄色(R255 G255 B0)画出简易叶脉，并在右下侧喷出简易阴影效果。

5．将最终结果以 Xps2-18.tif 为文件名保存在考生文件夹中。

【操作步骤】

一、建新文件

建立一个 640 像素×480 像素、72 像素/英寸、RGB 模式的新文件。

二、绘制左侧树叶图形

1．打开文件 Yps2-18.tif。

2．选用"磁性套索工具"，沿立着的树叶外轮廓绘制成一个封闭的选区。

3．转到路径面板，单击"从选区生成工作路径"按钮，生成名为"工作路径"树叶的 Path 路径。

4．在新文件中新建图层 1，选用"路径选择工具"，将树叶的 Path 路径移入新文件的右侧，生成名为"路径 1"的路径，按 Ctrl+Enter 组合键，将路径 1 转为轮廓选区。

5．置前景色为纯绿色，按 Alt+Delete 组合键，将树叶填充为纯绿色。

6．新建图层 2，选用"钢笔工具"，画出一条条简易叶脉路径。

7．置前景色为深绿色(R0 G200 B0)，选用"画笔工具"，在属性面板上选择一种硬画笔，像素值取 1；转到路径面板，单击"用画笔描边"按钮，画出简易深绿色叶脉，效果如图 2-18-3 所示。

8．置前景色为纯黑色，选用"画笔工具"，在属性面板上选择一种软画笔，像素值取为 20；按住 Ctrl 键单击图层 1，载入树叶的轮廓选区，用软画笔喷出树叶的黑色叶梗，效果如图 2-18-4 所示。

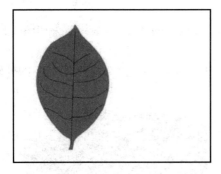
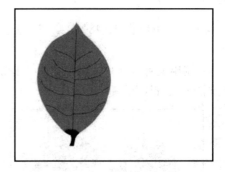

图 2-18-3　　　　　　　　　　　图 2-18-4

三、绘制右侧树叶图形

1．新建一图层 3，转到路径面板，按住鼠标左键将左侧树叶的路径 1 拖到下方的"创建新工作路径"按钮上，生成名为"路径 1 副本"的右侧树叶的 Path 路径。用"路径选择工具"，将树叶的 Path 路径移右侧，效果如图 2-18-5 所示。

2．按 Ctrl+Enter 组合键，将路径 1 副本转为轮廓选区；置前景色为土黄色 (R255 G200 B0)，按 Alt+Delete 组合键给树叶填上土黄色。

3．压住鼠标左键将左侧树叶叶脉的路径 1 拖到"创建新路径"按钮上，新建路径 1 副本 2；选用"路径选择工具" ▶，将新建的路径移到右侧树叶中，效果如图 2-18-6 所示。

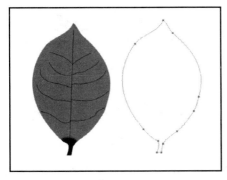
图 2-18-5

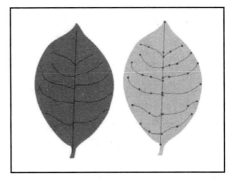
图 2-18-6

4．置前景色为浅黄色(R255 G255 B0)，选用"画笔工具" ✐，在属性栏的"画笔"框中选择一种硬画笔，像素值取为 1；单击"用画笔描边路径"按钮 ○，画出简易浅黄色叶脉。

5．按 Ctrl 键并单击右侧树叶的图层 3，将右侧树叶的选区载入；改用软画笔，像素值取为 20，在树叶左侧喷出左边和右上边的阴影效果，如图 2-18-7 所示。

四、绘制简易阴影效果

1．新建图层 4，按住 Ctrl 键单击图层 3，将右侧树叶选区载入，然后，执行【选择/羽化】命令,羽化半径取为 5。

图 2-18-7

2．置前景色为纯黑色，按 Alt+Delete 组合键为选区填成黑色，适当的进行移动和扭曲操作，在图层面板将不透明度改 45%，形成简易阴影，最终效果如图 2-18-1 所示。

五、保存文件

将最终结果以 Xps2-18.tif 为文件名保存在考生文件夹中。

2.19　椰树(第 19 题)

【操作要求】

建立一个 640 像素×480 像素、72 像素/英寸、RGB 模式的新文件,最终效果如图 2-19-1 所示。

1．调出文件 Yps2-19.tif，如图 2-19-2 所示。使用 Path 路径勾勒工具沿椰树的外轮廓绘制成一个封闭的图形。

图 2-19-1　　　　　　　　　　　　　　图 2-19-2

2．将椰树的轮廓线复制到新文件中，再复制一个新的路径，分别放置在左、右两侧(要求有两个独立 Path 轮廓)。

3．将左侧的轮廓填充为纯绿色叶子，深咖啡色树干(R100 G50 B20)。

4．将右侧轮廓填充为纯白色与纯绿色的渐变色，沿轮廓勾一个深绿色的边界(R0 G120 B0)，绘制一个浅咖啡色(R199 G159 B190)的椰果，右下侧喷出简易阴影效果。

5．将最终结果以 Xps2-19.tif 为文件名保存在考生文件夹中。

【操作步骤】

一、建新文件

建立一个 640 像素×480 像素、72 像素/英寸、RGB 模式的新文件。

二、绘制左侧椰树图形

1．打开文件 Yps2-19.tif。

2．选用"磁性套索工具"，沿椰树的外轮廓绘制成一个封闭的选区。

3．转到路径面板，单击"从选区生成工作路径"按钮，生成名为"工作路径"椰树的 Path 路径。

4．在新文件中新建图层 1，选用"路径选择工具"，将椰树的 Path 路径移入新文件的左侧,生成名为"路径 1"的路径，按 Ctrl+Enter 组合键，将路径 1 转为轮廓选区。

6．置前景色为纯绿色，给左侧椰树填上纯绿色叶子。

7．新建图层2,选用"磁性套索工具"，沿椰树的树干轮廓绘制成一个封闭的选区。

8．置前景色为深咖啡色树干(R100 G50 B20)，为椰树的树干填充深咖啡色，效果如图 2-19-3 所示。

图 2-19-3

9．合并图层 1 与图层 2 成图层 1。

三、绘制右侧椰树图形

1. 新建图层3，转到路径面板，按住鼠标左键将左侧椰树的路径1拖到下方的"创建新工作路径"按钮□上，生成名为"路径1副本"的右侧椰树的Path路径。用"路径选择工具"▶将椰树的Path路径移至右侧，效果如图2-19-4所示。

2. 按Ctrl+Enter组合键，将路径1副本转为轮廓选区；置前景色为纯白色，背景为纯绿色；选择"渐变工具"，在属性栏中点选"径向渐变"按钮，以椰树的叶子为中心给椰树填上白—纯绿的辐射渐变色。

3. 置前景色为纯绿色(R0 G120 B0)，执行【编辑/描边】命令，宽度取3像素，给椰树轮廓勾一个深绿色的边界。

4. 新建图层4，置前景色为浅绿色，选用"椭圆选框工具"，画一个椰子选区，按Alt+Delete组合键给椰子填成浅绿色，效果如图2-19-5所示。

图2-19-4

图2-19-5

四、给右侧椰树作出简易阴影

1. 新建图层5，用"钢笔工具"勾勒阴影路径，作适当的修改和移动，在路径面板，按住Ctrl键并单击阴影路径，将阴影路径生成选区，然后，执行【选择/羽化】命令,羽化半径取为3。

2. 置前景色为纯黑色，按Alt+Delete组合键将阴影选区填充为纯黑色，然后在图层面板上将不透明度改为70%，形成简易阴影效果，最终效果如图2-19-1所示。

五、保存文件

将最终结果以Xps2-19.tif为文件名保存在考生文件夹中。

2.20 大象(第20题)

【操作要求】

建立一个640像素×480像素、72像素/英寸、RGB模式的新文件,最终效果如图2-20-1所示。

1. 调出文件Yps2-20.tif，如图2-20-2所示。使用Path路径勾勒工具沿大象的外轮廓绘制成一个封闭的图形。

图 2-20-1　　　　　　　　　　　　图 2-20-2

2．将大象的轮廓线复制到新文件中，再复制一个新的路径，分别置于上、下方(要求有两个独立 Path 轮廓)。

3．将上方的轮廓填充为浅灰色(R191 G191 B191)，加黑色圆点作为眼睛。

4．将下方轮廓填充为纯白色与深灰色(R98 G98 B98)渐变色，加纯黑色圆点作为眼睛，右下侧喷出简易浅绿色草地(R46 G255 B46)。

5．将最终结果以 Xps2-20.tif 为文件名保存在考生文件夹中。

【操作步骤】

一、建新文件

建立一个 640 像素×480 像素、72 像素/英寸、RGB 模式的新文件。

二、绘制上方大象图形

1．打开文件 Yps2-20.tif。选用"磁性套索工具"，沿大象的外轮廓绘制成一个封闭的选区(注意前腿之间选区的添加)。

2．转到路径面板，单击"从选区生成工作路径"按钮，生成名为"工作路径"大象的 Path 路径。

3．在新文件中新建图层 1，选用"路径选择工具"，将大象的 Path 路径移入新文件的上方,生成名为"路径 1"的路径，按 Ctrl+Enter 组合键，将路径 1 转为轮廓选区。

4．置前景色为浅灰色(R191 G191 B191)，给上方大象填上浅灰色。

5．置前景色为纯黑色，选用"画笔工具"，在属性栏的"画笔"框中选择一种硬画笔，像素值取为 19，加黑色圆点为眼睛，效果如图 2-20-3 所示。

图 2-20-3

三、绘制下方图形

1．新建图层 2，转到路径面板，按住鼠标左键将上方大象的路径 1 拖到下方的"创建新工作路径"按钮 上，生成名为"路径 1 副本"的下方大象的 Path 路径。用"路径选择工具" ，将大象的 Path 路径移至下方，效果如图 2-20-4 所示。

2．按 Ctrl+Enter 组合键，将路径 1 副本转为轮廓选区；置前景色为深灰色(R98 G98 B98)；选用"画笔工具" ，在属性栏的"画笔"框中选择一种软画笔，像素值取为 85，给大象喷出深灰—白色的渐变色效果。

3．置前景色为纯黑色，选用"画笔工具" ，在属性栏的"画笔"框中选择一种硬画笔，像素值取为 19，加黑色圆点作为眼睛，效果如图 2-20-5 所示。

图 2-20-4　　　　　　　　　　　　　　图 2-20-5

四、给下方大象作出浅绿色草地

1．新建图层 3，用钢笔工具勾勒阴影路径，作适当的修改和移动，在路径面板，按住 Ctrl 键并单击阴影路径，将阴影路径生成选区，然后，执行【选择/羽化】命令,羽化半径取为 15。

2．置前景色为浅绿色(R46 G255 B46)，按 Alt+Delete 组合键将阴影选区填充为浅绿色，形成简易浅绿色草地效果，最终效果如图 2-20-1 所示。

五、保存文件

将最终结果以 Xps2-20.tif 为文件名保存在考生文件夹中。

第 3 单元 选定技巧

3.1 发光金盘(第 1 题)

【操作要求】

利用选定等操作，制作合成图像效果，最终效果如图 3-1-1 所示。

1．调出文件 Yps3a-01.tif，如图 3-1-2 所示，将全部蓝色球体(不包括黑色阴影)以外的背景置换成黑色背景。

图 3-1-1   图 3-1-2

2．调出文件 Yps3b-01.tif，如图 3-1-3 所示，将金盘选定复制到上述文件中央，并制作出白色光晕效果。

3．调出文件 Yps3c-01.psd，如图 3-1-4 所示，将其中紫色叶片完全选择，复制其轮廓边缘至文件中(参考厚度为 10 像素左右)放置在金盘中央。

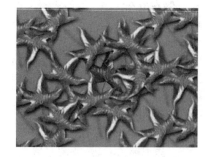

图 3-1-3   图 3-1-4

4．将最后完成的文件以 Xps3-01.tif 为文件名保存在考生文件夹中。

【操作步骤】

一、背景处理

1．在"文件浏览器"对话框中,按住 Ctrl 键选中 Yps3a-01.tif,Yps3b-01.tif,Yps3c-01.psd,

把三个文件同时打开。

2. 选择 Yps3a-01.tif 为当前文件，选用"魔棒"工具 ，设置容差为 50，单击"添加到选区"按钮 ，不选中"连续的"选项，单击蓝色小球，多单击几次，再执行【选择/选取相似】命令，使全部蓝色小球被选中。

3. 置前景色为黑色，执行【选择/反选】命令，然后按 Alt+Del 组合键将选区填充为黑色，取消选区，效果如图 3-1-5 所示。

图 3-1-5

二、金盘处理

1. 选择文件 Yps3b-01.tif，选用"魔棒"工具 ，先选中黑色背景再按 Shift+Ctrl+I 组合键，执行反选操作，选中金盘。

2. 选择"移动工具" 将金盘拖至 Yps3a-01.tif 文件中，生成图层 1。

3. 双击图层 1，打开"图层样式"对话框，选择"外发光"，发光颜色设为白色，不透明度为 90%，扩展 10%，大小 110 像素，效果如图 3-1-6 所示。

4. 选择 Yps3c-01.psd，关闭枫叶的上一层图层，Ctrl+单击枫叶层图层，选中枫叶，【选择/修改/收缩】命令，收缩量设为 10 像素，按 Delete 键删除中间部分，效果如图 3-1-7 所示。

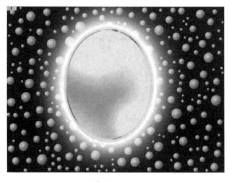

图 3-1-6

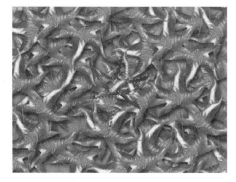

图 3-1-7

5. 用"移动工具" 拖动枫叶到 Yps3a-01.tif 文件中，最终效果如图 3-1-1 所示。

三、保存文件

将最终结果以 Xps3-01.tif 为文件名保存在考生文件夹中。

3.2 图像边框(第 2 题)

【操作要求】

利用选定等操作，制作合成图像效果，最终效果如图 3-2-1 所示。

1. 建立一个 340 像素×480 像素、72 像素/英寸、RGB 模式的新文件；将背景作白—纯蓝(R0 G0 B255)的线性渐变。

2．调出文件 Yps3-02.tif，如图 3-2-2 所示，将花枝全部选定(不包括黑色背景)复制到新文件中。

图 3-2-1

图 3-2-2

3．将整个图像制作成有一定羽化的黄色边框效果。

4．将最终完成的文件以 Xps3-02.tif 为文件名保存在考生文件夹中。

【操作步骤】

一、合成图像

1．打开文件 Yps3-02.tif，用"魔棒工具" 先选中黑色背景，执行【选择/选取相似】命令，再按 Shift+Ctrl+I 组合键，执行反选操作，选中花。

2．选用"椭圆选区"工具 ，在属性栏中选择"添加到选区"按钮 ，用拖拉的方法将没有形成选区的下方花叶叶端部分添加到选区，效果如图 3-2-3 所示。

3．新建一个 340 像素×480 像素、72 像素/英寸、RGB 模式的文件。

4．将背景层填充为"白—纯蓝"的从上到下的线性渐变；然后，用"移动工具" 把花拖至新文件中，生成图层 1，效果如图 3-2-4 所示。

图 3-2-3

图 3-2-4

二、制作边框

1. 新建图层 2，按 Ctrl+A 组合键全选，执行【选择/扩边】命令，宽度设为 30 像素；再执行【选择/羽化】命令，取羽化半径为 15 像素，如图 3-2-5 所示。

图 3-2-5

2. 置前景色为纯黄色，按 Alt+Del 组合键进行描边，重复 2 次，最终效果如图 3-2-1 所示。

三、保存文件

将最终结果以 Xps3-02.tif 为文件名保存在考生文件夹中。

3.3 花中靓女(第 3 题)

【操作要求】

利用选定等操作，制作合成图像效果，最终效果如图 3-3-1 所示。

1. 调出文件 Yps3a-03.tif，如图 3-3-2 所示，将花朵的周围作渐变淡化处理。
2. 调出文件 Yps3b-03.tif，如图 3-3-3 所示，将人头部分选定复制至 Yps3a-03.tif 文件的花心中，并制作晕化效果。

图 3-3-1　　　　　　　图 3-3-2　　　　　　　图 3-3-3

3．在花的四周位置，再复制四个人物头像，羽化效果要比花心人物强烈一些。

4．将最后完成的文件以 Xps3-03.tif 为文件名保存在考生文件夹中。

【操作步骤】

一、花朵淡化处理

1．在"文件浏览器"对话框中，按住 Ctrl 键选中 Yps3a-03.tif、Yps3b-03.tif，同时打开两个文件。

2．选择文件 Yps3a-03.tif，选用"减淡工具"，在属性栏中选择一种软画笔，大小选 150，将花朵的周围作渐变淡化处理，效果如图 3-3-4 所示。

二、花朵中人物头像的制作

1．选择文件 Yps3b-03.tif，选用"椭圆选框工具" 选中人物头像，执行【选择/羽化】命令，取羽化半径为 15 像素，如图 3-3-5 所示。

2．用"移动工具" 拖至文件 Yps3a-03.tif 中，执行【编辑/变换/缩放】命令，缩小人物头像，放置在花中央，如图 3-3-6 所示。

图 3-3-4

图 3-3-5

图 3-3-6

三、花朵四周人物头像制作

1．再选用"椭圆选框工具" ，椭圆区域大小不一样，位置不一样选中人物头像，如图 3-3-7 所示。执行【选择/羽化】命令，取羽化半径为 25，用"移动工具" 拖至花中。

2．执行【编辑/变换/缩放】命令，缩小人物头像，放置在左边适当位置。

3．再重复三次，将框选的人物头像移至图中适当位置，然后，执行【编辑/变换/缩放】命令，缩小人物头像，放置在图中适当位置(这三次的椭圆区域大小有少许变化，位置与旋转也有少许变化、羽化半径仍为 25)，如图 3-3-8 所示。

4．选择文件 Yps3a-03.tif 为当前文件，选中背景层，按 Ctrl+A 组合键选中背景图层，执行【选择/扩边】命令，宽度设为 15 像素；再执行【选择/羽化】命令，取羽化半径为 15 像素，如图 3-3-9 所示。

5．置前景色为白色，执行【编辑/描边】命令，宽度设为 15 像素，效果如图 3-3-9 所示。

6．执行【图层/合并图层】命令，合并所有图层。

图 3-3-7　　　　　　　　　　　图 3-3-8

7. 选用"圆角矩形工具" ，在属性栏中选择"路径" 按钮，并将半径设为 40 像素，然后，在画布上画一路径，如图 3-3-10 所示。

图 3-3-9　　　　　　　　　　　图 3-3-10

8. 按 Ctrl+Enter 组合键，将路径转为选区，按 Ctrl+J 组合键复制选区内图像成图层 1。

9. 置前景色为白色，选中背景图层，按 Alt+Delete 组合键，将背景图层填充为白色，最终效果如图 3-3-1 所示。

四、保存文件

将最终结果以 Xps3-03.tif 为文件名保存在考生文件夹中。

3.4　郊外别墅(第 4 题)

【操作要求】

利用选定等操作，制作合成图像效果，最终效果如图 3-4-1 所示。

图 3-4-1

1. 调出文件 Yps3a-04.tif，如图 3-4-2 所示，将蓝天白云(包括树缝中)全部选中。

2. 调出文件 Yps3b-04.tif，如图 3-4-3 所示，将图片全选复制至 Yps3a-04.tif 文件中，产生树后是一幢房子的效果。

图 3-4-2

图 3-4-3

3. 调出文件 Yps3c-04.tif，如图 3-4-4 所示，只选定部分天空复制至 Yps3a-04.tif 中替换房子上的天空。

图 3-4-4

4．将最终完成的文件以 Xps3-04.tif 为文件名保存在考生文件夹中。

【操作步骤】

一、打开三个素材文件

在"文件浏览器"对话框中，按住 Ctrl 键选中 Yps3a-04.tif、Yps3b-04.tif、Yps3c-04.tif，把三个文件同时打开。

二、用图 3-4-3 中的房子和天空部分替换图 3-4-2 的天空部分

1．选择 Yps3a-04.tif，选用"魔棒"工具 ，容差取 60，选中"连续的"复选框；选择文件 Yps3a-04.tif 中的天空，然后，执行【选择/选取相似】命令，选中天空。效果如图 3-4-5 所示。

2．选用"矩形选框工具" ，在属性栏中点选"从选区中减去"按钮 ，将图 3-4-5 的下部分选区减去，只剩下包括树缝中的蓝天白云选区。

3．选择 Yps3b-04.tif，按 Ctrl+A 组合键全选图像，然后按 Ctrl+C 组合键复制。

4．选择 Yps3a-04.tif 为当前文件，执行【编辑/贴入】命令(或按 Shift+Ctrl+V 组合键)，将 Yps3b-04 的图像贴入 Yps3a-04 的上部，并用"移动工具" 将图像移动到适当位置，效果如图 3-4-6 所示。

图 3-4-5

图 3-4-6

三、用图 3-4-4 中的云彩替换合成后的图 3-4-6 的天空部分

1．选择 Yps3c-04.tif，用"矩形选框工具" 选中云彩部分，然后按 Ctrl+C 组合键复制。

2．选择 Yps3a-04.tif 为当前文件，选用"魔棒工具" ，容差取 30，选中白色天空，

3．执行【编辑/贴入】命令(或按 Shift+Ctrl+V 组合键)，将 Yps3c-04.tif 所选的天空部分，贴入 Yps3a-04 的上部，并用"移动工具" 将天空移到合适位置。最终效果如图 3-4-1 所示。

四、保存文件

将最终结果以 Xps3-04.tif 为文件名保存在考生文件夹中。

3.5 树林中的汽车(第5题)

【操作要求】

利用选定等操作，制作合成图像效果，最终效果如图3-5-1所示。

1. 调出文件Yps3a-05.tif，如图3-5-2所示，将树缝中的白色部分选定。

图3-5-1　　　　　　　　　　　　　　图3-5-2

2. 调出文件Yps3b-05.tif，如图3-5-3所示，全部选定复制至Yps3a-05.tif文件中替换掉树缝中的白色部分(产生山坡下的花园效果)。

3. 调出文件Yps3c-05.tif，如图3-5-4所示，将汽车全部选定复制至Yps3a-05.tif中，并作出汽车在树后面的效果。

图3-5-3　　　　　　　　　　　　　　图3-5-4

4. 将最后完成的文件以Xps3-05.tif为文件名保存在考生文件夹中。

【操作步骤】

一、打开三个素材文件

在"文件浏览器"对话框中，按住Ctrl键选中Yps3a-05.tif、Yps3b-05.tif、Yps3c-05.tif，将三个文件同时打开。

二、合成图 3-5-1 与图 3-5-2

1．选择 Yps3a-05.tif，选用"魔棒"工具 ，容差取为 32，单击白色部分，然后执行【选择/选取相似】命令，选中树缝中的白色区域，效果如图 3-5-5 所示。

2．选用"矩形选框工具" ，在属性栏中点选"添加到选区"按钮 ，将图 3-5-1 所示树缝中的多余选区去掉；点选"从选区中减去"按钮 ，将草地上的多余选区去掉。

3．选择 Yps3b-05.tif，按 Ctrl+A 组合键全选图像，然后按 Ctrl+C 组合键复制。

4．选择 Yps3a-05.tif，执行【编辑/贴入】命令(或 Shift+Ctrl+V 组合键)，将图 3-5-2 贴入图 3-5-1 的树缝中，生成图层 1，并用"移动工具" 把图 3-5-3 中的花园上移到合适位置，效果如图 3-5-6 所示。

图 3-5-5

图 3-5-6

三、将汽车放置树后

1．选择 Yps3c-05.tif，选用"魔棒工具" ，容差取 32，选中"连续的"、"消除锯齿"。单击白色背景，然后执行【选择/反选】命令(或按 Shift+Ctrl+I 组合键)，选中汽车。用"移动工具" 将汽车复制到 Yps3a-05.tif 中。自动生成置入的汽车的图层 2，并将其放在背景图层上面，效果如图 3-5-7 所示。

2．选择 Yps3a-05.tif，选中背景图层，选用"魔棒工具" ，在属性栏中选择"添加到选区"按钮 ，容差取 35，选中"连续的"、"消除锯齿"。单击画布上中间大树的树干，然后，在中间的大树和旁边小树的选区中四处单击，将选区内的零散选区除去，效果如图 3-5-8 所示。

图 3-5-7

图 3-5-8

3．按 Ctrl+J 组合键，复制选区内的图像形成图层 3，并将图层 3 移至汽车图层 2 上方，图层面板如图 3-5-9 所示，效果如图 3-5-10 所示。

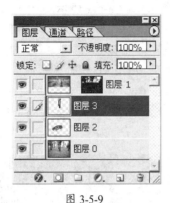

图 3-5-9　　　　　　　　　　　　图 3-5-10

4．选中最上面的图层，执行【图像/调整/"亮度/对比度"】命令，亮度取 20、对比度取 15，使整个画面呈现春光明媚的感觉。

5．选中图层 3，选用"矩形选框工具"，将汽车与小树干重叠的部分框选，如图 3-5-11 所示。按 Delete 键删除选区中的小树干，按 Ctrl+D 组合键除去选区，形成汽车在树后的视觉，最终效果如图 3-5-1 所示。

图 3-5-11

四、保存文件

将最终结果以 Xps3-05.tif 为文件名保存在考生文件夹中。

3.6　沙漠中的树根(第 6 题)

【操作要求】

利用选定等操作，制作合成图像效果，最终效果如图 3-6-1 所示。

1．调出文件 Yps3a-06.tif 文件，如图 3-6-2 所示，将灰色树根以外的绿草地全部选定。

图 3-6-1   图 3-6-2

2．调出文件 Yps3b-06.tif，如图 3-6-3 所示，全选复制至 Yps3a-06.tif 文件中作出树根与沙漠的自然融合效果。

3．调出文件 Yps3c-06.tif，如图 3-6-4 所示，将绿色小芽全选复制到 Yps3a-06.tif 文件中，作出枯木逢春的效果。

图 3-6-3   图 3-6-4

4．将最终完成的文件以 Xps3-06.tif 为文件名保存在考生文件夹中。

【操作步骤】

一、将图 3-6-1 中的绿草用图 3-6-2 中的沙漠代替

1．在"文件浏览器"对话框中，按住 Ctrl 键选中 Yps3a-06.tif、Yps3b-06.tif、Yps3c-06.tif，把三个文件同时打开。

2．选择 Yps3a-06.tif，用"魔棒"工具 ，容差取 32，不勾选"连续的"，用"魔棒"工具 多点选几次，然后执行【选择/选取相似】命令，选择绿草地。

3．选择"矩形选择工具" ，单击"添加到选区"按钮 ，将树根外的选区添加到选区；在属性栏中点选"从选区中减去"按钮 ，将树根中的选区从选区中减去，处理后的效果如图 3-6-5 所示。

4．打开 Yps3b-06.tif，按 Ctrl+A 组合键全选，按 Ctrl+C 组合键复制。

5．选择 Yps3a-06.tif 为当前文档，执行【编辑/贴入】命令(或按 Shift+Ctrl+V 组合键)，

将把 Yps3b-06 贴入 Yps3a-06 中。

6．选择"移动工具" ，勾选"显示定界框"，按住 Shift 键把图片拉大和移动，效果如图 3-6-6 所示。

图 3-6-5

图 3-6-6

二、将图 3-6-4 中的花置于枯树上

1．选择 Yps3c-06.tif 为当前文件，用"魔棒工具" 选择绿叶，执行【选择/选取相似】命令，然后执行【选择/羽化】命令，羽化半径为 2 像素，然后用移动工具将绿叶拖至 Yps3a-06.tif 中。

2．按 Ctrl+T 组合键，把绿叶缩小，移动到合适位置，最终效果如图 3-6-1 所示。

三、保存文件

将最终结果以 Xps3-06.tif 为文件名保存在考生文件夹中。

3.7 地毯花(第 7 题)

【操作要求】

利用选定等操作，制作合成图像效果，最终效果如图 3-7-1 所示。

图 3-7-1

1. 调出文件 Yps3a-07.tif，如图 3-7-2 所示，将天空部分全部选定后删除。

2. 调出文件 Yps3b-07.tif，如图 3-7-3 所示，将草地上的红色花及绿色草地(参考宽度 10 像素)选定复制到 Yps3a-07.tif 文件中，作出造型效果。

图 3-7-2　　　　　　　　　　　　　图 3-7-3

3. 调出文件 Yps3c-07.tif，如图 3-7-4 所示，只选定天空部分复制到 Yps3a-07.tif 中替换原有的白色天空。

图 3-7-4

4. 将最终完成的文件以 Xps3-06.tif 为文件名保存在考生文件夹中。

【操作步骤】

一、绘制地毯上的红花

1. 在"文件浏览器"对话框中，按住 Ctrl 键选中 Yps3a-07.tif、Yps3b-07.tif、Yps3c-07.tif，把三个文件同时打开。

2. 选择文件 Yps3b-07.tif，选用"魔棒"工具 ，容差取 40，选择红花(在红花上多单击几次)，然后执行【选择/选取相似】命令(如果红花选择的不是较好，可在属性栏中单击"添加到选区"按钮 ，用魔棒工具在红花上不同的地方单击，将红花内部的选区去掉。也可选用"矩形选框工具"配合使用。在这个过程中，有可能在红花之外生成许多选区，特别是在草地的上部特别多，可单击"从选区减去" 按钮后，用"矩形选框工具" 把它们除去。

3. 执行【选择/修改/扩展】命令，扩展量取 8 像素，效果如图 3-7-5 所示，完成对红花的选取。

4．用"移动工具" 将红花移至 Yps3a-07.tif 中，生成图层 1。

5．使用【编辑/变换】中的【缩放】、【扭曲】、【旋转】等命令，将左边地毯上的红花调整好。

6．复制图层 1，执行【编辑/变换/水平翻转】命令，将右边地毯上的红花调整好，效果如图 3-7-6 所示。

图 3-7-5   图 3-7-6

二、置换天空

1．选择文件 Yps3c-07.tif，用"魔棒"工具 选中天空，勾选"连续的"，然后执行【选择/选取相似】命令，将云彩天空选中(山上和房子同时选中没关系)，效果如图 3-7-7 所示。然后，按 Ctrl+C 组合键，复制云彩天空。

图 3-7-7

2．选择文件 Yps3a-07.tif，用"魔棒"工具 选中白色天空，执行【编辑/贴入】命令(或按 Shift+Ctrl+V 组合键)，将 Yps3c-07.tif 中云彩天空贴入，用"移动工具" 作适当的调整到满意的效果，效果如图 3-7-1 所示。

三、保存文件

将最终结果以 Xps3-07.tif 为文件名保存在考生文件夹中。

3.8 仙人球(第 8 题)

【操作要求】

利用选定等操作，制作合成图像效果，最终效果如图 3-8-1 所示。

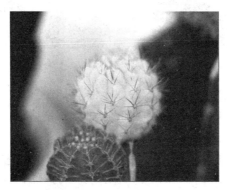

图 3-8-1

1. 调出文件 Yps3a-08.tif、Yps3b-08.tif 分别如图 3-8-2 和图 3-8-3 所示。

图 3-8-2　　　　　　　　　　　　　　图 3-8-3

2. 选择文件 Yps3a-08.tif 中的红色仙人掌的图像。
3. 将选择区域中的图像复制到文件 Yps3b-08.tif 中，并移到相应的位置。
4. 将最终完成的文件以 Xps3-08.tif 为文件名保存在考生文件夹中。

【操作步骤】

一、处理红色仙人掌

1. 打开文件 Yps3a-08.tif，选用"魔棒工具"，容差取 30，在图像的淡蓝色区域上单击，执行【选择/选取相似】命令，选中淡蓝色区域，按 Shif+Ctrl+I 组合键反选，选中红色仙人掌和黑色区域，效果如图 3-8-4 所示。

2. 选用"磁性套索工具"，在属性栏中点选"从选区减去"按钮，沿着红色仙人掌的下部开始，将黑色区域从选区减去，完全选中红色仙人掌，效果如图 3-8-5 所示。

图 3-8-4　　　　　　　　　　　　　图 3-8-5

3．执行【选择/羽化】命令，羽化半径取 1 像素。按 Ctrl+C 组合键复制红色仙人掌，打开文件 Yps3b-08.tif，按 Ctrl+V 组合键将红色仙人掌粘贴到文件 Yps3b-08 中，移到黄色仙人掌左下，如图 3-8-6 所示。

4．选中红色仙人掌所在的图层 1，先选用"橡皮擦工具"，擦去红色仙人掌最上方球的一部分，然后，选用"仿制图章工具"，将红色仙人掌的上部分仿制成如图 3-8-7 的效果。

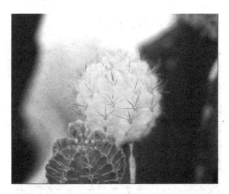

图 3-8-6　　　　　　　　　　　　　图 3-8-7

5．选用"模糊工具"，沿红色仙人掌周边，压住鼠标左键涂抹一圈，产生红色仙人掌溶入文件 Yps3b-08 的效果，最终效果如图 3-8-1 所示。

二、保存文件

将最终结果以 Xps3-08.tif 为文件名保存在考生文件夹中。

3.9　金属球(第 9 题)

【操作要求】

利用选定等操作，制作合成图像效果，最终效果如图 3-9-1 所示。

1．调出文件 Yps3a-09.tif，如图 3-9-2 所示，将金属球体选定并进行复制。

2．调出文件 Yps3b-09.tif，如图 3-9-3 所示，将球体粘贴后，用球体材料做出一个环状效果(参考厚度为 20 像素)。

图 3-9-1　　　　　　　　　图 3-9-2　　　　　　　　　图 3-9-3

3. 通过对金属球体的编辑操作，作出四个在环上滚动的金属小球体效果。
4. 将最终完成的文件以 Xps3-09.tif 为文件名保存在考生文件夹中。

【操作步骤】

一、制作金属环图形

1. 在"文件浏览器"对话框中，按住 Ctrl 键并选中 Yps3a-09.tif、Yps3b-09.tif，把两个文件同时打开。

2. 选择文件 Yps3a-09.tif，选用"椭圆选框工具"○，进行设置，样式为固定长宽比，宽度为 1，高度为 1。用椭圆选框工具画一个正圆。

3. 执行【选择/变换选区】命令，调整正圆选区恰好选中球，如图 3-9-4 所示。按 Ctrl+C 组合键，复制球体。

4. 选择文件 Yps3b-09.tif，按 Ctrl+V 组合键，粘贴球体，生成图层 1，按住 Ctrl 键单击图层 1，选中球，【选择/修改/收缩】命令，收缩量取 20 像素，按 Delete 键删除选区内图像。效果如图 3-9-5 和图 3-9-6 所示。

图 3-9-4

5. 选中背景图层，链接金属环图层 1，选用"移动工具"，在属性栏中，单击"垂直中齐"按钮 和"底对齐"按钮 ，使金属环垂直草地中央，效果如图 3-9-7 所示。

图 3-9-5　　　　　　　　　图 3-9-6　　　　　　　　　图 3-9-7

二、制作金属小球

1. 再粘贴一次球体，生成图层 2，按 Ctrl+T 组合键，然后缩小球体，放置在金属环的顶端，选中金属环图层 1，链接图层 2，选用"移动工具"，在属性栏中，单击"垂直中齐"按钮，使小金属球处于金属环内壁顶端的垂直中央，效果如图 3-9-8 所示。

2. 按住 Alt 键，压住左键将缩小的球体拖出一个小球，生成图层 2 副本，将其上的小球放置在金属环的左边内壁上，选中金属环图层 1，链接图层 2 副本，选用"移动工具"，在属性栏中单击"水平中齐"按钮，使小金属球处于金属环的内壁水平中央。然后，按 Ctrl+T 组合键，在属性栏中进行设置：45 度，效果如图 3-9-9 所示。

图 3-9-8

图 3-9-9

3. 按住 Alt 键，将左边的小球拖出一个放置在金属环内壁的右边，效果如图 3-9-10 所示。

4. 按住 Alt 键，将上边的小球拖出一个放置在金属环内壁的下边，然后，按 Ctrl+T 组合键，在属性栏中进行设置：60 度，效果如图 3-9-11 所示。

图 3-9-10

图 3-9-11

5. 按 Enter 键，确认旋转操作，最终效果如图 3-9-1 所示。

三、保存文件

将最终结果以 Xps3-09.tif 为文件名保存在考生文件夹中。

3.10　握手(第 10 题)

【操作要求】

利用选定等操作，制作合成图像效果，最终效果如图 3-10-1 所示。

图 3-10-1

1. 调出文件 Yps3a-10.tif、Yps3b-10.tif，分别如图 3-10-2 和图 3-10-3 所示。

图 3-10-2

图 3-10-3

2. 使 Yps3b-10.tif 成为前文件，将手的图像选中并复制到文件 Yps3a-10.tif 中。
3. 给手作出外发光效果(发光的颜色为黄色)，并将多余部分删除。
4. 将最终结果以 Xps3-10.tif 为文件名保存在考生文件夹中。

【操作步骤】

一、复制手

1. 在"文件浏览器"对话框中，按住 Ctrl 键选中 Yps3a-10.tif、Yps3b-10.tif，把两个文件同时打开。
2. 选用"磁性套索工具"，在 Yps3b-10 中，将手选中，用"移动工具"将手置入 Yps3a-10 中，适当地放大和调整，效果如图 3-10-4 所示。

二、给手作出外发光效果

1. 在 Yps3a-10 中，按住 Ctrl 键单击手的图层 1，将手的选区载入，执行【选择/修改/扩展】命令，扩展量取 7 像素。然后，执行【选择/羽化】命令，羽化半径取 15 像素，效果如图 3-10-5 所示。

图 3-10-4

图 3-10-5

2. 置前景色为纯黄色，在图层 1 下方新建图层 2，按 Alt+Delete 组合键给选区填充纯黄色，并将"不透明度"改为 80%，给手做出黄色的外发光效果，最终效果如图 3-10-1 所示。

注意：此题中手的黄色外发光效果，也可用"图层样式"面板中的"外发光"操作实现。方法如下：双击图层 1，打开"图层样式"面板，单击"外发光"选项，打开"外发光"对话框，设置参数如图 3-10-6 所示。

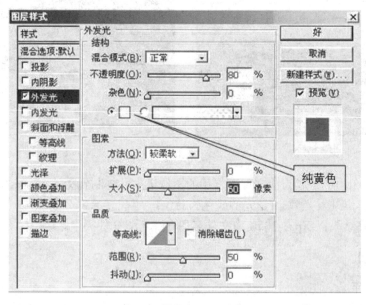

图 3-10-6

三、保存文件

将最终结果以 Xps3-10.tif 为文件名保存在考生文件夹中。

3.11 庭前菊花 (第 11 题)

【操作要求】

利用选定等操作，制作合成图像效果，最终效果如图 3-11-1 所示。

1. 调出文件 Yps3a-11.tif，如图 3-11-2 所示，只选花不选蓝色背景，进行复制。

图 3-11-1

图 3-11-2

2. 调出 Yps3b-11.tif，如图 3-11-3 所示，将花粘贴在图像底部。
3. 调出 Yps3c-11.tif，如图 3-11-4 所示，全选复制至文件 Yps3b-11.tif 中，替换房后的白色背景。

图 3-11-3

图 3-11-4

4. 将最终结果以 Xps3-11.tif 为文件名保存在考生文件夹中。

【操作步骤】

一、镂空窗、门和天空

1. 在"文件浏览器"对话框中，按住 Ctrl 键选中 Yps3a-11.tif、Yps3b-11.tif、Yps3c-11.tif，把三个文件同时打开。
2. 在文件 Yps3b-11.tif 中，双击背景图层的缩略图，在打开的对话框中，将背景图层更名为图层 0。
3. 选用"魔棒工具"，容差取 10，在图像的白色天空中四处单击，选中白色天空，按 Delete 键删除白色天空，如图 3-11-5 所示。

4．选用"魔棒工具"，容差取 10，在图像的窗子较白处单击，执行【选择/选取相似】命令，此时，除窗内的其它地方也会有一些零散选区，选用"矩形选框工具"，在属性栏中点选"从选区减去"按钮，将窗内和门内树丛上以外的选区框选除去。然后，按 Delete 键删除窗内和门内选区中的图案。

5．重复步骤 4 多次，就可把窗和门镂空，效果如图 3-11-6 所示。

图 3-11-5

图 3-11-6

二、置入蓝天白云

1．在文件 Yps3c-11.tif 中，按 Ctrl+A 组合键全选图像，按 Ctrl+C 组合键复制图像。

2．用"移动工具"将文件 Yps3c-11.tif 的图像移动到文件 Yps3b-11.tif 中，生成图层 1。并将其移至图层 0 下面。

3．选中图层 1，按 Ctrl+T 组合键，然后，调整图像大小和位置，使天、窗和门都有蓝天白云，效果如图 3-11-7 所示。

图 3-11-7

三、复制花

1．在文件 Yps3a-11.tif 中，选用"魔棒工具"，容差取 60，在图像的蓝色区域上单击，执行【选择/选取相似】命令，选中蓝色区域，按 Shif+Ctrl+I 组合键反选，选中全部的花。

2．用"移动工具"将花复制到 Yps3b-11.tif 中，进行移动、扭曲和放大等操作，将花调整为最终效果图 3-11-1 所示样式。

四、保存文件

将最终结果以 Xps3-11.tif 为文件名保存在考生文件夹中。

3.12　发光铜铃(第 12 题)

【操作要求】

利用选定等操作，制作合成图像效果，最终效果如图 3-12-1 所示。

图 3-12-1

1．调出文件 Yps3a-12.tif，如图 3-12-2 所示，将紫色小花朵全选(不包括黑绿背景)复制到一个新的文件中。文件参数为：18 厘米×12 厘米，72 像素/英寸，RGB 模式，黑色背景。

2．调出文件 Yps3b-12.tif，如图 3-12-3 所示，将铜铃铛选定复制到新文件中。

图 3-12-2　　　　　　　　　　　　图 3-12-3

3．对铃铛作白色晕化处理。

4．将最终结果以 Xps3-12.tif 为文件名保存在考生文件夹中。

【操作步骤】

一、复制花

1．在"文件浏览器"对话框中，按住 Ctrl 键选中 Yps3a-12.tif、Yps3b-12.tif，把两

个文件同时打开。

2．在 Yps3a-12.tif 中，选用"魔棒工具" ，容差取 30，在图像的黑绿背景上单击，执行【选择/选取相似】命令，选中黑绿背景区域，按 Shif+Ctrl+I 组合键反选，选中全部的花。

3．选用"矩形选框工具" ，在属性栏中，点选"从选区中减去"按钮 ，仔细地将黑绿背景上的多余选区除去，效果如图 3-12-4 所示。

4．新建一个 18 厘米×12 厘米、72 像素/英寸、RGB 模式、黑色背景的文件，将花从 Yps3a-12.tif 中复制到新文件中，效果如图 3-12-5 所示。

图 3-12-4　　　　　　　　　　　　图 3-12-5

二、复制铃铛

1．在 Yps3b-12.tif 中，选用"魔棒工具" ，容差取 30，在图像的淡蓝色背景上单击，执行【选择/选取相似】命令，选中淡蓝色背景区域，按 Shif+Ctrl+I 组合键反选，选中铃铛。

2．选用"矩形选框工具" ，在属性栏中点选"添加到选区"按钮 和"从选区中减去"按钮 ，分别仔细地将淡蓝色背景上和铃铛上的多余选区除去。

3．执行【选择/修改/收缩】命令，收缩量取 1 像素，然后将铃铛复制到新文件中，效果如图 3-12-6 所示。

三、对铃铛作白色晕化处理

1．在新文件中，按住 Ctrl 键单击铃铛所在的图层 2，将铃铛选区载入。执行【选择/修改/扩展】命令，扩展量取 3 像素，然后再执行【选择/羽化】命令，羽化半径取 15 像素，效果如图 3-12-7 所示。

图 3-12-6　　　　　　　　　　　　图 3-12-7

2．置前景色为白色，按 Alt+Delete 组合键给铃铛作白色晕化处理，最终效果如图 3-12-7 所示。

注意：铃铛的白色晕化效果也可在"图层样式"中用"外发光"操作来实现。

四、保存文件

将最终结果以 Xps3-12.tif 为文件名保存在考生文件夹中。

3.13　光盘(第 13 题)

【操作要求】

利用选定等操作，制作彩色光盘图像效果，最终效果如图 3-13-1 所示。

图 3-13-1

1．建立一个 10 厘米×8 厘米、100 像素/英寸、RGB 模式的新文件。
2．作一个正圆选定，辐射填充七彩色，新盘四周边界作带状选定，填充二色渐变。
3．将彩盘的中心挖出一个正圆，并在小圆边界作环状渐变色。
4．将最终结果以 Xps3-13.tif 为文件名保存在考生文件夹中。

【操作步骤】

一、制作彩盘

1．建立一个 10 厘米×8 厘米、100 像素/英寸、RGB 模式的新文件。

2．新建图层 1，选用"椭圆选框工具" ，画一个正圆选区，执行【选择/变换选区】命令，将选框调出；拖出水平和垂直参考线交于圆心，如图 3-13-2 所示。按回车键，除去选框，定好正圆选区的圆心，如图 3-13-3 所示。

3．选择"渐变"工具 ，在属性栏中选择"色谱"预设 ，并点选"角度渐变"按钮 ，以正圆选区的圆心作角度渐变，效果如图 3-13-4 所示。

二、绘制彩盘的边界

1．对正圆选区执行【选择/修改/扩展】命令，扩展量取 4 像素。再执行【选择/羽化】命令，羽化半径取 1 像素，效果如图 3-13-5 所示。

2．置前景色为纯黄色，在背景图层上新建图层 2，按 Alt+Delete 组合键将正圆选区填充为黄色，效果如图 3-13-6 所示。

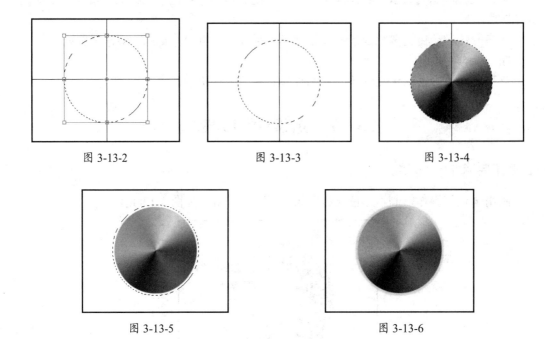

图 3-13-2　　　　　　　图 3-13-3　　　　　　　图 3-13-4

图 3-13-5　　　　　　　　　　　　　图 3-13-6

3．置前景色为蓝色(R120 G110 B250)，拖出水平参考线放置圆心上，选用"矩形选框工具" ，在属性栏中点选"从选区减去"按钮 ，依水平参考线向上拖出矩形选框将正圆上方选区减去，形成下半圆选框，按 Alt+Delete 组合键将正圆选区填充为蓝色，效果如图 3-13-7 所示。

4．选中半黄半蓝色图层 2，按 Ctrl+T 组合键，在属性栏设置：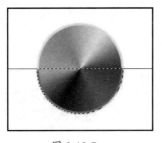度，且用"减淡工具" ，在左右黄蓝相接处分别单击 3 次，使黄蓝相接的色变没那么明显；选中渐变色图层 1，按 Ctrl+T 组合键，在属性栏设置：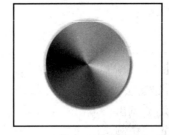度，效果如图 3-13-8 所示。

图 3-13-7　　　　　　　　　　　　　图 3-13-8

三、绘制彩盘中心的正圆

1．复制图层 2 为图层 2 副本，并移到七彩盘所在的图层 1 的上面；按 Ctrl+T 组合键，然后按 Shift+Alt 组合键，将图层 2 副本上七彩盘缩小到合适的大小，按回车键确认缩小，效果如图 3-13-9 所示。

2．按住 Ctrl 键单击图层 2 副本，执行【选择/修改/收缩】命令，收缩量取 3 像素，效果如图 3-13-10 所示。

图 3-13-9

图 3-13-10

3．置前景色为白色，按 Alt+Delete 组合键给收缩后的小圆填上白色，按 Ctrl+D 组合键除去选区，效果如图 3-13-1 所示。

四、保存文件

将最终结果以 Xps3-13.tif 为文件名保存在考生文件夹中。

3.14 笑的草园 (第 14 题)

【操作要求】

利用选定等操作，制作合成图像效果，最终效果如图 3-14-1 所示。

1．调入文件 Yps3-14.tif，如图 3-14-2 所示，该文件具有 1 个 Alpha 通道。

图 3-14-1

图 3-14-2

2．通过各种选定操作，辅之以填充命令，使之保留原始图像的椭圆形区域，椭圆形外围及中间的变形文字为白色填充。

3．在椭圆形的边界处制作一个渐变的边框，渐变色为预设渐变色 "Orange Yellow Orange"，将 Alpha 通道删除，使之成为仅有 R、G、B 三通道的 RGB 图像。

4．将最终结果以 Xps3-14.tif 为文件名保存在考生文件夹中。

【操作步骤】

一、绘制椭圆形区域

1．调入文件 Yps3-14.tif，新建图层 1，选用"椭圆选框工具" 画一个椭圆选区，如图 3-14-3 所示。

2. 按 Shif+Ctrl+I 组合键反选，选中椭圆以外区域，如图 3-14-4 所示。

图 3-14-3　　　　　　　　　　　　　　图 3-14-4

3．置前景色为白色，按 Alt+Delete 组合键，将椭圆以外区域填成白色。效果如图 3-14-5 所示。

二、绘制白色的"笑"字

1．转到通道面板，选中"笑"通道，单击通道面板下方的"将通道作为选区载入"按钮 ，形成"笑"字的选区，如图 3-14-6 所示。

图 3-14-5　　　　　　　　　　　　　　图 3-14-6

2．转到图层面板，"笑"字的选区自动载入，如图 3-14-7 所示。

3．置前景色为白色，按 Alt+Delete 组合键，将"笑"字填成白色，效果如图 3-14-8 所示。

图 3-14-7　　　　　　　　　　　　　　图 3-14-8

4．转到通道面板，将"笑"通道拖到"删除当前通道"按钮上，删除"笑"通道，使之成为一个仅有 R、G、B 三通道的 RGB 图像。

三、绘制椭圆的边界渐变的边框

1. 按住 Ctrl 键单击椭圆所在的图层 1，载入椭圆外选区和"笑"字选区，效果如图 3-14-9 所示。

2. 选用"矩形选框工具"，在属性栏中单击"从选区中减去"按钮，将"笑"字选区框选后除去。

3. 按 Shif+Ctrl+I 组合键反选，选中椭圆区域，然后对椭圆选区执行【选择/修改/扩边】命令，扩展量取 6 像素。再执行【选择/羽化】命令，羽化半径取 2 像素，效果如图 3-14-10 所示。

图 3-14-9　　　　　　　　　　　　图 3-14-10

4. 在图层 1 上新建图层 2；选择"渐变"工具，在"渐变拾色器"中选择"橙－黄－橙"渐变色并点选"对称性渐变"按钮，以椭圆中心作水平方向对称性渐变，最终效果如图 3-14-1 所示。

四、保存文件

将最终结果以 Xps3-14.tif 为文件名保存在考生文件夹中。

3.15　软盘(第 15 题)

【操作要求】

利用选定等操作，制作软盘，最终效果如图 3-15-1 所示。

图 3-15-1

1．建立一个，10厘米×10厘米、72像素/英寸、RGB模式、白色背景的新文件。

2．用矩形工具和修改选区命令制做出软盘的大概形状，并填充洋红色，将软盘选区进行修改等制做出软盘的形状。

3．输入相应的文字。

4．将最终结果以 Xps3-15.tif 为文件名保存在考生文件夹中。

【操作步骤】

一、绘制软盘轮廓

1．建立一个10厘米×10厘米、72像素/英寸、RGB模式、白色背景的文件。

2．新建图层1，选用"圆角矩形工具"，在属性栏中的"半径框"中取半径为10像素，画一圆角矩形，转到路径面板，单击下方的"将路径作为选区载入"按钮，生成软盘的轮廓选区；置前景为洋红色，按Alt+Delete组合键，将软盘的轮廓选区填充为洋红色。

3．在图层1之下新建图层2，将软盘的轮廓选区向左下方向移动稍许(水平键两次，向下键两次)，置前景为紫色，按Alt+Delete组合键，将移动后的软盘的轮廓选区填充为紫色，形成软盘的阴影，效果如图3-15-2所示。

4．在图层1之上新建图层3，选用"矩形选框工具"，在属性栏中，进行设置，样式：固定长宽比，宽度：1，高度：1。然后，在软盘的左下方画一置矩形选框，前景为黑色，按Alt+Delete组合键，将矩形选框填充黑色，效果如图3-15-3左下方所示。

图 3-15-2

图 3-15-3

5．在图层3之上新建图层4，用同样方法在软盘的右下方画一白色小框，选用"矩形选框工具"，在属性栏中点选"从选区中减去"按钮，在白色小框的选区右偏下再画一选区，使两选区相减，形成直角选区，填充紫色，形成方孔的阴影，效果如图3-15-3右下方所示。

6．在图层4之上新建图层5，选用"自定义形状工具"，在"形状框"中，选择箭头9 （形状：➡），在软盘的左上角画一箭头路径，转到路径面板，单击下方的"将路径作为选区载入"按钮，生成箭头选区，填充紫色，然后逆时针旋转90度，效果如图3-15-3左上方所示。

7．置前景色为深灰色(R100 G100 B100)；复制图层5副本，并放置于图层5下方，按住Ctrl键单击图层5副本，载入箭头选区，按Alt+Delete组合键给图层5副本上的箭头填充为深灰色；按两次向下方向键，再按Ctrl+D组合键除去选区，形成箭头阴影。

二、绘制软盘上半部分

1. 在图层 1 之上新建图层 6，置前景为白色，选用"圆角矩形工具"，在属性栏中的"半径框"中取半径为 10 像素，画一圆角矩形，转到路径面板，单击下方的"将路径作为选区载入"按钮，生成附件 1 的阴影轮廓选区；置前景色为白色，按 Alt+Delete 组合键，将附件 1 的阴影轮廓选区填充为白色。

2. 新建图层 7，执行【选择/修改/收缩】命令，收缩量取 1 像素，置前景色为淡紫色，按 Alt+Delete 组合键，将附件 1 轮廓选区填充为淡紫色，效果如图 3-15-4 所示。

3. 按住 Ctrl 键单击附件 1 的阴影所在图层 6，将附件 1 的阴影选区重新载入；新建图层 8，执行【选择/变换选区】命令，将选区向右缩小，生成附件 2 的阴影轮廓选区；置前景色为深灰色，按 Alt+Delete 组合键，将附件 2 的阴影轮廓选区填充为深灰色，效果如图 3-15-5 所示。

图 3-15-4　　　　　　　　　　图 3-15-5

4. 新建图层 9，执行【选择/变换选区】命令，将选区右边线向内缩小 1 个像素左右，下边线向上缩小 1 像素左右，生成附件 2 的轮廓选区；置前景色为稍浅薄一点的灰色，按 Alt+Delete 组合键，将附件 2 的轮廓选区填充为稍浅薄一点的灰色，效果如图 3-15-6 所示。

5. 新建图层 10，用"矩形选框工具"生成附件 2 长方形孔的阴影轮廓选区；置前景色为深灰色，按 Alt+Delete 组合键，将附件 2 的长方形孔的阴影轮廓选区填充为深灰色，效果如图 3-15-7 所示。

图 3-15-6　　　　　　　　　　图 3-15-7

6. 复制图层 10 成图层 11 在图层 10 上方，生成附件 2 长方形孔的轮廓选区；置前景色为紫色，按住 Ctrl 键单击图层 10，形成选区，回到图层 11，按 Alt+Delete 组合键，将附件 2 的长方形孔的轮廓选区填充为紫色；按向下方向键和向右方向键各 2 次，效果如

图 3-15-8 所示。

三、绘制标签

1. 新建图层 12，选用"圆角矩形工具" ，在属性栏中的"半径框"中取半径为 10 像素，画一圆角矩形，转到路径面板，单击下方的"将路径作为选区载入"按钮 ，生成背景的轮廓选区；置前景色为淡紫色(R240 G200 B240)，按 Alt+Delete 组合键，将标签背景填充为淡紫色，效果如图 3-15-9 所示。

图 3-15-8　　　　　　　　　　　图 3-15-9

2. 执行【选择/变换选区】命令，按住 Shift+Alt 组合键，将背景的轮廓选区向内等比例地缩小生成文字区的轮廓选区；新建图层 13，置前景色为白色，按 Alt+Delete 组合键，将标签文字区的轮廓选区填充为白色，按 Ctrl+D 组合键除去选区的效果，如图 3-15-10 所示。

3. 新建图层 14，选用"单行选框工具" 点画一单行选框选区，填充为标签背景一样的淡紫色(R240 G200 B240)，按 Ctrl+D 组合键除去选区后，按 Ctrl+T 组合键载入选框，然后，进行横向缩短、纵向稍许加宽处理。

4. 复制图层 14 成图层 14 副本在图层 14 之上，用"移动工具" 将图层 14 副本的图案稍许向上移动一点，然后，合并图层 14 和图层 14 副本成图层 14，效果如图 3-15-11 所示。最后，按 Ctrl+T 组合键调出选框，再将其纵向压缩少许，使淡紫色两边框中间的白色区域只能隐约地看到，效果如图 3-15-12 所示。

图 3-15-10　　　　　　　　　　　图 3-15-11

5. 选用"移动工具" ，按住 Alt 键，将图层 14 上的图案在画面上拖出大约等距离的 3 条淡紫色矩形图形，生成图层 14 副本 1，图层 14 副本 2，图层 14 副本 3，链接图层 14 至图层 14 副本、副本 2、副本 3，在属性栏中单击"垂直居中分布"按钮 ，效果如图 3-15-13 所示。

图 3-15-12

图 2-15-13

四、输入文字

1. 置前景色为黑色，选用"横排文字工具" T，设置"MS Serif"字体，大小 22 点，在软盘上部分别输入"SONY"和"HD"。

2. 设置"经典中宋"字体，大小为 26 点，在标签上部输入"内部使用"，大小为 18 点，在标签中部输入"上午：218 号"，大小为 16 点，在标签下部输入"江西省科学院"，最终效果如图 3-15-1 所示。

五、保存文件

将最终结果以 Xps3-15.tif 为文件名保存在考生文件夹中。

3.16 斑斓(第 16 题)

【操作要求】

利用选定及通道等操作，制作合成图像效果，最终效果如图 3-16-1 所示。

1. 调出文件 Yps3-16.tif，如图 3-16-2 所示，该文件已有一个 Alpha 通道。

图 3-16-1

图 3-16-2

2. 将事先存储的选定进行修改，修改后的选定仍然保存在通道上。

3. 在文件 Yps3-16.tif 的 RGB 复合通道上，将修改后的选定调出，填充蓝色。

4. 将最终结果以 Xps3-15.tif 为文件名保存在考生文件夹中。

【操作步骤】

一、调出"斑斓"通道

1. 在"文件浏览器"对话框中，将文件 Yps3-16.tif 打开。

2. 转到通道面板，单击 Alpha 通道，调出事先存储的"斑斓"通道，如图 3-16-3 所示。

3. 单击下方的"将通道作为选区载入"按钮 ○，生成"斑斓"选区，效果如图 3-16-4 所示。

图 3-16-3　　　　　　　　　　　　　　图 3-16-4

二、绘制渐变"斑斓"图形

1. 在通道面板上，单击"渐变工具" ，在"渐变拾色器" 中选择"黑—白—黑"渐变色，并点选"线性渐变"按钮 ，在字体选区中从左到右拖出"黑—白—黑"线性渐变，效果如图 3-16-5 所示。

2. 单击下方的"将通道作为选区载入"按钮 ○，使"斑斓"两字中间白色部分形成选区，效果如图 3-16-6 所示。

图 3-16-5　　　　　　　　　　　　　　图 3-16-6

3. 回到图层面板，此时，白色部分的选区自动载入，如图 3-16-7 所示。

4. 新建图层 1，置前景为深蓝色(R0 G0 B160)，按 Alt+Delete 组合键 2 次，效果如图 3-16-8 所示。按 Ctrl+D 组合键除去选区，效果如图 3-16-1 所示。

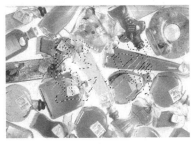
图 3-16-7

图 3-16-8

三、保存文件

将最终结果以 Xps3-16.tif 为文件名保存在考生文件夹中。

3.17　立体物体(第 17 题)

【操作要求】

利用选定等操作，制作立体物体的图像效果，最终效果如图 3-17-1 所示。

1．建立一个 12 厘米×15 厘米、72 像素/英寸、RGB 模式、背景层为白色的新文件。

2．利用选定的增加与减少以及渐变的利用，制作一个纯红色的管状物。

3．建一个新层，用同样的方法做一个纯蓝色的管状物，并放置红色管状物的后面。

4．将最终结果以 Xps3-15.tif 为文件名保存在考生文件夹中。

【操作步骤】

一、绘制纯红色的管状物

1．新建一个 12 厘米×15 厘米、72 像素/英寸、RGB 模式、背景层为白色的文件。

图 3-17-1

2．新建图层 1，选用"椭圆选框工具" ，在画布下方画一椭圆选区。

3．选用"渐变工具" ，在属性栏的"渐变拾色器" 中选择"橙色—黄色—橙色"预设，然后将两边色改为纯红色、中间色黄色改为浅灰色，点选"线性渐变" 按钮，以水平方向给椭圆选区作线性渐变，效果如图 3-17-2 所示。

4．选用"移动工具" ，按住 Alt+↑组合键，复制且移动椭圆，形成"纯红色"的管状物，效果如图 3-17-3 所示。

5．新建图层 2，将椭圆选取区填充为纯红色，如图 3-17-4；然后，执行【选择/变换选区】命令，按住 Shift+Alt 组合键，将椭圆选区以中心进行缩小，按回车键确认缩小操作后，按 Delete 键删除椭圆选区中的图案。

6．按住 Ctrl+D 组合键除去选区，合并图层 1 和图层 2 成图层 1，将"纯红色"的管状物移动到画布的右边，如图 3-17-5 所示。

   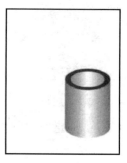

图 3-17-2　　　　　图 3-17-3　　　　　图 3-17-4　　　　　图 3-17-5

二、绘制纯蓝色的管状物

1. 复制图层 1 成图层 1 副本，执行【图像/调整/"色相/饱和度"】命令(Ctrl+U)，先色选"着色"选项，再进行调整，色相：240，饱和度：80，明度：0，效果如图 3-17-6 所示。

2. 将图层 1 调整到图层 1 副本之上，对图层 1 副本上的"纯蓝色"的管状物进行放大、旋转和移动等操作，摆放好两管状物的位置，效果如图 3-17-7 所示。

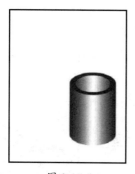 

图 3-17-6　　　　　　　　　　　　图 3-17-7

三、保存文件

将最终结果以 Xps3-17.tif 为文件名保存在考生文件夹中。

3.18　烟灰缸（第 18 题）

【操作要求】

利用选定等操作，制作立体物体的图像效果，最终效果如图 3-18-1 所示。

1. 建一个 11 厘米×10 厘米、72 像素/英寸、白色背景、RGB 模式的新文件。

2. 利用选定的复制移动、勾边、选定等技巧，制作一个类似烟灰缸的物体，纯蓝和淡蓝色(R0 G100 B225)勾边色。

3. 物体的背景作成纯黄色与白色的线性渐变。

4. 将最终结果以 Xps3-18.tif 为文件名保存在考生文件夹中。

图 3-18-1

【操作步骤】
一、绘制背景
1. 新建一个11厘米×10厘米、72像素/英寸、RGB模式、背景层为白色文件。
2. 将背景填充为从下往上的纯黄色—白色的线性渐变。

二、绘制烟灰缸
1. 新建图层1，制作如图3-18-2所示的参考线。
2. 选用"椭圆选框工具"，从参考线左上交汇点到右下交汇点拖出一椭圆选区，效果如图3-18-3所示。
3. 置前景色为深蓝色(R0 G0 B135)，按Alt+Delete组合键给椭圆选区填充深蓝色，效果如图3-18-4所示。

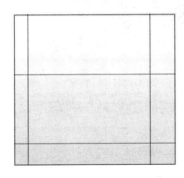
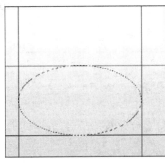

图3-18-2　　　　　　　　图3-18-3　　　　　　　　图3-18-4

4. 执行【编辑/描边】命令，进行设置，宽度：2像素，颜色：纯蓝色(R0 G0 B255)，位置：居中，模式：正常，不透明度：90%。
5. 以纯蓝色椭圆边缘为基准，向内拉出四根距离边缘相等的参考线，效果如图3-18-5所示。
6. 执行【选择/变换选区】命令，将椭圆选区向中心缩小，效果如图3-18-6所示。
7. 置前景色为紫色(R160 G80 B180)，按Alt+Delete组合键给椭圆选区填充紫色，效果如图3-18-7所示。

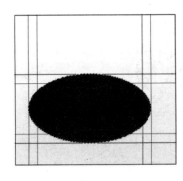

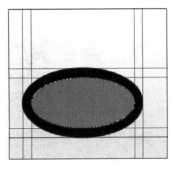

图3-18-5　　　　　　　　图3-18-6　　　　　　　　图3-18-7

8. 执行【编辑/描边】命令，进行设置，宽度：2像素，颜色：淡蓝色(R0 G100 B225)，位置：居中，模式：正常，不透明度：90%。

9. 按 Ctrl+D 组合键除去内椭圆的选区,选用"魔棒工具" ,单击外面的深蓝色椭圆,建立深蓝色椭圆环选区,效果如图 3-18-8 所示。

10. 选择"移动工具" ,按住 Alt+↑组合键,形成烟灰缸的壁,效果如图 3-18-9 所示。按 Ctrl+D 组合键除去椭圆环选区,最终效果如图 3-18-1 所示。

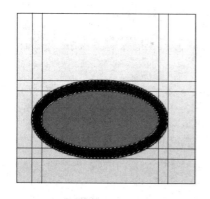
图 3-18-8

图 3-18-9

三、保存文件

将最终结果以 Xps3-18.tif 为文件名保存在考生文件夹中。

3.19 彩虹下的丰碑(第 19 题)

【操作要求】

利用选定等操作,制作合成图像效果,最终效果如图 3-19-1 所示。

图 3-19-1

1. 调出文件 Yps3a-19.tif,如图 3-19-2 所示,将整个图像进行复制。
2. 调出文件 Yps3b-19.tif,如图 3-19-3 所示,将其蓝色天空全部选定。
3. 通过粘贴、移动,制作成彩虹天空。
4. 将最终结果以 Xps3-19.tif 为文件名保存在考生文件夹中。

图 3-19-2

图 3-19-3

【操作步骤】

一、复制文件 Yps3a-19.tif 的全部图像

打开文件 Yps3a-19.tif，按 Ctrl+A 组合键全选图像，按 Ctrl+C 组合键进行复制。

二、选中文件 Yps3b-19.tif 的天空区域

1．打开文件 Yps3b-19.tif，选用"魔棒工具"，容差取 30，在图像的天空上多处单击，执行【选择/选取相似】命令，选中天空区域。

2．选用"矩形选框工具"，在属性栏中点选"添加到选区"按钮 和"从选区中减去"按钮，分别仔细地将天空上和建筑物上的多余选区除去。

三、合成图像

1．在文件 Yps3b-19.tif 中，按 Shift+Ctrl+V 组合键，将文件 Yps3a-19.tif 的全部图像贴入天空选区。

2．用"移动工具"将彩虹天空作适当的调整，最终效果如图 3-19-1 所示。

四、保存文件

将最终结果以 Xps3-19.tif 为文件名保存在考生文件夹中。

3.20　芦苇荡中小路(第 20 题)

【操作要求】

利用选定等操作，制作合成图像效果，最终效果如图 3-20-1 所示。

图 3-20-1

1. 调出文件 Yps3a-20.tif、Yps3b-20.tif，分别如图 3-20-2 和图 3-20-3 所示。

图 3-20-2　　　　　　　　　　　　　　图 3-20-3

2. 使 Yps3b-20.tif 成为当前文件，将天空部份选中进行复制。
3. 将复制的图像粘贴 Yps3a-20.tif 中，制作出蓝天白云的背景效果。
4. 将最终结果以 Xps3-20.tif 为文件名保存在考生文件夹中。

【操作步骤】

一、复制文件 Yps3b-20.tif 的全部图像

打开文件 Yps3b-20.tif，按 Ctrl+A 组合键全选图像，按 Ctrl+C 组合键进行复制。

二、选中文件 Yps3a-20.tif 的天空区域

打开文件 Yps3a-20.tif，选用"魔棒工具" ，容差取 10，在图像的天空上单击，执行【选择/选取相似】命令，选中天空区域。

三、合成图像

1. 在文件 Yps3a-20.tif 中，按 Shift+Ctrl+V 组合键，将文件 Yps3b-20.tif 的全部图像贴入天空选区。
2. 按 Ctrl+T 组合键后，将蓝天白云天空作垂直向上的放大，然后用"移动工具"作适当的调整，最终效果如图 3-20-1 所示。

四、保存文件

将最终结果以 Xps3-20.tif 为文件名保存在考生文件夹中。

第 4 单元　图 层 运 用

4.1　金发女郎的投影 (第 1 题)

【操作要求】

通过图层的运用，制作出人物在墙上投影的效果，最终效果如图 4-1-1 所示。
1. 调出文件 Yps4-01.tif，如图 4-1-2 所示。

图 4-1-1

图 4-1-2

2. 通过图层的技巧运用，制作出人物在墙上的投影效果。
3. 将最终结果以 Xps4-01.psd 为文件名保存在考生文件夹中。

【操作步骤】

一、绘制人物

1. 打开文件 Yps4-01.tif，按 Ctrl+J 组合键复制背景图层到背景图层之上的新建图层 1 中。

2. 选择背景图层为当前图层，置前景色为浅蓝色，按 Alt+Delete 组合键将背景图层填充为浅蓝色。

3. 选择图层 1 为当前图层，选用"魔棒工具" ，容差取 10 像素，在蓝色背景上多处单击，选中蓝色背景，按 Shift+Ctrl+I 组合键，反选中人物；然后，执行【选择/修改/收缩】命令,设置收缩量为 2 像素,效果如图 4-1-3 所示。按 Ctrl+J 组合键复制人物到图层 1 之上的新建图层 2 中。

4. 在图层面板上，压住鼠标左键，将图层 1 拖到图层面板下方的"删除当前状态"按钮 上，删除图层 1，效果如图 4-1-4 所示。

图 4-1-3

图 4-1-4

5．在图层 2 上，按 Ctrl+T 组合键，对人物进行"变换选区"操作，然后，用"移动工具"将人物移到画面合适的位置，效果如图 4-1-5 所示。

6．置前景色为白色，背景色为黑色，单击图层面板下方的"添加图层蒙板"按钮；点选"橡皮擦"按钮，在属性栏中选择一种硬画笔，在画笔属性栏中进行设置，，将人物头发多余部分擦除，并选择"仿制图章工具"修复人物不完整的头发，效果如图 4-1-6 所示。

二、绘制投影

1．按住 Ctrl 键单击图层 2，生成人物选区，按 Ctrl+J 组合键复制人物到图层 2 之上的新建图层 3 中。

2．按住 Ctrl 键单击图层 2，将图层 2 中的人物选区填充为灰色，按 Ctrl+D 组合键除去选区。按 Ctrl+T 组合键载入选框，然后，对人物进行"扭曲"、"缩放"和"移动"等变换操作，作出人物的投影，效果如图 4-1-7 所示。

图 4-1-5

图 4-1-6

图 4-1-7

3．在图层面板上适当调整图层 2 的图层"不透明度"，最终效果如图 4-1-1 所示。

三、保存文件

将最终结果以 Xps4-01.psd 为文件名保存在考生文件夹中。

4.2 模特的投影(第 2 题)

【操作要求】

通过图层的运用,制作出人物在墙上投影的效果,最终效果如图 4-2-1 所示。

1. 调出文件 Yps4-02.tif,如图 4-2-2 所示。

图 4-2-1

图 4-2-2

2. 通过图层的技巧运用,制作出人物在墙上投影效果。
3. 将最终结果以 Xps4-02.psd 为文件名保存在考生文件夹中。

【操作步骤】

一、绘制投影

1. 打开文件 Yps4-02.tif,选用"魔棒工具" ,在属性栏中点选"添加到选区"按钮 ,设置容差为 40 像素。在背景图层的背景上四处单击选中除人物以外的部分,然后,按 Shift+Ctrl+I 组合键,反选中人物,效果如图 4-1-3 所示。

2. 按 Ctrl+J 组合键,在背景图层之上生成图层 1,并自动复制选区中的人物在图层 1。

3. 住 Ctrl 键单击图层 1,重新载入人物选区,执行【选择/修改/收缩】命令,"收缩量"取 1 像素;执行【选择/修改/平滑】命令,"取样半径"取 2 像素;执行【选择/羽化】命令,"羽化半径"取 2 像素。

4. 置前景色为灰色,并在背景图层之上新建图层 2,按 Alt+Delete 组合键,在图层 2 上形成一个灰色的人物选区,按 Ctrl+D 组合键除去选区,此时,图层面板如图 4-1-4 所示。

5. 对图层 2 执行【编辑/变换/扭曲】命令,对灰色人物进行扭曲操作,再进行缩放和移动等操作,进行适当的调整后形成人物的灰色投影,效果如图 4-1-5 所示。

图 4-1-3

图 4-1-4

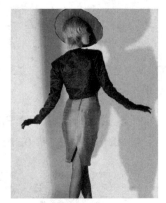
图 4-1-5

6. 在图层面板上适当调整图层 2 的不透明度，最终效果如图 4-1-1 所示。

二、保存文件

将最终结果以 Xps4-02.psd 为文件名保存在考生文件夹中。

4.3 郁金香(第 3 题)

【操作要求】

通过图层与变换等操作的使用技巧，制作的效果如图 4-3-1 所示。

1. 调出文件 Yps4-03.tif，如图 4-3-2 所示，选中其中一朵花并进行复制。

图 4-3-1

图 4-3-2

2. 建一个 16 厘米×12 厘米、72 像素/英寸、RGB 模式、黑色背景的新文件。粘贴图像，并另外复制 11 朵相同的花。经过处理，最终做出新的一组花的效果。

3. 将最终结果以 Xps4-03.tif 为文件名保存在考生文件夹中。

【操作步骤】

一、绘制大郁金香环

1. 新建一个 16 厘米×12 厘米、72 像素/英寸、RGB 模式、黑色背景的文件。

2. 打开文件 Yps4-03.tif，选用"钢笔工具"，在图中勾勒出一朵郁金香，如图 4-3-3 所示。

3. 转到路径面板，单击下方的"将路径作为选区载入"按钮 ⊙ ，将郁金香路径作为选区载入。

4. 用"移动工具" ⊕ 将选中的郁金香移至新文件中，生成图层 1。显示标尺，拉出水平中点和垂直中点辅助线，将郁金香移放在辅助线的交点上，效果如图 4-3-4 所示。

图 4-3-3

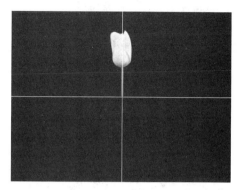
图 4-3-4

5. 在图层面板上，压住鼠标左键，将图层 1 拖到图层面板下方的"创建新的图层"按钮 □ 上，将郁金香复制到新建的图层 1 副本上。按 Ctrl+T 组合键载入选框，将旋转点移至辅助线交点，在属性栏的"设置旋转"栏中，设置旋转角度：△ 30 度，按 Enter 键确认旋转操作，效果如图 4-3-5 所示。

6. 按 Shift+Ctrl+Alt+T 组合键 10 次，旋转复制图层 1 副本，直至旋转绘出 12 朵郁金香，效果如图 4-3-6 所示。

图 4-3-5

图 4-3-6

7. 关闭背景图层，执行【合并可见图层】命令，将所有郁金香图层合并成图层 1 副本 11，右击图层 1 副本 11，在弹出的快捷菜单中选择"图层属性"命令，在弹出的对话框中将图层 1 副本 11 更名为图层 1。

二、绘制小郁金香环

1. 在图层面板上，压住鼠标左键，将图层 1 拖到图层面板下方的"创建新的图层"按钮 □ 上，将图层 1 复制成图层 1 副本，然后按 Ctrl+T 组合键将图层 1 副本上 12 朵郁金香选框载入并以中心等比例缩小，再用"移动工具" ⊕ 将其移动到如图 4-3-7 所示位置。

2. 同理，复制图层 1 副本为图层 1 副本 2，按 Ctrl+T 组合键将图层 1 副本 2 上 12 朵小郁金香选框载入，将旋转点移至辅助线交点，然后，在"设置旋转"栏中设置旋转角度：，按 Enter 键确认旋转操作。

3. 按 Shift+Ctrl+Alt+T 组合键 10 次，旋转复制图层 1 副本 2，直至旋转绘出 12 个小郁金香圆环，如图 4-3-8 所示。

图 4-3-7　　　　　　　　　　　图 4-3-8

4. 关闭背景图层和图层 1，合并可见图层为图层 2。

三、绘制郁金香茎脉

1. 在图层 2 上新建图层 3，用"钢笔工具"，沿郁金香的茎脉勾画，形成一闭合路径，转到路径面板，单击下方"将路径载入选区"按钮，把郁金香的茎脉路径转为选区，如图 4-3-9 所示。

2. 置前景色为金色(R188 G145 B60)，按 Alt+Delete 组合键为郁金香茎脉选区填充金色。

3. 执行【编辑/描边】命令，进行设置，宽度为 1 像素，颜色为中绿色(R153 G153 B102)，位置为居中，将郁金香茎脉选区的边描成中绿色，效果如图 4-3-10 所示。

4. 在背景图层之上新建图层 4，用"椭圆选框工具"在图层 4 上画一正圆，正圆的边缘刚好与各小郁金香相接，执行【选择/羽化】命令，羽化半径取 12 像素，效果如图 4-3-11 所示。

图 4-3-9　　　　　　图 4-3-10　　　　　　图 4-3-11

5. 置前景色为白色，按 Alt+Delete 组合键，在图层 4 上形成花蕊效果，按 Ctrl+D 组合键除去选区，最终效果如图 4-3-1 所示。

四、保存文件

将最终结果以 Xps4-03.tif 为文件名保存在考生文件夹中。

4.4 水中人(第 4 题)

【操作要求】

通过层的运用，使人的下半身似在水中的效果，最终效果如图 4-4-1 所示。

1. 调出文件 Yps4-04.tif，如图 4-4-2 所示。

图 4-4-1　　　　　　　　　　　　　图 4-4-2

2. 通过图层的剪切、调整等技法使人物的下半身似在水中的效果，而上半身未改变。
3. 将最终结果以 Xps4-04.tif 为文件名保存在考生文件夹中。

【操作步骤】

一、处理人物。

1. 打开文件 Yps4-04.psd，选择 Layer1 图层，按住 Shift 键用"移动工具" 将人物水平移到画布的右边。然后，用"矩形选框工具" 选中下半身，执行【选择/羽化】命令，羽化半径取 10 像素,效果如图 4-4-3 所示。

图 4-4-3

2. 按 Shift+Ctrl+J 组合键，将矩形选框中的图案剪切到自动生成的图层 1 上，然后将图层 1 的不透明度改为 20%，按 Ctrl+D 组合键除去选区，最终效果如图 4-4-1 所示。

二、保存文件

将最终结果以 Xps4-04.tif 为文件名保存在考生文件夹中。

4.5 水中倒影(第5题)

【操作要求】

通过层的变换、调整，制作水中倒影的效果，最终效果如图 4-5-1 所示。

1. 调出文件 Yps4-05.psd，如图 4-5-2 所示。

图 4-5-1　　　　　　　　　　图 4-5-2

2. 通过对小鸭的变换、复制等操作，作出小鸭在水中的倒影效果。

3. 将最后结果以 Xps4-05.psd 为文件名保存在考生文件夹中。

【操作步骤】

一、绘制小鸭

1. 打开文件 Yps4-05.psd，选择 Layer1 图层，执行【编辑/变换/水平翻转】命令，然后，按 Ctrl+T 组合键载入选框，将小鸭缩小后移到适当的位置，效果如图 4-5-3 所示。

2. 选择"橡皮擦工具" ，在属性栏中，选择 80 像素的软画笔，并将"不透明度"设为 25%，然后，在小鸭的身体下方单击数次，产生小鸭肚子部分泛白的效果。

二、绘制小鸭在水中的倒影

1. 右击 Layer1 图层，在弹出的快捷菜单中选择"复制图层"命令，生成 Layer1 副本。

2. 对 Layer1 副本执行【编辑/变换/垂直翻转】命令,然后，将垂直翻转的小鸭垂直向下移动到合适的位置，效果如图 4-5-4 所示。

图 4-5-3   图 4-5-4

3. 将 Layer1 副本图层的不透明度改为 30%，最终效果如图 4-5-1 所示。

三、保存文件

将最后结果以 Xps4-05.psd 为文件名保存在考生文件夹中。

4.6　环中女(第 6 题)

【操作要求】

通过层的剪切创建，制作出人套在环圈之间的效果，最终效果如图 4-6-1 所示。

1. 调出文件 Yps4a-06.psd、Yps4b-06.tif，分别如图 4-6-2 和图 4-6-3 所示。

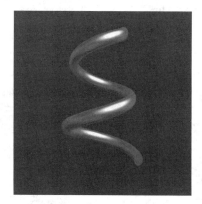

图 4-6-1   图 4-6-2   图 4-6-3

2. 通过人物的层创建、环圈的剪切、创建新图层等技法，制作出人物套在环圈之中的效果。

3. 将最终结果以 Xps4-06.tif 为文件名保存在考生文件夹中。

【操作步骤】

一、合成图像

1. 打开文件 Yps4a-06.psd、Yps4b-06.tif。

2. 在文件 Yps4b-06.tif 中，选择 Layer1 图层，用"移动工具"将环圈移到文件 Yps4a-06.psd 中，自动生成 Layer1 图层，按 Ctrl+T 组合键载入选框，然后，对环圈进行移动、缩小处理，效果如图 4-6-4 所示，按 Enter 键确认操作。

二、置人物于环圈中

1. 关闭环圈 Layer1 图层，在背景图层上用"磁性套索工具"套索人物身体，效果如图 4-6-5 所示。然后，按 Ctrl+J 组合键，复制选区内人物成图层 1 生成在背景图层之上。

图 4-6-4

图 4-6-5

2. 显示环圈 Layer1 图层，并把其拖到图层 1 下面，选中图层 1，选用"矩形选框工具"，在属性栏中点选"添加到选区"按钮，在画面上画出两个矩形选框，效果如图 4-6-6 所示。

3. 按 Delete 键删除两个矩形选框中的图案，效果如图 4-6-7 所示。按 Ctrl+D 组合键除去选区，最终效果如图 4-6-1 所示。

图 4-6-6

图 4-6-7

三、保存文件

将最终结果以 Xps4-06.tif 为文件名保存在考生文件夹中。

4.7 环中卡片(第 7 题)

【操作要求】

通过层的剪切创建，制作出卡片套在环中的效果，最终效果如图 4-7-1 所示。

1．调出文件 Yps4a-07.Psd、Yps4b-07.tif，分别如图 4-7-2 和图 4-7-3 所示。

图 4-7-1　　　　　　　　图 4-7-2　　　　　　　　图 4-7-3

2．通过环圈的剪切、创建新层等技法，制作出卡片套在环圈之中的效果。

3．将最终结果以 Xps4-07.psd 为文件名保存在考生文件夹中。

【操作步骤】

一、合成图像

1．打开文件 Yps4-07.psd、Yps4b-07.tif 文件。

2．选择文件 Yps4b-07.tif 为当前文件，选用"矩形选框工具"，沿图像粉红色区域选中图案，再用"移动工具"将选框中的卡片图像拖到文件 Yps4a-07.psd 中，自动生成图层 1，并将其放置在 Layer1 图层之上。

3．按 Ctrl+T 组合键载入选框，然后，进行旋转、缩放和移动等操作，将卡片放置于如图 4-7-4 所示位置，按 Enter 键确认操作。

二、置卡片于环圈中

1．右击 Layer1 图层，在弹出的快捷菜单中选择"复制图层"命令，生成 Layer1 副本。将图层 1 移到 Layer1 副本图层之下，效果如图 4-7-5 所示。

2．选中 Layer1 副本图层，选用"矩形选框工具"，在属性栏中点选"添加到选区"按钮，在画面上画出两个选框，如图 4-7-6 所示。

3．按 Delete 键删除两个选框中的图案，效果如图 4-7-7 所示。按 Ctrl+D 组合键除去选区，最终效果如图 4-7-1 所示。

图 4-7-4

图 4-7-5

图 4-7-6

图 4-7-7

三、保存文件

将最终结果以 Xps4-07.psd 为文件名保存在考生文件夹中。

4.8 钟的影子(第 8 题)

【操作要求】

通过层的运用，制作出钟的倒影和投影的效果，最终效果如图 4-8-1 所示。

1. 调出文件 Yps4-08.tif，如图 4-8-2 所示。

图 4-8-1

图 4-8-2

2．通过选定、剪切、创建新图层等技法，制作出钟的倒影和投影效果。

3．将最终结果以 Xps4-08.psd 为文件名保存在考生文件夹中。

【操作步骤】

一、复制钟

1．打开文件 Yps4-08.tif，选用"魔棒工具"，在属性栏中取容差为 40 像素，并点选"添加到选区"按钮，然后，在背景中多处单击，选中背景，再按 Shift+Ctrl+I 组合键，反选中钟。

2．按 Ctrl+J 组合键 3 次，从下到上生成图层 1、图层 1 副本、图层 1 副本 2，此时，图层面板如图 4-8-3 所示。

二、绘制钟的影子

1．置前景色为黑色，按住 Ctrl 键单击图层 1 副本，载入图层 1 副本上钟的选区，按 Alt+Delete 组合键给选区填充黑色，按 Ctrl+D 组合键除去选区。

2．在图层 1 副本中,按 Ctrl+T 组合键载入选框，执行【编辑/变换/扭曲】命令,然后将黑色的钟扭曲到适当的位置，然后，调整图层 1 副本不透明度为 10%，效果如图 4-8-4 所示。

图 4-8-3

三、绘制钟的倒影

1．选中图层 1，执行【编辑/变换/垂直翻转】命令，使图层 1 上的钟垂直翻转。

2．按住 Shift 键，用"移动工具"，将垂直翻转的钟移至与原来的钟相接，效果如图 4-8-5 所示。

图 4-8-4

图 4-8-5

3．调整图层 1 的不透明度为 5%，最终效果如图 4-8-1 所示。

四、保存文件

将最终结果以 Xps4-08.psd 为文件名保存在考生文件夹中。

4.9 钟表(第 9 题)

【操作要求】

通过对层的操作，重新置换钟表的位置关系，最终效果如图 4-9-1 所示。

1. 调出 Yps4-09.psd 文件，如图 4-9-2 所示。

图 4-9-1　　　　　　　　　　　图 4-9-2

2. 通过层的剪切、创建等操作技法，将放置在钟前面的 4 只手表重新置位(2 前 2 后)。
3. 将最终结果以 Xps4-09.psd 为文件名保存在考生文件夹中。

【操作步骤】

一、复制钟

1. 打开文件 Yps4-09.psd，关闭 Layer1 图层，选择背景图层。选用"魔棒工具"，在属性栏中取容差为 40 像素，并点选"添加到选区"按钮，然后，在背景中多处单击，选中背景，再按 Shift+Ctrl+I 组合键，反选中钟，如图 4-9-3 所示。

2. 按 Ctrl+J 组合键复制钟，在背景图层之上生成图层 1，将其放置在表的 Layer1 图层之上，显示 Layer1 图层后，效果如图 4-9-4 所示。

图 4-9-3　　　　　　　　　　　图 4-9-4

二、调整两只黑表的位置

1. 关闭图层 1 和背景图层，选择 Layer1 图层。选用"多边形套索工具"，先套索黑色的小表，按 Shift+Ctrl+J 组合键，剪切黑色的小表成图层 2，放置图层 1 之上。

2. 同样，将黑色的大表剪切成图层 3，放置在图层 1 之下。分别对小黑表和大黑表进行旋转、移动操作，分别将它们的位置调整到如图 4-9-5 所示的位置。如果，此时显示图层 1 和背景图层，关闭 Layer1 图层，呈现的效果如图 4-9-5 所示。

三、调整两只黄表的位置

1. 用上面同样的方法，将小黄表剪切成图层 4，放置图层 1 之下。
2. 将只剩下一只大黄表的 Layer1 图层移置图层 1 之上。
3. 显示所有图层，分别对小黄表和大黄表进行旋转、移动操作，将它们的位置调整到如图 4-9-1 所示的位置。此时图层面板上各图层的顺序如图 4-9-6 所示。

图 4-9-5

图 4-9-6

四、保存文件

将最终结果以 Xps4-09.psd 为文件名保存在考生文件夹中。

4.10 牌匾(第 10 题)

【操作要求】

通过图层及效果的灵活运用，制作如图 4-10-1 所示的图像效果。

图 4-10-1

1. 建立一个 16 厘米×12 厘米、72 像素/英寸、RGB 模式、白色背景的新文件，将画布填充上相应的图案。

2. 配合选择工具及样式处理，制作出立体的形状效果。

3. 将最终结果以 Xps4-10.tif 为文件名保存在考生文件夹中。

【操作步骤】

一、绘制牌匾

1. 建立一个 16 厘米×12 厘米、72 像素/英寸、RGB 模式、白色背景的新文件。新建图层 1，选用"矩形选框工具"，画一矩形选区，执行【编辑/填充】命令，在打开的对话框中，用"图案"中的"木质"图案填充矩形选区，按 Ctrl+D 组合键除去选区。

2. 选中背景图层，链接图层 1。选择"移动工具"，在属性栏中点选"垂直中齐"按钮和"水平中齐"按钮，使矩形"木质"图案位于画布中央。调整矩形"木质"图案上下边与画布的距离和左右边与画布的距离一样宽。

3. 选用"椭圆选框工具"，按 Shift 键画一合适大小的正圆选区，执行【选择/变换】命令，用"移动工具"将其移到矩形的左上角，并进行大小的调整，如图 4-10-2 所示。

4. 按回车键确认正圆选区调整，再按 Delete 键删除矩形左上角圆角内的图案。

5. 执行【选择/变换选区】命令，按住 Shift 键将正圆选区水平移到矩形右上角，按回车键确认正圆选区的移动，再按 Delete 键删除矩形右上角内的图案。

6. 重复两次类似步骤 4 的操作，将矩形的左下角和右下角内的图案删除，如图 4-10-3 所示。

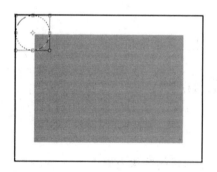
图 4-10-2

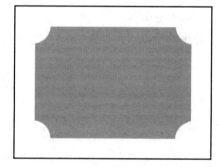
图 4-10-3

7. 执行【图像/调整/"亮度/对比度"】命令，进行设置亮度为-25，对比度为-25；再执行【图像/调整/"色相/饱和度"】命令，饱和度取-15，使圆角矩形框的颜色加深，如图 4-10-4 所示。

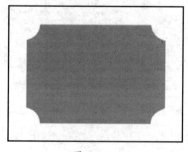
图 4-10-4

8．复制图层 1 成图层 1 副本生成在图层 1 之上。

9．双击图层 1 副本的缩览图，在打开的"图层样式"对话框中，单击"斜面和浮雕"选项，在打开的"斜面和浮雕"对话框中设置参数如图 4-10-5 所示。效果如图 4-10-6 所示。

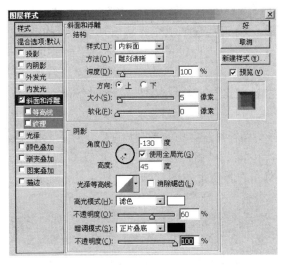

图 4-10-5　　　　　　　　　　　图 4-10-6

10．选中图层 1，按 Alt+Shift 组合键，将图层 1 上的图案等比例缩小。将图层 1 移到图层 1 副本之上。

11．双击图层 1，在打开的"图层样式"对话框中，单击"斜面和浮雕"选项，在打开的"斜面和浮雕"对话框中设置参数如图 4-10-7 所示。效果如图 4-10-8 所示。

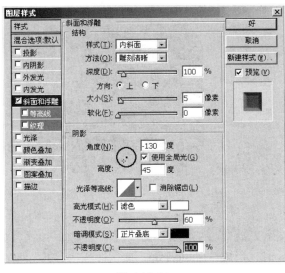
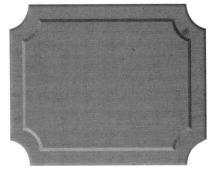

图 4-10-7　　　　　　　　　　　图 4-10-8

12．合并图层 1 和图层 1 副本成图层 1，此时，可再次调整合成后的图层 1 的亮度与对比度，以达到满意的效果。

二、装饰牌匾

1. 选用"吸管工具" ，在牌匾上单击，使前景置为牌匾颜色，再置背景色为黑色。

2. 在图层 1 之上新建图层 2，选用"椭圆选框工具" ，按 Shift 键画一合适大小的正圆选区。选用"渐变工具" ，在属性栏中的"渐变拾色器"中选择"从前景到背景"渐变，并点选"径向渐变"按钮 ，将正圆选区填充为从前景到背景的渐变色。

3. 执行【图像/调整/"亮度/对比度"】命令，进行设置，亮度为 30，对比度为 30，将渐变小圆调暗一点。

4. 按 Ctrl+T 组合键，然后，按住 Shift+Alt 组合键，等比例缩小到合适的大小，再按 Ctrl+D 组合键，除去选区。

5. 将渐变小圆用"移动工具" 移动到牌匾左上角的半圆角中间，然后，按住 Alt 键拖出三个渐变小圆分别放在右上角、左下角和右下角的半圆角中间，形成图层 2-图层 5。

6. 再按住 Alt 键拖出一个渐变小圆放在牌匾左上角的半圆角的接壤处，先按住 Alt 键再按住 Shift 键水平拖出 7 个渐变小圆，将第 7 个渐变小圆放在牌匾右上角的半圆角的接壤处，链接这 8 个渐变小圆所在图层，然后，选用"移动工具" ，在属性栏中点选"水平居中分布"按钮 ，使 8 个渐变小圆水平居中分布，形成牌匾上部渐变小圆图案，选择 8 个渐变小圆的第 1 个，链接其它 7 个，执行【图层/合并链接图层】命令，使牌匾上方的所有渐变小圆的图层合并，并更名为图层 6。

7. 复制图层 6 成图层 6 副本，按住 Shift 键将其上的 8 个小圆移动到牌匾下方，综合效果如图 4-10-9 所示。

8. 将牌匾左上角半圆角中的小圆图层 2 复制成图层 2 副本，将其上的小圆移动到牌匾左边上方，然后，用上面同样的方法，分别绘出牌匾左、右两边的小圆，并将所有渐变小圆的图层合并，并更名为图层 2，效果如图 4-10-10 所示。

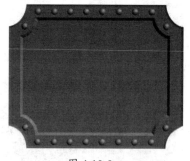
图 4-10-9

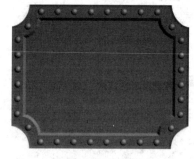
图 4-10-10

三、输入文字

1. 置前景色为黑色，选用"横排文字工具" 取字体为"经典中宋简"，字号为"65"，选"粗体"，输入文字"Photoshop"，形成"Photoshop"文字图层。

2. 在属性栏单击"创建变形文本"按钮 ，在打开的"变形文本"对话框中，在样式中选择"扇形"，再点选"水平"复选按钮，"弯曲"设为"+50"。

3. 右击"Photoshop"文字图层，在打开的对话框中单击"栅格化图层"命令，将"Photoshop"文字图层转为"Photoshop"普通图层。

4. 置前景色为白色，按住 Ctrl 键单击"Photoshop"文字图层，执行【编辑/描边】命令，以前景色、宽度为 2 像素、居中，给"Photoshop"文字描边，使其对图层 1 水平中齐，并将垂直位置调至如图 4-10-11 所示。

5. 置前景色为白色，选用"横排文字工具" ，取字体为"Adobe 楷体 Std"，字号为"65"，选"粗体"，输入文字"试题汇编"，形成"试题汇编"文字图层，效果如图 4-10-12 所示。

图 4-10-11

图 4-10-12

6. 复制"试题汇编"文字图层为"试题汇编"文字图层副本生成在"试题汇编"文字图层之上，右击之下的"试题汇编"文字图层，在打开的对话框中单击"栅格化图层"命令，将"试题汇编"文字图层转为普通图层。

7. 置前景色为黑色，按住 Ctrl 键单击之下的"试题汇编"文字图层，将文字的选区载入，按 Alt+Delete 键将之下的"试题汇编"文字图层中的文字"试题汇编"填充为黑色。然后，按 3 次向右方向键、3 次向下方向键，最终效果如图 4-10-1 所示。

四、保存文件

将最终结果以 Xps4-10.tif 为文件名保存在考生文件夹中。

4.11 云中飞机(第 11 题)

【操作要求】

通过层的剪切和创建等操作，制作出飞机从云团中冲出的效果，最终效果如图 4-11-1 所示。

图 4-11-1

1. 调出文件 Yps4a-11.tif、Yps4b-11.tif，分别如图 4-11-2 和图 4-11-3 所示。

图 4-11-2   图 4-11-3

2. 通过层的复制、变换、调整等操作，将灰色背景下的飞机制作成飞机从云团中冲出的效果。

3. 将最终结果以 Xps4-11.psd 为文件名保存在考生文件夹中。

【操作步骤】

一、绘制背景

1. 打开文件 Yps4b-11.tif，在图层面板中双击背景图层，将其解锁转换成图层 0，然后，复制一个图层 0 副本在图层 0 之上。

2. 将图层 0 副本的图案横向放大，再向上方移到如图 4-11-4 所示位置。

3. 将图层 0 的图案垂直翻转后横向放大，再向下方移到如图 4-11-5 所示位置。综合效果如图 4-11-6 所示。

图 4-11-4   图 4-11-5

二、合成图片

1. 打开文件 Yps4a-11.tif，用"移动工具"将图像移到文件 Yps4b-11.tif 中，并使其完全覆盖文件 Yps4b-11.tif 中的图案，在图层面板最上方形成图层 1，效果如图 4-11-7 所示。

2. 关闭图层 1，双击图层 0 副本的缩略图，在打开的"图层样式"对话框中，按住 Alt 键拖动对话框下方"本图层"左边的两个小三角形，调整两个小三角形的"单一通道的范围"分别为 120/184，效果如图 4-11-8 所示。

150

图 4-11-6

图 4-11-7

图 4-11-8

3．打开图层 1，双击图层 1 的缩略图，在打开的"图层样式"对话框中，按住 Alt 键拖动对话框下方"下一图层"右边的两个小三角形，调整两个小三角形的"单一通道的范围"分别为 115/185，最终效果如图 4-11-1 所示。

三、保存文件

将最终结果以 Xps4-11.psd 为文件名保存在考生文件夹中。

4.12　山谷间的飞机(第 12 题)

【操作要求】

通过层的技巧运用，制作出飞机从山谷间飞出的效果，最终效果如图 4-12-1 所示。

1．调出文件 Yps4-12.psd，如图 4-12-2 所示。

图 4-12-1

图 4-12-2

2．通过层的剪切、复制等操作，将飞机置于山谷之间，从而产生飞机从山谷间飞出的效果。

3．将最终结果以 Xps4-12.psd 为文件名保存在考生文件夹中。

【操作步骤】

一、处理岩石

1．打开文件 Yps4-12.tif，选中 Layer1 图层，用"移动工具"，将飞机移至如图 4-12-3 位置。

2．关闭 Layer1 图层，用"磁性套索工具"，套索与飞机相叠的岩石，如图 4-12-4 所示。

图 4-12-3　　　　　　　　　　　　　图 4-12-4

3．选择背景图层，按 Ctrl+J 组合键，在背景图层之上复制一个与"飞机相叠的岩石"的图层 1，将图层 1 移到 Layer1 图层上方。此时，图层面板如图 4-12-5 所示。效果如图 4-12-6 所示。

图 4-12-5　　　　　　　　　　　　　图 4-12-6

4．选中 Layer1 图层，选用"橡皮擦工具"，将飞机下方的白色梯形部分擦除，最终效果如图 4-12-1 所示。

二、保存文件

将最终结果以 Xps4-12.psd 为文件名保存在考生文件夹中。

4.13 冲出地球的火箭(第13题)

【操作要求】

通过层的剪切、创建等技巧，制作出火箭从裂开的地球冲出的效果，最终效果如图 4-13-1 所示。

1．调出文件 Yps4a-13.tif、Yps4b-13.tif，分别如图 4-13-2 和图 4-13-3 所示。

图 4-13-1

图 4-13-2

图 4-13-3

2．通过层的运用，将一个圆形的地球制作成从中间裂开，并制作出火箭从裂缝中冲出的效果。

3．将最终结果以 Xps4-13.psd 文件名保存在考生文件夹中。

【操作步骤】

一、切开地球

1．打开文件 Yps4a-13.tif，选用"魔棒工具"，容差取 20 像素，在黑色背景上单击，选中背景，然后，按 Shift+Ctrl+I 组合键反选中地球，再按 Shift+Ctrl+J 组合键将地球剪切至自动生成的图层 1 中。

2．选择背景图层，将其填充为黑色。

3．在图层 1 上，用"多边形套索工具"，以地球水平中线为对称轴建立齿状选区，如图 4-13-4 所示。

4．按 Shift+Ctrl+J 组合键，将选区内的左半球剪切到自动生成的图层 2 中。此时的图层面板如图 4-13-5 所示。

5．选中图层 2，按 Ctrl+T 组合键，载入选框，将中心点移到地球与路线的交点上，在属性栏中设置 ，使左半球逆时针旋转 10 度。

6．用同样的方法，将图层 1 上的右半球，向顺时针方向旋转 10 度，综合效果如图 4-13-6 所示。

图 4-13-4　　　　　　　　图 4-13-5　　　　　　　　图 4-13-6

二、置入火箭

1．选文件 Yps4a-13.tif 为当前文件，选中图层 2，用"移动工具" 将文件 Yps4b-13.tif 的图案移至文件 Yps4a-13.tif 中，自动生成图层 3。

2．置前景色为黑色、背景色为白色，选中图层 3，单击图层面板下方的"添加矢量蒙板"按钮 ，选择"画笔工具" ，在属性栏中选择一种软画笔，像素取 80，流量取 50%，用画笔擦出火箭从裂开的地球冲出的效果，最终效果如图 4-13-1 所示。

三、保存文件

将最终结果以 Xps4-13.psd 为文件名保存在考生文件夹中。

4.14　光辉吉它(第 14 题)

【操作要求】

通过层的效果处理，制做出图案立体字和图案辉光的效果，如图 4-14-1 所示。

1．调出文件 Yps4-14.psd，如图 4-14-2 所示。

图 4-14-1　　　　　　　　　　　图 4-14-2

2．利用层的效果命令，先制作出"Photoshop"字样的立体字，再将吉它制作成有辉光的效果。

3．将最终结果以 Xps4-14.psd 为文件名保存在考生文件夹中。

【操作步骤】

一、绘制艺术字

1．打开文件 Yps4-14.psd，选中背景工具，关闭 Layer1 图层。

2．置前景色为黑色，用"横排文字工具" T ，在属性栏中进行设置，字体:黑体，大小:200 像素，并输入字符"Photoshop"。

3．在属性栏中单击"切换字符和段落调板"按钮，在打开的对话框中进行设置，字间距为-25，字样为粗体。

4．右击文字图层，在弹出的快捷菜单中，选择"栅格化图层"命令，将文字图层转化为普通图层。然后，执行【编辑/变换/扭曲】命令，将文字"Photoshop"变形为图 4-14-3 所示样式。

图 4-14-3

5．关闭文字图层，转到背景图层，按 Ctrl+A 组合键，全选图像；按 Ctrl+C 组合键，复制图像；按 Ctrl+D 组合键，除去选区。

6．打开文字图层，按住 Ctrl 键单击文字图层，形成文字选区，将文字图层拖到图层面板下方的垃圾桶中删除。

7．执行【选择/羽化】命令，羽化半径取 2 像素。按 Shift+Ctrl+V 组合键，贴入图像，自动生成图层 1，如果关闭背景图层，效果如图 4-14-4 所示。

8．在关闭背景图层的状态下，选用"移动工具"，将图层 1 上"Photoshop"中的图案移动一下，使其上都是白云，再打开背景图层，效果如图 4-14-5 所示。

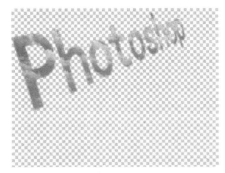 

图 4-14-4   图 4-14-5

9. 双击图层 1 的缩览图，在打开"图层样式"对话框的"投影"对话框中设置参数如图 4-14-6 所示。效果如图 4-14-7 所示。

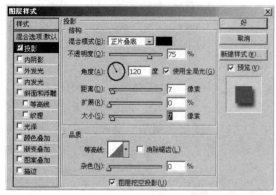

图 4-14-6　　　　　　　　　　　图 4-14-7

二、绘制有辉光的吉它

1. 打开 Layer1 图层，并将其移放至图层 1 之下。

2. 按住 Ctrl 键单击 Layer1 图层，将吉它载入选区，执行【选择/羽化】命令，羽化半径取 3 像素。

3. 置前景色为浅黄色，执行【编辑/描边】命令，宽度取 6 像素，居外，制作出吉它的辉光，并将其旋转、移动至如图 4-14-8 所示位置。

图 4-14-8

4. 按 Ctrl+D 组合键，除去选区，最终效果如图 4-14-1 所示。

三、保存文件

将最终结果以 Xps4-14.psd 为文件名保存在考生文件夹中。

4.15　人物倒影(第 15 题)

【操作要求】

通过层的技巧运用，制作出人物的倒影效果，最终效果如图 4-15-1 所示。

1. 调出文件 Yps4-15.psd，如图 4-15-2 所示。

图 4-15-1

图 4-15-2

2. 利用层的复制、变换、控制合成方式等技巧，制作出两个人物在大厅内的倒影效果。

3. 将最终结果以 Xps4-15.psd 为文件名保存在考生文件夹中。

【操作步骤】

一、制作人物

1. 打开文件 Yps4-15.psd，复制 Layer1 图层成 Layer1 图层副本在 Layer1 图层之上。

2. 对 Layer1 图层副本执行【编辑/变换/水平翻转】命令，然后，用缩小、移动等操作将 Layer 图层副本上的人物放置在如图 4-15-3 所示的位置；同样用缩小、移动等操作将 Layer 图层上的人物放置在如图 4-15-3 所示的位置。

3. 分别选择 Layer1 图层和 Layer1 图层副本，复制 Layer1 图层副本 2 在 Layer1 图层之上；复制 Layer1 图层副本 3 在 Layer1 图层副本之上，对两个图层副本分别执行【编辑/变换/垂直翻转】命令形成倒影图层，然后，分别用向下方向键垂直向下移动，使一正一反人物的脚相对，如图 4-15-4 所示。

图 4-15-3

图 4-15-4

4. 分别将两个倒影复制图层的"不透明度"改为 18%，最终效果如图 4-15-1 所示。

二、保存文件

将最终结果以 Xps4-15.psd 为文件名保存在考生文件夹中。

4.16 环扣字(第16题)

【操作要求】

通过层的技巧运用,制作出字符之间环环相扣的效果,最终效果如图4-16-1所示。

1. 调出文件 Yps4-16.psd 文件,如图 4-16-2 所示。

图 4-16-1　　　　　　　　　　　　　　图 4-16-2

2. 将蓝色的字符"O"与绿色的字符"O"制作成环环相扣的效果。
3. 将最终结果以 Xps5-16.psd 为文件名保存在考生文件夹中。

【操作步骤】

一、制作环环相扣的效果

1. 打开文件 Yps4-16.psd,关闭背景层,在 Layer2 图层上用"矩形选框工具" ,将蓝色的字符"O"框选,如图 4-16-3 所示。

2. 按 Shift+Ctrl+J 组合键,将蓝色的字符"O"剪切到自动生成的图层 1 之上的图层 1 副本,然后,执行旋转、移动等操作将其放置在如图 4-16-4 所示位置。

3. 复制图层 1 成图层 1 副本,并将 Layer2 图层放置在图层 1 和图层 1 副本之间,图层面板如图 4-16-5 所示。

图 4-16-3　　　　　　　图 4-16-4　　　　　　　图 4-16-5

4．选中最上层的图层 1 副本，用"矩形选框工具" 框选蓝色的字符"O"与绿色的字符"O"重叠部分，如图 4-16-6 所示。然后，按 Delete 键删除重叠部分，形成蓝色的字符"O"与绿色的字符"O"环环相扣的效果，如图 4-16-7 所示。

图 4-16-6

图 4-16-7

5．打开背景图层，最终效果如图 4-16-1 所示。

二、保存文件

将最终结果以 Xps5-16.psd 为文件名保存在考生文件夹中。

4.17　天上人间(第 17 题)

【操作要求】

通过图层掩膜处理的运用，制作出几幅图片的合成效果，最终效果如图 4-17-1 所示。

图 4-17-1

1．调出文件 Yps4a-17.tif、Yps4b-17.tif、Yps4c-17.tif，分别如图 4-17-2、图 4-17-3 和图 4-17-4 所示。

2．利用层的掩膜技巧，将三幅图片进行合成处理，确保图片之间不留下生硬的边界。

3．将最终结果以 Xps4-17.psd 为文件名保存在考生文件夹中。

图 4-17-2　　　　　　　　　图 4-17-3　　　　　　　　　图 4-17-4

【操作步骤】

一、合成图像

1．打开 Yps4a-17.tif、Yps4b-17.tif、Yps4c-17.tif 三个文件。

2．用"移动工具" 将文件 Yps4b-17.tif 上的图像移动到 Yps4c-17.tif 文件中，自动生成图层 1，然后，放置如图 4-17-5 所示位置。

3．选中图层 1，置前景色为黑色、背景色为白色，单击图层面板下方的"添加图层蒙板"按钮　，选用"画笔工具"　，在属性栏上选择大小为 65 像素的软画笔，先将流量设为 100%，后将流量设为 20%，刷出如图 4-17-6 所示的效果。

图 4-17-5　　　　　　　　　　　　　　　图 4-17-6

4．用"移动工具"　将文件 Yps4a-17.tif 上的图像移动到 Yps4c-17.tif 文件中，自动生成图层 2，然后，放置在如图 4-17-7 所示位置。

5．选中图层 2，置前景色为黑色、背景为白色，单击图层面板下方的"添加图层蒙板"按钮　，选用"画笔工具"　，在属性栏中选择大小为 65 像素的软画笔，先将流量设为 100%，后将流量设为 20%，刷出如图 4-17-8 的效果。

6．分别选中图层 1 和图层 2，选用"模糊工具"　，在属性栏中选择大小为 65 像素的软画笔,分别在图层 1 和图层 2 上的图像的四周拖擦一遍,使三幅图像更融为一体,最终效果如图 4-17-1 所示。

图 4-17-7

图 4-17-8

二、保存文件

将最终结果以 Xps4-17.psd 为文件名保存在考生文件夹中。

4.18 红旗中的风彩(第 18 题)

【操作要求】

通过图层掩膜处理的运用,制作出几幅图片的合成效果,最终效果如图 4-18-1 所示。

1. 调出文件 Yps4a-18.tif、Yps4b-18.tif、Yps4c-18.tif,如图 4-18-2、图 4-18-3 和图 4-18-4 所示。

图 4-18-1

图 4-18-2

图 4-18-3

图 4-18-4

2．利用层的掩膜技巧，将三幅图片进行合成处理，确保图片之间不留下生硬的边界。
3．将最终结果以 Xps4-18.Psd 为文件名保存在考生文件夹中。

【操作步骤】

一、特殊处理

1．同时打开 Yps4a-18.tif、Yps4b-18.tif、Yps4c-18.tif 三个文件。

2．以 Yps4c-18.tif 为当前文件，置前景色为纯红色(R255 G0 B0)，按 Alt+Delete 组合键将原图案填充成纯红色。

3．选用"渐变工具" ，在"渐变拾色器"中任选一种三色渐变，将三色块的颜色、位置和颜色中点设置成如图 4-18-5 所示。

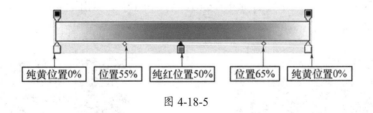

图 4-18-5

4．在属性栏中单击"线性渐变"按钮，从画面的左下角到右上角拖拉出黄—红—黄的渐变色，效果如图 4-18-6 所示。

5．以 Yps4a-18.tif 为当前文件，选用"矩形选框工具"，框选旗中白色的花，按 Ctrl+J 组合键将选框中的图案复制到自动新建的图层 1 中，按 Ctrl+D 组合键除去选区。

6．选用"魔棒工具"，容差取 30，在白色的花中单击，选中其，执行【选择/选取相似】命令，完全选中白色的花。

7．执行【选择/修改/平滑】命令，设置取样半径为 1 像素。

8．选用"移动工具"，将白色的花移到文件 ps4c-18.tif 中。做适当的放大操作，然后放置在画面的右下角，效果如图 4-18-7 所示。此时，自动生成白色花的图层 1。

图 4-18-6　　　　　　　　　　　　图 4-18-7

注意：试题是不要做以上操作，但作者考虑到国旗的严肃性，在不违反试题原意的情况下，用特殊处理的方法，将国旗改成了红旗。在考试时，读者不需做以上的步骤 2 至 8 步骤。

二、合成宫殿

1. 以 Yps4b-18.tif 为当前文件，选用"魔棒工具"，在属性栏点选"添加到选区"按钮 ，容差取 30，勾选"消除锯齿"选项，在宫殿蓝色背景上四得单击，逼出背景轮廓。

2. 选用"矩形选框工具" ，在属性栏点选"添加到选区"按钮 ，框选除去蓝色背景上零星小选区，点选"从选区减去"按钮，框选除去宫殿上零星小选区。

3. 选用"矩形选框工具" ，在属性栏点选"从选减去" 按钮，将图像右边和下边的白色部分框选，从选区中除去，综合效果如图 4-18-8 所示。

4. 按 Shift+Ctrl+I 组合键，反选中宫殿，用"移动工具" 将宫殿拖到 Yps4c-18.tif 文件中，自动生成图层 2，对宫殿进行缩放、移动等操作后放置在左下角，如图 4-18-9 所示。

5. 选中图层 2，置前景为黑色、背景为白色，单击图层面板下方的"添加图层蒙板"按钮 ，选用"画笔工具" ，在属性栏上选择大小为 65 像素的软画笔，先将流量设为 100%，后将流量设为 20%，刷出如图 4-18-10 的效果。

图 4-18-8　　　　　　　图 4-18-9　　　　　　　图 4-18-10

二、合成楼群

1. 以 Yps4a-18.tif 为当前文件，选用"裁剪工具" 将图像进行裁剪，用"移动工具" 将裁剪后的楼群拖到 Yps4c-18.tif 文件中，自动生成图层 3，对楼群进行缩放、移动等操作后放置在右上角，如图 4-18-11 所示。

2. 选中图层 3，置前景为黑色、背景为白色，单击图层面板下方的"添加图层蒙板"按钮 ，选用"画笔工具" ，在属性栏上选择大小为 65 像素的软画笔，先将流量设为 100%，后将流量设为 20%，刷出如图 4-18-12 的效果。

图 4-18-11　　　　　　　　　　图 4-18-12

3. 分别选中图层 2 和图层 3，选用"模糊工具" ，在属性栏上选择大小为 85 像素的软画笔，分别在图层 1 和图层 2 上的图像的四周拖擦，使三幅图像更溶为一体，最终效果如图 4-18-1 所示。

三、保存文件

将最终结果以 Xps4-18.psd 为文件名保存在考生文件夹中。

4.19　怀表(第 19 题)

【操作要求】

通过层的合成模式，将天空的图片制作成怀表的底纹效果，如图 4-19-1 所示。

图 4-19-1

1. 调出文件 Yps4a-19.psd、Yps4b-19.psd，如图 4-19-2 和图 4-19-3 所示。

图 4-19-2　　　　　　　　　　　　　　　图 4-19-3

2. 将怀表进行复制、变换，并通过层的合成模式控制将天空的图案制作成怀表的底纹图案(要求两个怀表的底纹明暗效果不同)。

3. 将最终结果以 Xps4-19.psd 为文件名保存在考生文件夹中。

【操作步骤】

一、绘制底纹明暗效果不同的两个怀表

1. 打开 Yps4a-19.psd、Yps4b-19.psd 两个文件。

2. 以 Yps4a-19.psd 为当前文件，对 Layer1 图层执行移动、旋转和缩放等操作后放置在画面的左上角，如图 4-19-4 所示。

3. 选择背景图层，用"椭圆选框工具"在右下角的怀表表面画一正圆，执行【选择/变换选区】命令，将正圆调整到表面上，再执行【编辑/变换/扭曲】命令,将正圆选区扭曲到合适的大小。

4. 选择文件 Yps4b-19.psd,按 Ctrl+A 组合键,全选云彩图像，按 Ctrl+A 组合键,复制云彩图像。

5. 回到文件 Yps4a-19.psd 的背景图层中,按 Shift+Alt+V 组合键,将文件 Yps4b-19.psd 中的云彩图像粘贴入右下角怀表的表面正圆中。

6. 在图层面板上将背景图层的图层模式改为"强光"，此时，右下角的怀表表面颜色变为如图 4-19-5 所示。

图 4-19-4　　　　　　　　　　　　　　　图 4-19-5

7. 用同样的方法处理 Layer1 图层上左上角的怀表，不同的是将 Layer1 图层的图层模式改为"叠加"，最终效果如图 4-19-1 所示。

二、保存文件

将最终结果以 Xps4-19.psd 为文件名保存在考生文件夹中。

4.20 草原上的气球(第 20 题)

【操作要求】

利用层的掩膜和层信息调整的技巧，制作出热气球在云彩间飞行的效果，最终效果如图 4-20-1 所示。

图 4-20-1

1. 调出文件 Yps4a-20.tif、Yps4b-20.tif，分别如图 4-20-2 和图 4-20-3 所示。

图 4-20-2

图 4-20-3

2. 利用层的掩膜技巧，使地面上的热气球似飞上天空，并通过层的信息调整，把气球调整成似在云彩之间飘浮的效果。

3. 将最终结果以 Xps4-20.psd 为文件名保存在考生文件夹中。

【操作步骤】

一、初绘出气球似在云彩之间飘浮的效果

1. 打开文件 Yps4a-20.tif、Yps4b-20.tif，并用"移动工具" 将文件 Yps4b-20.tif

的图案拖到文件 Yps4a-20.tif 中，自动生成图层 1，然后调整位置，如图 4-20-4 所示。

2．将图层 1 的不透明度调成 45%，以便能看见图层 1 下方文件 Yps4a-20.tif 的图案，按 Ctrl+T 组合键，然后，将图层 1 的图案调成如图 4-20-5 所示样式。

图 4-20-4　　　　　　　　　　　　　　图 4-20-5

3．按回车键确认调整，然后，将图层 1 的不透明度调回 100%。再用"剪切工具"，沿图层 1 的图案将图像裁成如图 4-20-6 所示样式。

图 4-20-6

4．选中背景图层，用"剪切工具"，沿图层的图案将图像裁成如图 4-20-7 所示样式，最终裁剪效果如图 4-20-8 所示。

图 4-20-7　　　　　　　　　　　　　　图 4-20-8

5. 双击图层 1 的略缩图标，打开"图层样式对话框"，在最下方的"下一图层"中，按住 Alt 键，将右边的两个滑块拖成"145/180"，如图 4-20-9 所示。效果如图 4-20-10 所示。

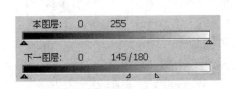

图 4-20-9　　　　　　　　　　　　图 4-20-10

二、将两幅图片融为一体

1. 在图层 1 上，单击图层面板下方的"添加蒙板" 按钮。
2. 置前景色为白色、背景色为黑色，选用"渐变工具" ，在属性栏中的"渐变拾色器"中选择"前景到背景"渐变方式，点选"线性渐变"按钮 ，从中间大气球的顶端拖到草地的上端稍下一点儿，生成蒙板渐变，效果如图 4-20-11 所示

图 4-20-11

三、精绘出气球似在云彩之间飘浮的效果

1. 选中背景图层，置前景色为黑色、背景色为白色，选用"画笔工具" ，在属性栏中选择一种软画笔，进行设置： 。用画笔将右上角的云彩擦去，如图 4-20-12 所示。
2. 选用"仿制图章工具" ，将中间大汽球上边缘用云彩盖住，如图 4-20-13 所示。
3. 将画笔改为 35 像素，将右边汽球擦出；将画笔改为 80 像素，不透明度和流量均改为 10 像素，在紧靠草的上边缘部分，从左到右水平单击，使紧靠草上边缘的云彩变淡一些。

图 4-20-12　　　　　　　　　　　图 4-20-13

四、使草地更绿茵

在背景图层上，用"矩形选框工具"框选马头以下部分，如图 4-20-14 所示。执行【图像/调整/色彩平衡】命令，点选"中间调"，将色阶调成(0 100 0)，使草地显得绿绿的。按 Ctrl+D 组合键除去选区，最终效果如图 4-20-1 所示。

图 4-20-14

五、保存文件

将最终结果以 Xps4-20.psd 为文件名保存在考生文件夹中。

第 5 单元　色 彩 修 饰

5.1　无色花变艳丽(第 1 题)

【操作要求】

通过图像模式的转换及色彩调整,将无色的图像制作成色彩艳丽的图像效果,最终效果如图 5-1-1 所示。

1. 调出文件 Yps5-01.tif,如图 5-1-2 所示。

图 5-1-1

图 5-1-2

2. 进行色彩模式的转换及色彩调整。
3. 将最后完成的效果图以 Xps5-01.tif 文件保存在考生文件夹中。

【操作步骤】

一、合成图片

1. 调出文件 Yps5-01.tif,执行【图像/模式/RGB 颜色】命令。
2. 执行【图像/调整/"色相/饱和度"】命令(或按 Ctrl+U 组合键),在打开的对话框中,勾选"着色"选项,进行设置色相为 360,饱和度为 70,明度为 10,如图 5-1-3 所示。效果如图 5-1-4 所示。

图 5-1-3

图 5-1-4

3．执行【图像/调整/"亮度/对比度"】命令，在打开的对话框中，进行设置亮度为 20，对比度为 18，如图 5-1-5 所示。最终效果如图 5-1-1 所示。

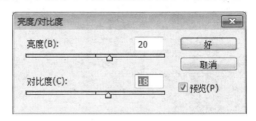

图 5-1-5

二、保存文件

将最后完成的效果图以 Xps5-01.tif 文件保存在考生文件夹中。

5.2　图像变更鲜艳(第 2 题)

【操作要求】

通过调整使图像色彩更加鲜艳，要求完成的最终效果如图 5-2-1 所示。

1．调出文件 Yps5-02.tif，如图 5-2-2 所示。

图 5-2-1

图 5-2-2

2．将树叶的颜色调至更鲜艳，并将白色的花朵调整为黄色。

3．将最终效果图以 Xps5-02.tif 为文件名保存在考生文件夹中。

【操作步骤】

一、使树叶的色彩更翠绿

调出文件 Yps5-02.tif，执行【图像/调整/色彩平衡】命令(或按 Ctrl+B 组合键)，在打开的对话框中设置"中间调"的色阶为(+50 +100 0)，如图 5-2-3 所示，使树叶的色彩更翠绿。

二、将花调整为黄色

1．打开"通道面板"，选择通道 Alpha1，单击通道面板下方的"将通道作为选区载入"按钮　，将通道 Alpha1 的选区载入，如图 5-2-4 所示。

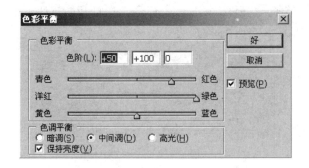

图 5-2-3

2．回到图层面板，单击背景图层，然后，执行【选择/修改/平滑】命令，设置取样半径为 1 像素，效果如图 5-2-5 所示。

图 5-2-4　　　　　　　　　　　　　图 5-2-5

3．执行【图像/调整/色彩平衡】命令(或按 Ctrl+B 组合键)，在打开的对话框中，设置色阶为(+50 -50 -100)，如图 5-2-6 所示。

4．再执行两次【图像/调整/色彩平衡】命令，一次"暗调"，设置色阶为(+100 +25 -100)；一次为"高光"，设置色阶为(+100 -30 -60)，效果如图 5-2-7 所示。

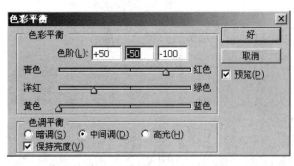

图 5-2-6　　　　　　　　　　　　　图 5-2-7

5．执行【图像/调整/曲线】命令(或按 Ctrl+M 组合键)，在打开的对话框中，进行设置，输入：196，输出：175，如图 5-2-8 所示，按 Ctrl+D 组合键除去选区，最终效果如图 5-2-1 所示。

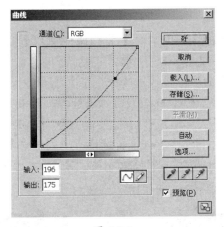

图 5-2-8

三、保存文件

将最终效果图以 Xps5-02.tif 为文件名保存在考生文件夹中。

5.3 四色花(第 3 题)

【操作要求】

通过改变花的颜色，制作出图像中间为彩色，四周为灰色的效果，最终效果如图 5-3-1 所示。

1. 调出 Yps5-03.tif 文件，如图 5-3-2 所示。

图 5-3-1

图 5-3-2

2. 将图像的中间以外部分调整成灰度的效果；将图像的中间部分又分为四份，将右上部分调整为绿色，左下部分换成黄色。

3. 将最终结果以 Xps5-03.tif 为文件名保存在考生文件夹中。

【操作步骤】

一、区域灰色和区域划分

1. 打开 Yps5-03.tif 文件，按 Ctrl+R 组合键调出标尺，在图像正中拖出水平和垂直两条辅助线。选择"椭圆工具"，按住 Alt+Shift 键，以辅助线的交点为中心，在图像中央画一正圆选区。

2. 执行【选择/反选】命令，再执行【图像/调整/去色】命令，将图像的中间以外部分调整成灰度的效果，效果如图 5-3-3 所示。

3. 执行【选择/反选】命令，再执行【编辑/描边】命令，进行设置，宽度：2 像素，颜色：白色，位置：居外。按 Ctrl+D 组合键除去选区，效果如图 5-3-4 所示。

4. 选择"单行选框工具" ，在属性栏中点选"添加到选区"按钮 。在标尺的水平中点处单击，形成水平单行选框，再选择"单列选框工具" ，在标尺的垂直中点处单击形成垂直单行选框，然后执行【编辑/描边】命令，进行设置，宽度：1 像素，颜色：白色，位置：居中，效果如图 5-3-4 所示。

图 5-3-3

图 5-3-4

二、花朵的四色处理

1. 选用"魔棒工具" ，在属性栏中点选"添加到选区"按钮 ，容差取 65，在右上 1/4 圆内的花朵上四处单击，选中右上 1/4 花朵。然后执行【图像/调整/"色相/饱和度"】命令，勾选"着色"选项，然后进行设置，色相：100，饱和度：80，明度：0，如图 5-3-5 所示。此时，右上 1/4 圆内的花朵变为绿色，按 Ctrl+D 组合键除去选区，如图 5-3-6 所示。

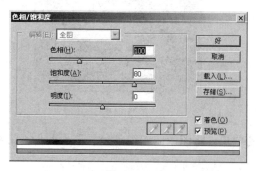
图 5-3-5

图 5-3-6

2. 对左上 1/4 圆内花朵执行【图像/调整/"色相/饱和度"】命令，勾选"着色"选项，然后进行设置，色阶：300，饱和度：0，明度：0，使其呈蓝色。

3. 对左下 1/4 圆内花朵执行【图像/调整/"色相/饱和度"】命令，勾选"着色"选项，然后进行设置，色相：65，饱和度：100，明度：-45，使其呈黄色。再执行【图像/调整/"亮度/对比度"】命令，进行设置，亮度：+15，对比度：0，使其黄色加亮一点。最终效果如图 5-3-1 所示。

三、保存文件

将最终结果以 Xps5-03.tif 为文件名保存在考生文件夹中。

5.4 清晰野菊花(第 4 题)

【操作要求】

通过对图像亮度及色彩的调整，使背景清晰、花瓣色彩改变，最终效果如图 5-4-1 所示。

1．调出 Yps5-04.tif 文件，如图 5-4-2 所示。

图 5-4-1　　　　　　　　　　　　　　图 5-4-2

2．将图像进行亮度调整(有明显的草地)，并将原图像中黄色花瓣的黄色成分降低调整为红色(只改变花瓣色彩)。

3．将最终结果以 Xps5-04.tif 为文件名保存在考生文件夹中。

【操作步骤】

一、调整图像的色彩

1．打开 Yps5-04.tif 文件，执行【图像/调整/色阶】命令(或按 Ctrl+L 组合键)，在打开的对话框中，将"输出色阶"中间滑块向左移到 2.00，如图 5-4-3 所示，图像色彩变化如图 5-4-4 所示。

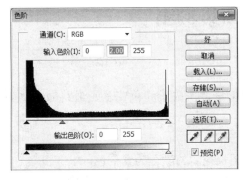

图 5-4-3　　　　　　　　　　　　　　图 5-4-4

2．执行【图像/调整/可选颜色】命令，在打开的对话框中，设置颜色为黄色，将黄色的滑块向左移到-85，如图 5-4-5 所示，图像色彩变化如图 5-4-6 所示。

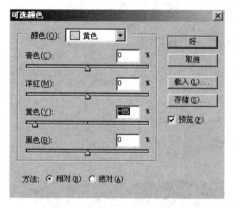

图 5-4-5　　　　　　　　　　　　　　图 5-4-6

3．执行【图像/调整/色彩平衡】命令(或按 Ctrl+B 组合键)，在打开的对话框中，将黄色的滑块向左移到-35，如图 5-4-7 所示，最终效果如图 5-4-1 所示。

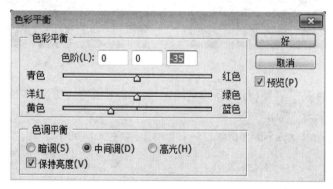

图 5-4-7

二、保存文件

将最终结果以 Xps5-04.tif 为文件名保存在考生文件夹中。

5.5　紫红色花蕊(第 5 题)

【操作要求】

通过调整使图像的亮度均衡，并将黄色的花蕊替换成紫红色花蕊，最终效果如图 5-5-1 所示。

1．调出 Yps5-05.tif 文件，如图 5-5-2 所示。
2．调整亮度，直至能看到绿色的叶茎，并调整花蕊的颜色为紫红色。
3．将最后结果以 Xps5-05.tif 为文件名(CMYK 模式)保存在考生文件夹中。

图 5-5-1

图 5-5-2

【操作步骤】

一、调整叶茎色彩

打开 Yps5-05.tif 文件，执行【图像/调整/色调均化】命令，使绿色的叶茎显出，效果如图 5-5-3 所示。

图 5-5-3

二、调整花蕊色彩

1. 执行【图像/调整/替换颜色】命令，在打开的对话框中，颜色容差设为 145，点选"选区"，然后用吸管在黄色花蕊上单击。在"变换"中进行设置，色相：-85，饱和度：+25，明度：+10，如图 5-5-4 所示。此时，花蕊都带有紫色，如图 5-5-5 所示。

图 5-5-4

图 5-5-5

2. 执行【图像/模式/ CMYK 颜色】命令，最终效果如图 5-5-1 所示。

三、保存文件

将最后结果以 Xps5-05.tif 为文件名保存在考生文件夹中。

5.6 负片图像(第 6 题)

【操作要求】

通过调整使图像呈负片效果，并将图像的右半部调整成手绘效果，最终效果如图 5-6-1 所示。

1. 调出 Yps5-06.tif 文件，如图 5-6-2 所示。

图 5-6-1　　　　　　　　　　　　　　图 5-6-2

2. 将图像调整为负片效果，并将右半边调整为手绘效果。
3. 将最终结果以 Xps5-06.tif 为文件名保存在考生文件夹中。

【操作步骤】

一、将图像调整为负片效果

1. 打开 Yps5-06.tif 文件，执行【图像/调整/反相】命令(或按 Ctrl+I 组合键)，将图像调整为负片效果，如图 5-6-3 所示。

图 5-6-3

2．用"矩形选框工具"  选中图像的右半边，执行【选择/羽化】命令，羽化半径取 5，然后，执行【图像/调整/色调分离】命令，色阶取 4，最终效果如图 5-6-1 所示。

二、保存文件

将最终结果以 Xps5-06.tif 为文件名保存在考生文件夹中。

5.7 色彩图片变旧图片(第 7 题)

【操作要求】

通过调整，将图像的色彩制作出类似于旧图片的效果，最终效果如图 5-7-1 所示。

1．调出文件 Yps5-07.tif 文件，如图 5-7-2 所示。

图 5-7-1

图 5-7-2

2．将色彩调成旧图片的效果。

3．将最终结果以 Xps5-07.tif 为文件名保存在考生文件夹中。

【操作步骤】

一、调整图片色彩

1．打开 Yps5-07.tif 文件，执行【图像/调整/"亮度/对比度"】命令，在打开的对话框中将对比度调成-45，如图 5-7-3 所示。

2．执行【图像/调整/色彩平衡】命令，在打开的对话框中设置色阶(+70 0 -30)，如图 5-7-4 所示，最终效果如图 5-7-1 所示。

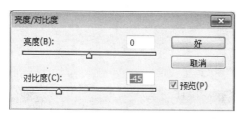

图 5-7-3

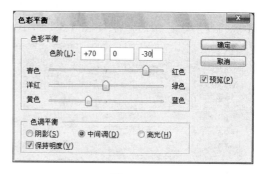

图 5-7-4

二、保存文件

将最终结果以 Xps5-07.tif 为文件名保存在考生文件夹中。

5.8 翠绿树叶(第8题)

【操作要求】

通过调整，使图像中叶片呈翠绿效果，最终效果如图5-8-1所示。

1. 调出Yps5-08.tif文件，如图5-8-2所示。

图5-8-1　　　　　　　　　　　　　　图5-8-2

2. 将图像调整成一幅翠绿色叶片效果(调整亮度、反差及色相)。
3. 将最终结果以Xps5-08.tif为文件名保存在考生文件夹中。

【操作步骤】

一、调整图片色彩

1. 打开Yps5-08.tif文件，执行【图像/调整/通道混合器】命令，进行设置，输出通道：红，在源通道中，红色：-200%，如图5-8-3所示。

2. 执行【图像/调整/"亮度/对比度"】命令，进行设置，亮度：+45，对比度：+10，如图5-8-4所示，最终效果如图5-8-1所示。

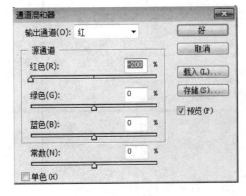

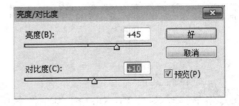

图5-8-3　　　　　　　　　　　　　　图5-8-4

二、保存文件

将最终结果以 Xps5-08.tif 为文件名保存在考生文件夹中。

5.9 灰倒立图变彩正立图(第 9 题)

【操作要求】

通过调整,将一个灰度倒立图像制作成有色彩效果的正立图像,最终效果如图 5-9-1 所示。

1. 调出 Yps5-09.tif 文件,如图 5-9-2 所示。

图 5-9-1

图 5-9-2

2. 将倒立图像端正,并调整成有色彩效果。
3. 将最终结果以 Xps5-09.tif 为文件名保存在考生文件夹中。

【操作步骤】

一、调整图片色彩

1. 打开 Yps5-09.tif 文件,执行【图像/旋转画布/180 度】命令。
2. 执行【图像/模式/RGB 颜色】命令。
3. 执行【图像/调整/色相/饱和度】命令,勾选"着色",进行设置,色相:120,饱和度:35,明度:0,如图 5-9-3 所示。最终效果如图 5-9-1 所示。

图 5-9-3

二、保存文件

将最终结果以 Xps5-09.tif 为文件名保存在考生文件夹中。

5.10 图像单色效果(第 10 题)

【操作要求】

通过调整，将部分图像制作出单色效果，最终效果如图 5-10-1 所示。

1. 调出 Yps5-10.tif 文件，如图 5-10-2 所示。

图 5-10-1　　　　　　　　　　　　　图 5-10-2

2. 将除中间这朵花之外的所有图像调整成绿色的单色效果，并增加中间那朵花的洋红色。

3. 将最终结果以 Xps5-10.tif 为文件名保存在考生文件夹中。

【操作步骤】

1. 打开文件 Yps5-10.tif，选择钢笔工具勾勒出图中间的月季花，将路径作为选区载入。

2. 对花选区执行两次【图像/调整/色彩平衡】命令，每次均将第二行的滑块向洋红移动，均设置色阶为(0 -100 0)，如图 5-10-3 所示。图像中央的花朵成为了洋红色，如图 5-10-4 所示。

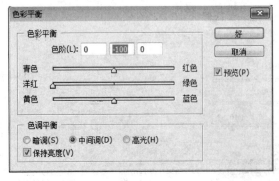

图 5-10-3　　　　　　　　　　　　　图 5-10-4

3．执行【选择/反选】命令，然后执行【图像/调整/去色】命令，将除中间这朵花之外的所有图案调整成灰色的单色效果。

4．执行【图像/调整/色彩平衡】命令，将第二行的滑块向绿色移动，设置色阶为(0 +100 0)，如图 5-10-5 所示。将除中间这朵花之外的所有图像调整成绿色的单色效果，如图 5-10-6 所示。

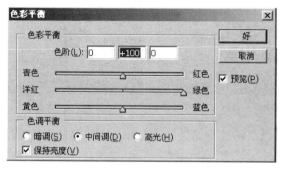

图 5-10-5　　　　　　　　　　　　图 5-10-6

5．执行【图像/调整/"色相/饱和度"】命令，勾选"着色"，进行设置，色相：120，饱和度：70，明度：-50，如图 5-10-7 所示。调整图像的色相/饱和度。最终效果如图 5-10-1 所示。

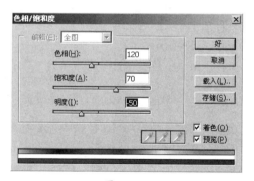

图 5-10-7

二、保存文件

将最终结果以 Xps5-10.tif 为文件名保存在考生文件夹中。

5.11　不同背景的图像 (第 11 题)

【操作要求】

通过备份及调整，制作两幅不同背景的图像，最终效果如图 5-11-1 和图 5-11-2 所示。

1．调出文件 Yps5-11.tif，如图 5-11-3 所示，并进行备份。

2．对其中一幅图像进行背景灰度调整，将最终结果以 Xps5a-11.tif 为文件名(RGB 模式)保存在考生文件夹中。

图 5-11-1　　　　　　　　　图 5-11-2　　　　　　　　　图 5-11-3

3. 对另一幅备份图像背景进行换色，将最终结果以 Xps5b-11.tif 为文件名(**RGB 模式**)保存在考生文件夹中。

【操作步骤】

一、对 Xps5a-11.tif 图像进行背景灰度调整

1. 打开 Xps5-11.tif 文件，执行【图像/调整/替换颜色】命令，进行设置，颜色容差取 45，点选"选区"，再单击"添加到取样"按钮 ![], 在对话框的预览区中四处单击背景，使背景图案完全消失。然后再进行设置，色相：-70，饱和度：-87，明度：0，如图 5-11-4 所示。最终效果如图 5-11-1 所示。

2. 将最终结果以 Xps5a-11.tif 为文件名(图像原本就是 RGB 模式，不需转模式)保存在考生文件夹中。

二、对 Xps5b-11.tif 图像进行背景换色

1. 打开 Xps5-11.tif 文件，执行【图像/调整/替换颜色】命令，进行设置，颜色容差取 45，点选"选区"，再单击"添加到取样"按钮 ![], 在对话框的预览区中四处单击背景，使背景图案完全消失。然后进行设置，色相：+155，饱和度：0，明度：+5，如图 5-11-5 所示。最终效果如图 5-11-2 所示。

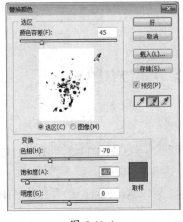 

图 5-11-4　　　　　　　　　　　　　图 5-11-5

2. 将最终结果以 Xps5b-11.tif 为文件名(图像原本就是 RGB 模式，不需转模式)保存在考生文件夹中。

5.12 图像手绘效果 (第 12 题)

【操作要求】

通过调整，使图像呈手绘效果，最终效果如图 5-12-1 所示。

1．调出 Yps5-12.tif 文件，如图 5-12-2 所示。

图 5-12-1　　　　　　　　　　　　　图 5-12-2

2．通过调整，作出手绘效果并扩大画布(宽度为 17 厘米，高度为 15 厘米)，图像四周留白。

3．将最终结果以 Xps5-12.tif 为文件名保存在考生文件夹中。

【操作步骤】

一、扩大画布

1．打开 Yps5-12.tif 文件，执行【图像/画布大小】命令，在打开的对话框中，进行设置，宽度：17 厘米，高度：15 厘米，如图 5-12-3 所示。效果如图 5-12-4 所示。

图 5-12-3　　　　　　　　　　　　　图 5-12-4

2．设置背景色为白颜色，执行【图像/调整/色调分离】命令，"色阶"取 4，完成手绘效果并扩大画布的制作，最终效果如图 5-12-1 所示。

二、保存文件

将最终结果以 Xps5-12.tif 为文件名保存在考生文件夹中。

5.13　红色花蕊(第 13 题)

【操作要求】

通过调整改变花的色相，并调整图像的亮度，最终效果如图 5-13-1 所示。

1．调出 Yps5-13.tif 文件，如图 5-13-2 所示。

图 5-13-1

图 5-13-2

2．将紫色花朵调整为红色，并将整个图像的亮度降低。

3．将最终结果以 Xps5-13.tif (256 色色彩限制的彩色模式)为文件名保存在考生文件夹中。

【操作步骤】

一、改变花朵颜色

1．打开 Yps5-13.tif 文件，选用"魔棒工具"，在属性栏中点选"添加到选区"按钮，容差取 65，在花朵的紫色各处单击，然后，执行【选择/选择相似】命令，自动形成除花蕊以外的花朵的选区。

2．执行【图像/调整/"色相/饱和度"】命令，在打开的对话框中，勾选"着色"选项，然后进行设置，色相：0，饱和度：100，明度：−25，如图 5-13-3 所示，将花蕊以外的花朵颜色调整为红色，效果如图 5-13-4 所示。

3．按 Shift+Ctrl+I 组合键，反选花以外的区域，执行【图像/调整/"亮度/对比度"】命令，在打开的对话框中，进行设置，亮度：−50，对比度：+60，如图 5-13-5 所示。效果如图 5-13-6 所示。

图 5-13-3　　　　　　　　　　　　　　图 5-13-4

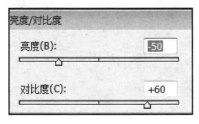

图 5-13-5　　　　　　　　　　　　　　图 5-13-6

二、改变文件模式

执行【图像/模式/索引颜色】命令，在打开的对话框中，设置参数如图 5-13-7 所示，从而将文件的模式设为 256 色色彩限制的彩色模式。最终效果如图 5-13-1 所示。

图 5-13-7

三、保存文件

将最终结果以 Xps5-13.tif 为文件名保存在考生文件夹中。

5.14 更清晰红色花蕊(第 14 题)

【操作要求】

通过调整，使图像更清晰，花蕊的颜色变成红色，最终效果如图 5-14-1 所示。

1. 调出文件 Yps5-14.tif，如图 5-14-2 所示。

图 5-14-1　　　　　　　　　　　　　图 5-14-2

2. 将图像的亮度提高，并将黄色花蕊通过改变油墨百分比调整成红色花蕊。
3. 将最终结果以 Xps5-14.tif 为文件名(CMYK 模式)保存在考生文件夹中。

【操作步骤】

一、提高图像的亮度

打开文件 Yps5-14.tif，执行【图像/调整/曲线】命令，在打开的对话框中，进行设置，输入：50，输出：80，如图 5-14-3 所示。效果如图 5-14-4 所示。

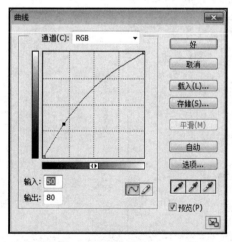

图 5-14-3　　　　　　　　　　　　　图 5-14-4

二、将黄色花蕊调整成红色花蕊

执行【图像/调整/替换颜色】命令，在打开的对话框中，进行设置，颜色容差取 80，点选"选区",再单击"添加到取样"按钮 ![], 在对话框的预览区中单击各个花蕊,使花蕊全部显出。然后再进行设置,色相:-85,饱和度:+28,明度:+12,如图 5-14-5 所示。最终效果如图 5-14-1 所示。

图 5-14-5

三、保存文件

执行【图像/模式/CMYK 模式】命令,然后,将最终结果以 Xps5-14.tif 为文件名保存在考生文件夹中。

5.15 灰暗图像变鲜艳(第 15 题)

【操作要求】

通过调整,将灰暗的图像制作出非常鲜艳的色彩效果,最终效果如图 5-15-1 所示。
1. 调出 Yps5-15.tif 文件,如图 5-15-2 所示。

图 5-15-1

图 5-15-2

2. 将灰蒙蒙、色彩暗淡的图像调整成非常鲜艳的效果(反差提高，饱和度提高)。

3. 将最终结果以 Xps5-14.tif 为文件名(256 色色彩限制的彩色模式)保存在考生文件夹中。

【操作步骤】

一、提高图像整体亮度

打开 Yps5-15.tif 文件，执行【图像/调整/"亮度/对比度"】命令，在打开的对话框中，进行设置，亮度：+10，对比度：+35，如图 5-15-3 所示。效果如图 5-15-4 所示。

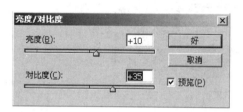

图 5-15-3

图 5-15-4

二、将花调整成非常鲜艳

1. 执行【图像/调整/"色相/饱和度"】命令，在打开的对话框中，进行设置，色相：-20，饱和度：+60，明度：0，如图 5-15-5 所示。效果如图 5-15-6 所示。

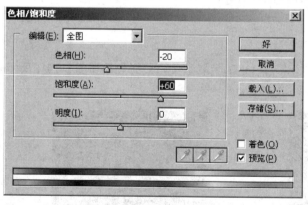

图 5-15-5

图 5-15-6

2. 执行【图像/调整/色彩平衡】命令，在打开的对话框中，设置"中间调"的色阶分别为 0、+100、+100，如图 5-15-7 所示；设置"高光"的色阶分别为 0、+50、-80，如图 5-15-8 所示。最终效果如图 5-15-1 所示。

3. 执行【图像/模式/索引颜色】命令，将文件的模式设为 256 色色彩限制的彩色模式。

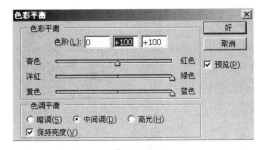
图 5-15-7

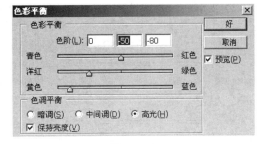
图 5-15-8

三、保存文件

将最终结果以 Xps5-14.tif 为文件名保存在考生文件夹中。

5.16 生硬图像变柔和(第 16 题)

【操作要求】

通过色彩调整，使原图更柔和，最终效果如图 5-16-1 所示。

1. 调出 Yps5-16.tif 文件，如图 5-16-2 所示。

图 5-16-1

图 5-16-2

2. 通过色彩调整，将颜色生硬、图像偏暗的原图像制作出亮度适中、颜色柔和的效果(降低饱和度，提高亮度反差度)。

3. 将最终结果以 Xps5-16.tif 为文件名(256 色色彩限制的彩色模式)保存在考生文件夹中。

【操作步骤】

一、降低图像的饱和度与色阶处理，使图像清晰

1. 打开文件 Yps5-16.tif，执行【图像/调整/"色相/饱和度"】命令，在打开的对话框中，进行设置，色相：0，饱和度：-32，明度：0，如图 5-16-3 所示。效果如图 5-16-4 所示。

图 5-16-3　　　　　　　　　　　　　　图 5-16-4

2．执行【图像/调整/色阶】命令，在打开的对话框中，设置输入色阶为(0　2.74　255)，如图 5-16-5 所示。效果如图 5-16-6 所示。

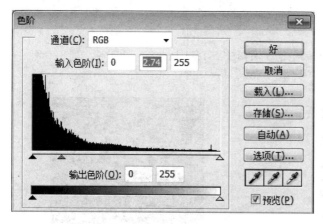

图 5-16-5　　　　　　　　　　　　　　图 5-16-6

二、提高图像的亮度，使图像柔和

执行【图像/调整/"亮度/对比度"】命令，在打开的对话框中，进行设置，亮度：+6，对比度：+12，如图 5-16-7 所示。效果如图 5-16-8 所示。

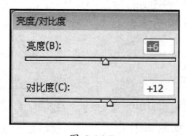

图 5-16-7　　　　　　　　　　　　　　图 5-16-8

三、再次降低图像的饱和度，使图像更清淅和柔和

执行【图像/调整/"色相/饱和度"】命令，在打开的对话框中，进行设置，饱和度：-6，如图 5-16-9 所示，完成图像颜色调整。最终效果如图 5-16-1 所示。

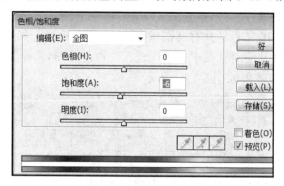

图 5-16-9

四、保存文件

1. 执行【图像/模式/索引颜色】命令，将文件的模式设为 256 色色彩限制的彩色模式。

2. 将最终结果以 Xps5-16.tif 为文件名保存在考生文件夹中。

5.17 单色图像(第 17 题)

【操作要求】

通过图像的备份、模式转换及色彩调整，制作出两幅单色图像(要求模式不同)，最终效果如图 5-17-1 和图 5-17-2 所示。

1. 调出 Yps5-17.tif 文件，如图 5-17-3 所示。

图 5-17-1　　　　　　　　　图 5-17-2　　　　　　　　　图 5-17-3

2. 将其中一幅通过色相调整作出单色效果，并以 Xps5a-17.tif(CMYK 模式)为文件名保存在考生文件夹中。

3. 将另一幅通过模式转换制作出单色效果，并以 Xps5b-17.tif 为文件名(双色调模式，

纯红、纯黄两色)保存在考生文件夹中。

【操作步骤】

一、制作蓝色的图像

1．打开 Yps5-17.tif 文件，执行【图像/调整/去色】命令，然后，执行【图像/调整/色彩平衡】命令，在打开的对话框中，进行设置，青色：-84，洋红：-28，蓝色：-100，如图 5-17-4 所示，最终效果如图 5-17-1 所示。

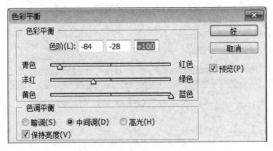

图 5-17-4

2．执行【图像/模式/CMYK 颜色】命令，并以 Xps5a-17.tif 为文件名保存在考生文件夹中。

二、制作双色调模式的图像

1．打开 Yps5-17.tif 文件，执行【图像/模式/灰度】命令，然后，执行【图像/模式/双色调】命令，在打开的对话框中，选择"双色调"类型，双击"油墨 1"的色块，在打开的色板中进行设置，油墨 1：R255 G90 B100(淡红色)；双击"油墨 2"的色块，在打开的色板中进行设置，油墨 2：R255 G255 B255(白色)，如图 5-17-5 所示。最终效果如图 5-17-2 所示。

注意：如果用试题的要求"双色模式，纯红、纯黄两色"，绘制不出试题本身的最终效果图，颜色效果会偏黄，而如果"油墨 2：R255 G255 B255 (白色)"，则能与试题最终效果图的色彩效果一致。

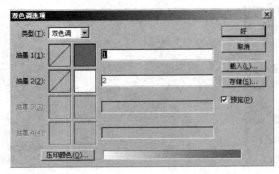

图 5-17-5

2．以 Xps5b-17.psd 为文件名保存在考生文件夹中。

注意：试题是要求以 Xps5b-17.tif 为文件名进行保存，但双色调模式是不能以 *.tif 类型保存的，故用 Xps5b-17.psd 类型保存。

5.18 三色山菊(第 18 题)

【操作要求】

通过色彩调整，使一幅图像呈三种色彩效果，最终效果如图 5-18-1 所示。

1. 调出 Yps5-18.tif 文件，如图 5-18-2 所示。

图 5-18-1

图 5-18-2

2. 将图像分三部分进行调整，一部分呈灰度，一部分呈补色，一部分色相不变但饱和度提高。

3. 将最终结果以 Xps5-18.tif 为文件名(CMYK 模式)保存在考生文件夹中。

【操作步骤】

一、制作灰度部分

打开 Yps5-18.tif 文件，选用"椭圆选框工具" ◯ 在左上角的花朵上画一椭圆选框，执行【选择/羽化】命令，羽化半径取 20 像素，然后，执行【图像/调整/去色】命令，效果如图 5-18-3 所示。

二、制作补色部分

仍用"椭圆选框工具" ◯ 在右边的花朵上画一椭圆选框，执行【选择/羽化】命令，羽化半径取 20 像素，然后，执行【图像/调整/反相】命令，效果如图 5-18-4 所示。

图 5-18-3

图 5-18-4

三、制作色相不变但饱和度提高部分

仍用"椭圆选框工具" 在左下角的花朵上画一椭圆选框，执行【选择/羽化】命令，羽化半径取 20 像素。然后，执行【图像/调整/"色相/饱和度"】命令，在打开的对话框中，饱和度取+45，如图 5-18-5 所示，最终效果如图 5-18-1 所示。

图 5-18-5

四、保存文件

执行【图像/模式/CMYK 颜色】命令，将最终结果以 Xps5-18.tif 为文件名保存在考生文件夹中。

5.19 位图和双色调图像(第 19 题)

【操作要求】

通过对图像的备份、模式转换，将一幅 RGB 模式的图像制作成位图和双色调模式的图像，最终效果如图 5-19-1 和图 5-19-2 所示。

1．调出 Yps5-19.tif 文件，如图 5-19-3 所示，备份一个新文件。

图 5-19-1　　　　　　　　图 5-19-2　　　　　　　　图 5-19-3

2．对一文件进行模式转换，以 Xps5a-19.tif 为文件名(Diffusion Dither 的位图模式)保存在考生文件夹中。

3. 将另一文件以 Xps5b-19.tif 为文件名(双调色模式，单色 M100%)保存在考生文件夹中。

【操作步骤】

一、制作位图图像

1. 打开 Yps5-19.tif 文件，先执行【图像/模式/灰度】命令，再执行【图像/模式/位图】命令，在打开的对话框中，将"输出"设置为"82"，在"使用"栏中选择"扩散仿色"，如图 5-19-4 所示。最终效果如图 5-19-1 所示。

图 5-19-4

2. 以 Xps5a-19.tif 为文件名保存在考生文件夹中。

二、制作双色调图像

1. 打开 Yps5-19.tif 文件，先执行【图像/模式/灰度】命令，再执行【图像/模式/双调色】命令，在打开的对话框中选择"单调色"类型，双击油墨 1 的色块，在拾色器中进行设置，C：0%，M:100%，Y:0%，K:0%"，使油墨 1 颜色为洋红色，如图 5-19-5 所示。最终效果如图 5-19-2 所示。

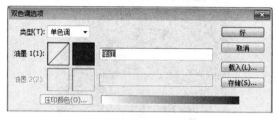

图 5-19-5

2. 以 Xps5b-19.psd 为文件名保存在考生文件夹中。

注意：试题是要求以 Xps5b-19.tif 为文件名保存，但双色调模式是不能以 *.tif 类型保存，故用 Xps5b-19.psd 类型保存。

5.20　图像整体颜色改变(第 20 题)

【操作要求】

通过色彩调整及模式转换，改变图像的整体颜色，最终效果如图 5-20-1 所示。

1. 调出 Yps5-20.tif 文件，如图 5-20-2 所示。

图 5-20-1　　　　　　　　　图 5-20-2

2．将倾斜的图像端正，并进行图像可视化调整(Variations)提高亮度，加重绿色。

3．将最终结果以 Xps5-20.tif 为文件名(索引彩色模式)保存在考生文件夹中。

【操作步骤】

一、提高图像的亮度和加重绿色

1．打开 Yps5-20.tif 文件，执行【图像/旋转画布/90°(逆时针)】命令。执行【图像/"亮度/对比度"】命令，在打开的对话框中设置"亮度"为"+50"，效果如图 5-20-3 所示。

图 5-20-3

2．执行【图像/调整/色彩平衡】命令，在打开的对话框中设置色阶(0 +36 0)，如图 5-20-4 所示，效果如图 5-20-5 所示。

3．执行【图像/调整/曲线】命令，在打开的对话框中进行设置，通道：绿，输入：108，输出：132，如图 5-20-6 所示。效果如图 5-20-7 所示。

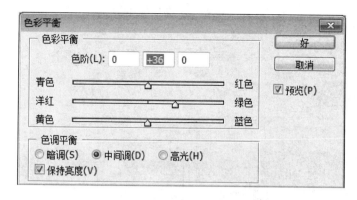

图 5-20-4　　　　　　　　　　　　图 5-20-5

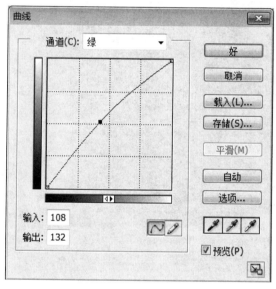

图 5-20-6　　　　　　　　　　　　图 5-20-7

4．执行【图像/调整/索引颜色】命令，最终效果如图 5-20-1 所示。

二、保存文件

将最终结果以 Xps5-20.tif 为文件名保存在考生文件夹中。

第二种方法：

1．打开 Yps5-20.tif 文件，执行【图像/旋转画布/90°(逆时针)】命令。

2．执行【图像/调整/变化】命令，在打开的"变化"对话框中，默认"中间色调"选项，单击三次"较亮"图案，单击一次"加深绿色"图案，如图 5-20-8 所示。最终效果如图 5-20-1 所示。

3．执行【图像/调整/索引颜色】命令，将最终结果以 Xps5-20.tif 为文件名保存在考生文件夹中。

图 5-20-8

第6单元 滤镜效果

6.1 灯光及浮雕纹理(第1题)

【操作要求】

通过对图像进行滤镜处理，产生特殊的灯光效果及浮雕纹理效果。

1．调出文件 Yps6a-01.tif，如图 6-1-1 所示，作出落地灯的光线效果(白光、绿光)，将最终结果(如图 6-1-2 所示)以 Xps6a-01.tif 为文件名保存在考生文件夹中。

图 6-1-1

图 6-1-2

2．调出文件 Yps6b-01.tif，如图 6-1-3 所示，作出镜头光折射效果，最终结果如图 6-1-4 所示，以 Xps6b-01.tif 为文件名保存在考生文件夹中。

图 6-1-3

图 6-1-4

3．调出文件 Yps6a-01.tif、Yps6c-01.tif，如图 6-1-1 和图 6-1-5 所示，作出有浮雕纹理效果，将最终结果如图 6-1-6 所示，以 Xps6c-01.tif 为文件名保存在考生文件夹中。

图 6-1-5

图 6-1-6

【操作步骤】

一、灯光效果

1. 调出文件 Yps6a-01.tif，执行【滤镜/渲染/光照效果】命令，在打开的对话框中，先将光照椭圆大致调整为预览框中的形状与位置，然后设置参数如图 6-1-7 所示，再细调光效椭圆的形状与位置，光源要在灯罩上。使原图产生的光照效果如图 6-1-8 所示。

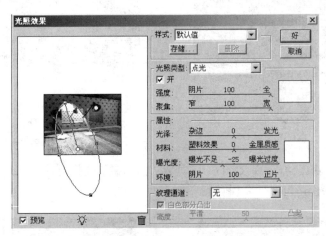
图 6-1-7

图 6-1-8

2．按住 Alt 键，光标放在第一盏灯的中心点，压住鼠标左键拖出第二盏灯，将光照椭圆大概调整为预览框中的形状与位置，原来参数不变，但将光源改为纯绿色(R0 G255 B0)，如图 6-1-9 所示。最终效果如图 6-1-2 所示。

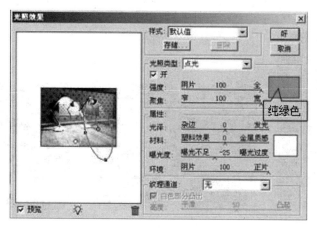

图 6-1-9

3．将最终效果以 Xps6a-01.tif 为文件名保存到考生文件夹中。

二、镜头光折射效果

1．调出文件 Yps6b-01.tif，执行【滤镜/渲染/镜头光晕】命令，在打开的对话框中，进行设置，亮度：100%，镜头类型：50-300 毫米变焦，并将光晕"+"移到"光晕中心"的右上角，如图 6-1-10 所示。最终效果如图 6-1-4 所示。

图 6-1-10

2．将最终效果以 Xps6b-01.tif 为文件名保存在考生文件夹中。

三、图像的浮雕效果

1．调出文件 Yps6a-01.tif、Yps6c-01.tif。

2．在文件 Yps6c-01.tif 中，选用"魔棒工具"，在属性栏中点选"添加到选区"选项，并取容差为 60 像素。然后，在黑色区域上单击，选中黑色区域。此时，图 6-1-11

203

中白色圆中的黑色区域并没选中，在其中单击一下选中，然后，按 Ctrl+Shift+I 组合键反选，选中篮子和果子。再按 Ctrl+V 组合键复制篮子和果子。

3．在文件 Yps6a-01.tif 中，调出"通道面板"，新建一个 Alpha 1 通道，按 Ctrl+V 组合键粘贴篮子和果子，如图 6-1-12 所示。经旋转和移动放置成如图 6-1-13 所示。

图 6-1-11

图 6-1-12

图 6-1-13

4．单击图层面板的背景层，执行【滤镜/渲染/光照效果】命令，在打开的对话框中，将光照椭圆和参数调整成如图 6-1-14 所示。最终效果如图 6-1-6 所示。

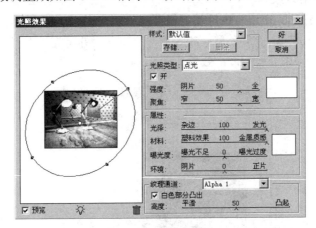
图 6-1-14

5．将最终效果以 Xps6c-01.tif 为文件名保存在考生文件夹中。

6.2　石雕素描挂网(第 2 题)

【操作要求】

通过对图像进行滤镜处理，产生特殊的石雕、素描、挂网效果。

1．调出文件 Yps6a-02.tif，如图 6-2-1 所示，对图像进行浮雕处理后再进行漫射处理(背景为白色)，产生一种石雕效果，最终结果如图 6-2-2 所示，以 Xps6a-02.tif 为文件名保存在考生文件夹中。

图 6-2-1

图 6-2-2

2．调出文件 Yps6a-02.tif，对图像进行勾勒边界的效果处理。最终结果如图 6-2-3 所示，以 Xps6b-02.tif 为文件名保存在考生文件夹中。

3．调出文件 Yps6a-02.tif，对图像进行磁砖效果处理。最终结果如图 6-2-4 所示，以 Xps6c-02.tif 为文件名保存在考生文件夹中。

图 6-2-3

图 6-2-4

【操作步骤】

一、石雕效果

1．调出文件 Yps6a-02.tif，执行【滤镜/风格化/浮雕效果】命令，在打开的对话框中进行设置，角度：-60 度，高度：10 像素，数量：115%，如图 6-2-5 所示。效果如图 6-2-6 所示。

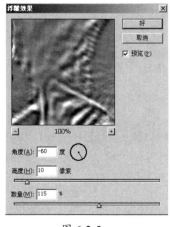

图 6-2-5

图 6-2-6

205

2．执行【图像/调整/去色】命令，效果如图 6-2-7 所示。

3．置背景色为白色(前景色为任意颜色均可)执行【滤镜/扭曲/扩散亮光】命令，在打开的对话框中进行设置，粒度：-6，发光量：10，清除数量：15，如图 6-2-8 所示。最终效果如图 6-2-2 所示。

图 6-2-7

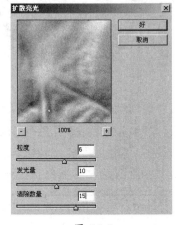
图 6-2-8

4．将最终结果以 Xps6a-02.tif 为文件名保存在文件夹中。

二、素描效果

1．调出文件 Yps6a-02.tif，执行【滤镜/风格化/查找边缘】命令，最终效果如图 6-2-3 所示。

2．将最终结果以 Xps6b-02.tif 为文件名保存在考生夹中。

三、磁砖效果

1．调出文件 Yps6a-02.tif，将背景设为白色。执行【滤镜/风格化/拼贴】命令，在打开的对话框中设置参数如图 6-2-9 所示。最终效果如图 6-2-4 所示。

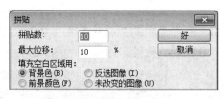
图 6-2-9

2．将最终结果以 Xps6c-02.tif 为文件名保存在考生文件夹中。

6.3　模糊(第 3 题)

【操作要求】

通过对图像进行滤镜处理，产生各种特殊的模糊效果。

1．调出文件 Yps6a-03.psd，如图 6-3-1 所示，对图像进行模糊处理产生运动效果。最终结果如图 6-3-2 所示，以 Xps6a-03.tif 为文件名保存在考生文件夹中。

图 6-3-1

图 6-3-2

2. 调出文件 Yps6b-03.psd，如图 6-3-3 所示，对图像进行模糊处理。最终结果如图 6-3-4 所示，以 Xps6b-03.tif 为文件名保存在考生文件夹中。

图 6-3-3

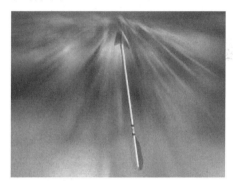
图 6-3-4

3. 调出文件 Yps7-05.tif，如图 6-3-5 所示，对图像进行模糊处理。最终结果如图 6-3-6 所示，以 Xps6c-03.tif 为文件名保存在考生文件夹中。

图 6-3-5

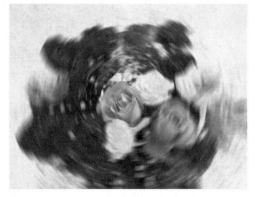
图 6-3-6

【操作步骤】

一、飞机的运动效果

1. 打开文件 Yps6a-03.psd，选中 Layer 1 copy 图层，按 Ctrl+J 组合键复制一个 Layer

207

1 copy 副本，选择 Layer 1 copy 图层，执行【滤镜/模糊/动感模糊】命令，在打开的对话框中进行设置，角度：60 度，距离：530 像素，如图 6-3-7 所示，使 Layer 1 copy 图层上的飞机变为气流状态，效果如图 6-3-8 所示。

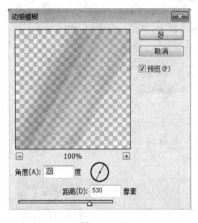

图 6-3-7　　　　　　　　　　　　　　图 6-3-8

2．按 Ctrl+T 组合键，用"移动工具"将气流调到飞机的尾部，再以气流的中心作顺时针旋转约 8 度，如图 6-3-9 所示，按 Enter 键确认旋转操作。

图 6-3-9

3．选中 Layer 1 copy 副本，执行【滤镜/模糊/动感模糊】命令，在打开的对话框中进行设置，角度：60 度、距离：7 像素，最终效果如图 6-3-2 所示。

4．将最终结果以 Xps6a-03.tif 为文件名保存在考生文件夹中。

二、箭的运动效果

1．打开文件 Yps6b-03.psd，选中背景图层，执行【滤镜/模糊/径向模糊】命令，在打开的对话框中进行设置，数量：80，模糊方式：缩放，品质：好，并在"中心模糊"中将"中心点"调到正上中间，如图 6-3-10 所示。效果如图 6-3-11 所示。

2．选中 Layer 1 图层，按 Ctrl+T 组合键，在属性栏中设置旋转框：-9.0 度，以箭顶点为中心作逆时针旋转约 9 度。然后，用鼠标右键单击箭头，在弹出的快捷菜单中选择"透视"选项，将箭头作透视处理，效果如图 6-3-12 所示，按 Enter 键确认旋转和透视操作。

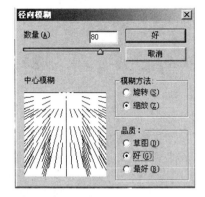

图 6-3-10

图 6-3-11

图 6-3-12

3．选用"磁性套索工具"，选中箭头，然后，执行【选择/羽化】命令，羽化半径取 2 像素。

4．执行【滤镜/模糊/径向模糊】命令，在打开的对话框中进行设置，数量：100，模糊方式：缩放，品质：好，最终效果如图 6-3-4 所示。

5．最终结果以 Xps6b-03.tif 为文件名保存在考生文件夹中。

三、花的模糊效果

1．打开文件 Yps7-05.tif，选中背景图层，执行【滤镜/模糊/径向模糊】命令，在打开的对话框中进行设置，数量：6，模糊方式：旋转，品质：最好，如图 6-3-13 所示。最终效果如图 6-3-6 所示。

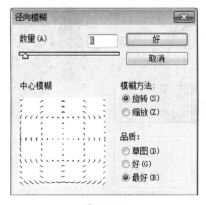

图 6-3-13

2．将最终结果以 Xps6c-03.tif 为文件名保存在考生文件夹中。

6.4　变形1(第4题)

【操作要求】

通过对图像进行滤镜处理，产生各种变形效果。

1．调出文件 Yps8b-20.tif，如图 6-4-1 所示，对图像进行变形处理。最终结果如图 6-4-2 所示，以 Xps6a-04.tif 为文件名保存在考生文件夹中。

图 6-4-1

图 6-4-2

2．调出文件 Yps7-05.tif，如图 6-4-3 所示，对图像进行变形处理，产生旋涡效果。最终结果如图 6-4-4 所示，以 Xps6b-04.tif 为文件名保存在考生文件夹中。

图 6-4-3

图 6-4-4

3．调出文件 Yps7-05.tif，对图像进行模糊处理。最终结果如图 6-4-5 所示，以 Xps6c-04.tif 为文件名保存在考生文件夹中。

图 6-4-5

【操作步骤】

一、楼的极坐标效果

1. 打开文件 Yps8b-20.tif，执行【滤镜/扭曲/极坐标】命令，在打开的对话框中进行设置，选项：平面坐标到极坐标，如图 6-4-6 所示。最终效果如图 6-4-2 所示。

2. 将最终结果以 Xps6a-04.tif 为文件名保存在考生文件夹中。

二、花的旋涡效果

1. 打开文件 Yps7-05.tif，执行【滤镜/扭曲/旋转扭曲】命令，在打开的对话框中进行设置，角度：575 度，如图 6-4-7 所示。最终效果如图 6-4-4 所示。

图 6-4-6

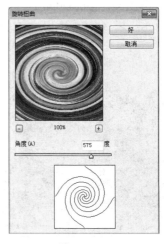

图 6-4-7

2. 将最终结果以 Xps6b-04.tif 为文件名保存在考生文件夹中。

三、花的模糊效果

1. 打开文件 Yps7-05.tif，选中背景图层，执行【滤镜/扭曲/波汶】命令，在打开的对话框中进行设置，数量：720%，大小：中，如图 6-4-8 所示。最终效果如图 6-4-5 所示。

2. 将最终结果以 Xps6c-04.tif 为文件名保存在文件夹中。

图 6-4-8

6.5 波纹(第 5 题)

【操作要求】

通过对图像进行滤镜处理,产生各种波纹效果。

1．调出文件 Yps7-05.tif,如图 6-5-1 所示,对图像进行正弦波处理。最终结果如图 6-5-2 所示,以 Xps6a-05.tif 为文件名保存在考生文件夹中。

图 6-5-1　　　　　　　　　　　　图 6-5-2

2．调出文件 Yps7-05.tif,对图像进行三角波处理。最终结果如图 6-5-3 所示,以 Xps6b-05.tif 为文件名保存在考生文件夹中。

3．调出文件 Yps7-05.tif,对图像进行方波处理。最终结果如图 6-5-4 所示,以 Xps6c-05.tif 为文件名保存在考生文件夹中。

图 6-5-3   图 6-5-4

【操作步骤】

一、花的正弦波效果

1．打开文件 Yps7-05.tif，执行【滤镜/扭曲/波浪】命令，在打开的对话框中进行设置，类型：正弦，生成器数：1，波长：最小 30、最大 30，波幅：最小 25、最大 25，比例：水平 100%、垂直 100%，如图 6-5-5 所示。最终效果如图 6-5-2 所示。

2．将最终结果以 Xps6a-05.tif 为文件名保存在考生文件夹中。

二、花的三角波效果

1．打开文件 Yps7-05.tif，执行【滤镜/扭曲/波浪】命令，在打开的对话框中进行设置，类型：三角形，生成器数：1，波长：最小 20、最大 30、波幅：最小 20、最大 30，比例：水平 100%、垂直 100%，如图 6-5-6 所示。最终效果如图 6-5-3 所示。

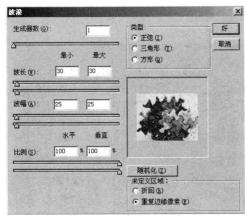   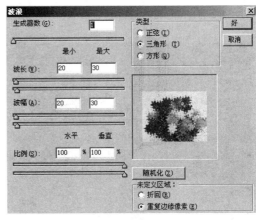

图 6-5-5   图 6-5-6

2．将最终结果以 Xps6b-05.tif 为文件名保存在考生文件夹中。

三、花的模糊效果

1．打开文件 Yps7-05.tif，选中背景图层，执行【滤镜/扭曲/波浪】命令，在打开的对话框中进行设置，类型：方形，生成器数：1，波长：最小 20、最大 20，波幅：最小 20、最大 20，比例：水平 100%、垂直 100%，如图 6-5-7 所示。最终效果如图 6-5-4 所示。

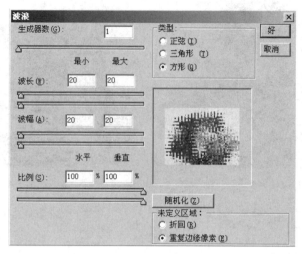

图 6-5-7

2．将最终结果以 Xps6c-05.tif 为文件名保存在考生文件夹中。

6.6 扭曲挤压球体化效果(第 6 题)

【操作要求】

通过对图像进行滤镜处理，产生扭曲、挤压、球体化效果。

1．调出文件 Yps6a-06.tif，如图 6-6-1 所示，对图像进行挤压处理。最终结果如图 6-6-2 所示，以 Xps6a-06.tif 为文件名保存在考生文件夹中。

图 6-6-1

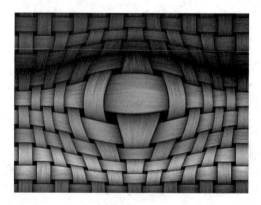
图 6-6-2

2．调出文件 Yps6a-06.tif，对图像进行球体化处理。最终结果如图 6-6-3 所示，以 Xps6b-06.tif 为文件名保存在考生文件夹中。

3．调出文件 Yps6c-06.tif，如图 6-6-4 所示，对图像进行模糊处理。最终结果如图 6-6-5 所示，以 Xps6c-06.tif 为文件名保存在考生文件夹中。

214

图 6-6-3

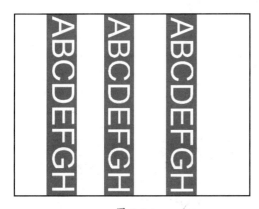

图 6-6-4

图 6-6-5

【操作步骤】

一、图案的挤压效果

1. 打开文件 Yps6a-06.tif，执行【滤镜/扭曲/挤压】命令，在打开的对话框中进行设置，数量取-100%，如图 6-6-6 所示。最终效果如图 6-6-2 所示。

2. 将最终结果以 Xps6a-06.tif 为文件名保存在考生文件夹中。

二、图案的球体化效果

1. 打开文件 Yps6a-06.tif，执行【滤镜/扭曲/球面化】命令，在打开的对话框中进行设置数量：100%，模式：正常，如图 6-6-7 所示。最终效果如图 6-6-3 所示。

2. 将最终结果以 Xps6b-06.tif 为文件名保存在考生文件夹中。

三、图案的切变效果

1. 打开文件 Yps6c-06.tif，执行【滤镜/扭曲/切变】命令，在打开的对话框中，将切变线调成如图 6-6-8 所示，并选择"折回"。最终效果如图 6-6-5 所示。

2. 将最终结果以 Xps6c-06.tif 为文件名保存在考生文件夹中。

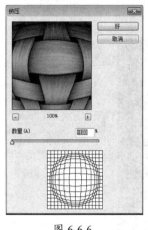
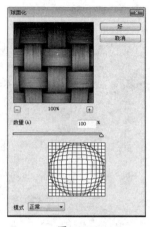
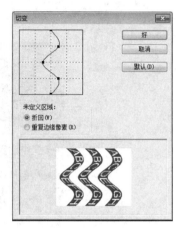

图 6-6-6　　　　　　　　　图 6-6-7　　　　　　　　　图 6-6-8

6.7　质地 1(第 7 题)

【操作要求】

通过对图像进行滤镜处理，产生各种质地效果。

1. 调出文件 Yps6a-07.tif，如图 6-7-1 所示，对图像进行水涟漪效果处理。最终结果如图 6-7-2 所示，以 Xps6a-07.tif 为文件名保存在考生文件夹中。

图 6-7-1　　　　　　　　　　　　　　　　图 6-7-2

2. 调出文件 Yps7-05.tif，如图 6-7-3 所示，对图像进行风的效果处理。最终结果如图 6-7-4 所示，以 Xps6b-07.tif 为文件名保存在考生文件夹中。

图 6-7-3　　　　　　　　　　　　　　　　图 6-7-4

3．调出文件 Yps7-05.tif 对图像进行玻璃质地的效果处理。最终结果如图 6-7-5 所示，以 Xps6c-07.tif 为文件名保存在考生文件夹中。

图 6-7-5

【操作步骤】

一、图案的水涟漪效果

1．打开文件 Yps6a-07.tif，执行【滤镜/扭曲/水波】命令，在打开的对话框中进行设置，数量：70%，起伏：20，样式：围绕中心，如图 6-7-6 所示。最终效果如图 6-7-2 所示。

2．将最终结果以 Xps6a-06.tif 为文件名保存在考生文件夹中。

二、图案的风效果

1．打开文件 Yps7-05.tif，执行【滤镜/风格化/风】命令，在打开的对话框中进行设置，方法：风，方向：从左，如图 6-7-7 所示。最终效果如图 6-7-4 所示。

2．将最终结果以 Xps6b-07.tif 为文件名保存在考生文件夹中。

三、图案的玻璃质地效果

1．打开文件 Yps7-05.tif，执行【滤镜/扭曲/玻璃】命令，在打开的对话框中，进行设置，扭曲度：4，平滑度：5，纹理：结霜，缩放：100%，如图 6-7-8 所示。最终效果如图 6-7-5 所示。

图 6-7-6

图 6-7-7

图 6-7-8

2．将最终结果以 Xps6c-07.tif 为文件名保存在考生文件夹中。

6.8 块状(第 8 题)

【操作要求】

通过对图像进行滤镜处理，产生块状化效果。

1．调出文件 Yps7-05.tif，如图 6-8-1 所示，对图像进行晶体化处理。最终结果如图 6-8-2 所示，以 Xps6a-08.tif 为文件名保存在考生文件夹中。

图 6-8-1　　　　　　　　　　　　　图 6-8-2

2．调出文件 Yps7-05.tif，对图像进行圆点分块处理。最终结果如图 6-8-3 所示，以 Xps6b-08.tif 为文件名保存在考生文件夹中。

3．调出文件 Yps7-05.tif，对图像进行彩色半色调处理。最终结果如图 6-8-4 所示，以 Xps6c-08.tif 为文件名保存在考生文件夹中。

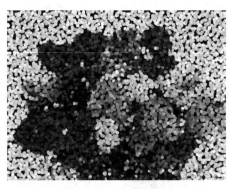 

图 6-8-3　　　　　　　　　　　　　图 6-8-4

【操作步骤】

一、图案的晶格化效果

1．打开文件 Yps7-05.tif，执行【滤镜/像素化/晶格化】命令，在打开的对话框中进行设置，单元格大小取 6，如图 6-8-5 所示。最终效果如图 6-8-2 所示。

2. 将最终结果以 Xps6a-08.tif 为文件名保存在考生文件夹中。

二、图案的点状化效果

1. 打开文件 Yps7-05.tif，将背景色设为黑色，执行【滤镜/像素化/点状化】命令，在打开的对话框中进行设置，单元格大小取 8，如图 6-8-6 所示。最终效果如图 6-8-3 所示。

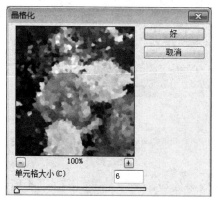

图 6-8-5

图 6-8-6

2. 将最终结果以 Xps6b-08.tif 为文件名保存在考生文件夹中。

三、图案的彩色半色调效果

1. 打开文件 Yps7-05.tif，执行【滤镜/像素化/彩色半调】命令，在打开的对话框中进行设置，最大半径：8，通道 1：108，通道 2：162，通道 3：90，通道 4：45，如图 6-8-7 所示。最终效果如图 6-8-4 所示。

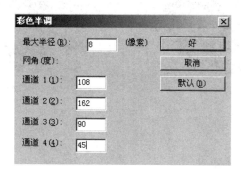

图 6-8-7

2. 将最终结果以 Xps6c-08.tif 为文件名保存在考生文件夹中。

6.9　虚化块状(第 9 题)

【操作要求】

通过对图像进行滤镜处理，产生虚化、块状化等效果。

1. 调出文件 Yps7-05.tif，如图 6-9-1 所示，对图像进行不聚焦虚化处理。最终结果如图 6-9-2 所示，以 Xps6a-09.tif 为文件名保存在考生文件夹中。

图 6-9-1

图 6-9-2

2．调出文件 Yps7-05.tif，对图像进行点画处理。最终结果如图 6-9-3 所示，以 Xps6b-09.tif 为文件名保存在考生文件夹中。

3．调出文件 Yps7-05.tif，对图像进行晶体化效果处理。最终结果如图 6-9-4 所示，以 Xps6c-09.tif 为文件名保存在考生文件夹中。

图 6-9-3

图 6-9-4

【操作步骤】

一、图案的不聚焦虚化效果

1．打开文件 Yps7-05.tif，执行【滤镜/像素化/碎块】命令，直接产生最终效果，如图 6-9-2 所示。

2．将最终结果以 Xps6a-09.tif 为文件名保存在考生文件夹中。

二、图案的点化效果

1．打开文件 Yps7-05.tif，执行【滤镜/像素化/铜板雕刻】命令，在打开的对话框中进行设置，类型取中等点，如图 6-9-5 所示。最终效果如图 6-9-3 所示。

2．将最终结果以 Xps6b-09.tif 为文件名保存在考生文件夹中。

三、图案的晶体化效果

1．打开文件 Yps7-05.tif，执行【滤镜/像素化/马赛克】命令，在打开的对话框中进行设置，单元格大小取 7，如图 6-9-6 所示。最终效果如图 6-9-4 所示。

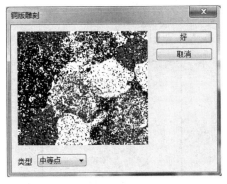

图 6-9-5　　　　　　　　　　　　　图 6-9-6

2．将最终结果以 Xps6c-09.tif 为文件名保存在考生文件夹中。

6.10　立体边界(第 10 题)

【操作要求】

通过对图像进行滤镜处理，产生立体块状化、勾勒边界效果。

1．调出文件 Yps6a-10.tif，如图 6-10-1 所示，对图像进行立体化块状处理。最终结果如图 6-10-2 所示，以 Xps6a-10.tif 为文件名保存在考生文件夹中。

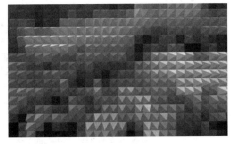

图 6-10-1　　　　　　　　　　　　　图 6-10-2

2．调出文件 Yps6b-10.tif，如图 6-10-3 所示，对图像进行彩色勾边(类似灯管效果)。最终结果如图 6-10-4 所示，以 Xps6b-10.tif 为文件名保存在考生文件夹中。

图 6-10-3　　　　　　　　　　　　　图 6-10-4

221

3．调出文件 Yps6c-10.tif，如图 6-10-5 所示，对图像进行描边处理。最终结果如图 6-10-6 所示，以 Xps6c-10.tif 为文件名保存在考生文件夹中。

图 6-10-5

图 6-10-6

【操作步骤】

一、图案的立体化块状效果

1．打开文件 Yps6a-10.tif，执行【滤镜/风格化/凸出】命令，在打开的对话框中进行设置，类型：金字塔，大小：20，深度：20，基于色阶，如图 6-10-7 所示。最终效果如图 6-10-2 所示。

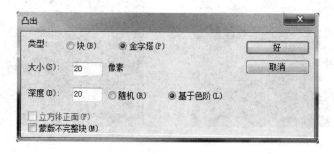
图 6-10-7

2．将最终结果以 Xps6a-10.tif 为文件名保存在考生文件夹中。

二、图案的彩色勾边效果

1．打开文件 Yps6b-10.tif，执行【滤镜/风格化/照亮边缘】命令，在打开的对话框中进行设置，边缘宽度：3，边缘亮度：8，平滑度：5，如图 6-10-8 所示。最终效果如图 6-10-4 所示。

2．将最终结果以 Xps6b-10.tif 为文件名保存在考生文件夹中。

三、图案的晶体化效果

1．打开文件 Yps6c-10.tif，执行【滤镜/风格化/等高线】命令，在打开的对话框中进行设置，色阶：128，边缘：较高，如图 6-10-9 所示。最终效果如图 6-10-6 所示。

2．将最终结果以 Xps6c-10.tif 为文件名保存在考生文件夹中。

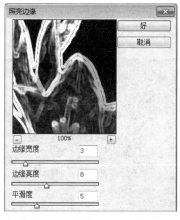
图 6-10-8

图 6-10-9

6.11 质地 2(第 11 题)

【操作要求】

通过对图像进行滤镜处理，产生各种质地效果。

1. 调出文件 Yps6a-11.tif，如图 6-11-1 所示，对图像进行质地处理。最终结果如图 6-11-2 所示，以 Xps6a-11.tif 为文件名保存在考生文件夹中。

图 6-11-1

图 6-11-2

2. 调出文件 Yps6b-11.tif，如图 6-11-3 所示，对图像进行质地处理(类似马赛克效果)。最终结果如图 6-11-4 所示，以 Xps6b-11.tif 为文件名保存在考生文件夹中。

图 6-11-3

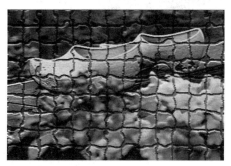
图 6-11-4

3．调出文件 Yps6c-11.tif，如图 6-11-5 所示，对图像进行质地处理(类似砖墙效果)。最终结果如图 6-11-6 所示，以 Xps6c-11.tif 为文件名保存在考生文件夹中。

图 6-11-5

图 6-11-6

【操作步骤】

一、图案的龟裂纹效果

1．打开文件 Yps6a-11.tif，执行【滤镜/纹理/龟裂纹】命令，在打开的对话框中，进行设置，裂缝间距：15，裂缝深度：1，裂缝亮度：2，如图 6-11-7 所示。最终效果如图 6-11-2 所示。

2．将最终结果以 Xps6a-11.tif 为文件名保存在考生文件夹中。

二、图案的马赛克效果

1．打开文件 Yps6b-11.tif，执行【滤镜/纹理/马赛克拼贴】命令，在打开的对话框中，进行设置，拼贴大小：29，缝隙宽度：3，加亮缝隙：4，如图 6-11-8 所示。最终效果如图 6-11-4 所示。

图 6-11-7

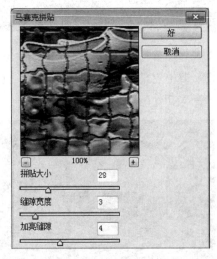

图 6-11-8

224

2．将最终结果以 Xps6b-11.tif 为文件名保存在考生文件夹中。

三、图案的砖墙效果

1．打开文件 Yps6c-11.tif，执行【滤镜/纹理/拼缀图】命令，在打开的对话框中，进行设置，平方大小：4，凸现：8，如图 6-11-9 所示。最终效果如图 6-11-6 所示。

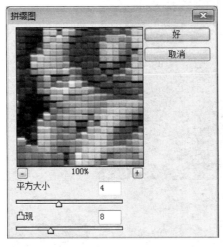

图 6-11-9

2．将最终结果以 Xps6c-11.tif 为文件名保存在考生文件夹中。

6.12 质地 3(第 12 题)

【操作要求】

通过对图像进行滤镜处理，产生各种质地效果。

1．调出文件 Yps6a-12.tif，如图 6-12-1 所示，对图像进行玻璃质地处理。最终结果如图 6-12-2 所示，以 Xps6a-12.tif 为文件名保存在考生文件夹中。

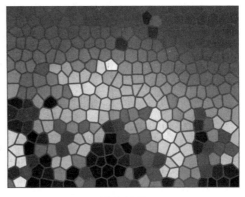

图 6-12-1　　　　　　　　　　　　　　图 6-12-2

2．调出文件 Yps6a-12.tif，对图像进行凹凸质地处理。最终结果如图 6-12-3 所示，以 Xps6b-12.tif 为文件名保存在考生文件夹中。

3．调出文件 Yps6c-12.tif、Yps6d-12.tif，如图 6-12-4 和图 6-12-5 所示。在 Yps6d-12.tif 文件中制作出用 Yps6c-12.tif 文件平铺的凹凸质地效果。最终结果如图 6-12-6 所示，以 Xps6c-12.tif 为文件名保存在考生文件夹中。

图 6-12-3

图 6-12-4

图 6-12-5

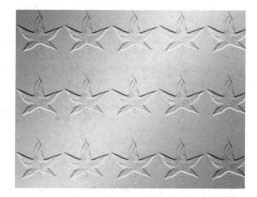

图 6-12-6

【操作步骤】

一、图案的玻璃效果

1．打开文件 Yps6a-12.tif，执行【滤镜/纹理/染色玻璃】命令，在打开的对话框中，进行设置，单元格大小：10，边框粗细：4，光照强度：2，如图 6-12-7 所示。最终效果如图 6-12-2 所示。

2．将最终结果以 Xps6a-12.tif 为文件名保存在考生文件夹中。

二、图案的凹凸效果

1．打开文件 Yps6a-12.tif，执行【滤镜/纹理/纹理化】命令，在打开的对话框中，进行设置，纹理：粗麻布，缩放：115，凸现：8，光照方向：顶，如图 6-12-8 所示。最终效果如图 6-12-3 所示。

2．将最终结果以 Xps6b-12.tif 为文件名保存在考生文件夹中。

三、图案的纹理载入

1．打开文件 Yps6d-12.tif，执行【滤镜/纹理/纹理化】命令，在打开的对话框中，先在"纹理"栏中拉出"载入纹理",在打开文件的"打开"框中找到 Yps6c-12.tif,单击"打开"按钮后,Yps6c-12.tif 会以纹理的形式出现在预览栏中,如图 6-12-9 所示。

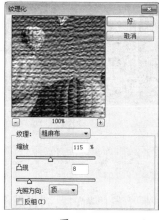
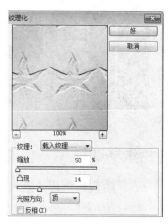

图 6-12-7　　　　　　　　　图 6-12-8　　　　　　　　　图 6-12-9

2．进行设置,缩放:50%,凸现:14,光照方向:顶,最终效果如图 6-12-6 所示。

3．将最终结果以 Xps6c-12.tif 为文件名保存在考生文件夹中。

6.13　负片变形(第 13 题)

【操作要求】

通过对图像进行滤镜处理,产生负片、变形等效果。

1．调出文件 Yps6a-13.tif,如图 6-13-1 所示,对图像进行负片处理,将最终结果如图 6-13-2 所示,以 Xps6a-13.tif 为文件名保存在考生文件夹中。

图 6-13-1　　　　　　　　　　　　　　图 6-13-2

2．调出文件 Yps6a -13.tif,对图像进行点画处理,最终结果如图 6-13-3 所示,以 Xps6b-13.tif 为文件名保存在考生文件夹中。

3．调出文件 Yps6a -13.tif,对图像进行极坐标变形处理。最终结果如图 6-13-4 所示,以 Xps6c-13.tif 为文件名保存在考生文件夹中。

227

图 6-13-3

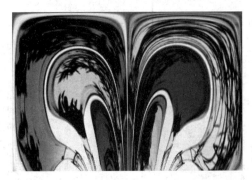
图 6-13-4

【操作步骤】

一、图案的负片效果

1．打开文件 Yps6a-13.tif，置前景色为白色，背景色为黑色，执行【滤镜/渲染/分层云彩】命令，直接产生最终效果如图 6-13-2 所示。

2．将最终结果以 Xps6a-13.tif 为文件名保存在考生文件夹中。

二、图案的马赛克效果

1．打开文件 Yps6a-13.tif，执行【滤镜/像素化/铜版雕刻】命令，在打开的对话框中，设置类型为短线，如图 6-13-5 所示。最终效果如图 6-13-3 所示。

2．将最终结果以 Xps6b-13.tif 为文件名保存在考生文件夹中。

三、图案的砖墙效果

1．打开文件 Yps6a-13.tif，执行【滤镜/扭曲/极坐标】命令，在打开的对话框中，设置"极坐标到平面坐标"，如图 6-13-6 所示，最终效果如图 6-13-4 所示。

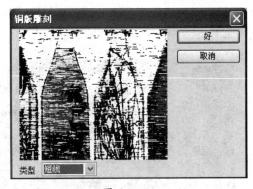
图 6-13-5

图 6-13-6

2．将最终结果以 Xps6c-13.tif 为文件名保存在考生文件夹中。

6.14 塑包、压印、网线阴影效果(第 14 题)

【操作要求】

通过对图像进行滤镜处理，产生塑包、压印、网线阴影效果。

1. 调出文件 Yps6a-14.tif，如图 6-14-1 所示，对图像进行塑包效果处理。最终结果如图 6-14-2 所示，以 Xps6a-14.tif 为文件名保存在考生文件夹中。

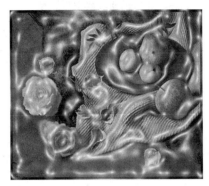

图 6-14-1　　　　　　　　　　　　图 6-14-2

2. 调出文件 Yps6b-14.tif，如图 6-14-3 所示，对图像进行压印效果处理(将前景色设置为 R255 G0 B0)。最终结果如图 6-14-4 所示，以 Xps6b-14.tif 为文件名保存在考生文件夹中。

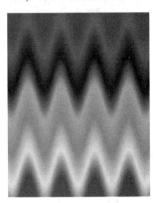

图 6-14-3　　　　　　　　　　　　图 6-14-4

3. 调出文件 Yps6c-14.tif，如图 6-14-5 所示，对图像进行网线阴影效果处理。最终结果如图 6-14-6 所示，以 Xps6c-14.tif 为文件名保存在考生文件夹中。

图 6-14-5　　　　　　　　　　　　图 6-14-6

【操作步骤】

一、图案的塑料包装效果

1．打开文件 Yps6a-14.tif，执行【滤镜/艺术效果/塑料包装】命令，在打开的对话框中，进行设置，高光强度：20，细节：9，平滑度：15，如图 6-14-7 所示。最终效果如图 6-14-2 所示。

2．将最终结果以 Xps6a-14.tif 为文件名保存在考生文件夹中。

二、图案的压印效果

1．将前景色设置为红色(R255 G0 B0)，背景色设置为白色(R255 G255 B255)。

2．打开文件 Yps6b-14.tif，执行【滤镜/素描/便条纸】命令，在打开的对话框中，进行设置，显示为 100%，图像平衡：25，粒度：10，凸现：11，如图 6-14-8 所示。最终效果如图 6-14-4 所示。

图 6-14-7

图 6-14-8

3．将最终结果以 Xps6b-14.tif 为文件名保存在考生文件夹中。

三、图案的网线阴影效果

1．打开文件 Yps6c-14.tif，执行【滤镜/画笔描边/阴影线】命令，在打开的对话框中，进行设置，线条长度：20，锐化程度：8，强度：3，如图 6-14-9 所示。最终效果如图 6-14-6 所示。

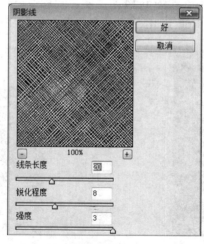

图 6-14-9

2. 将最终结果以 Xps6c-14.tif 为文件名保存在考生文件夹中。

6.15 挤压、勾边、纹理化效果(第15题)

【操作要求】

通过对图像进行滤镜处理，产生图像被挤压、勾边、纹理化效果。

1. 调出文件 Yps6a-06.tif，如图 6-15-1 所示，对图像进行挤压处理。最终结果如图 6-15-2 所示，以 Xps6a-15.tif 为文件名保存在考生文件夹中。

图 6-15-1　　　　　　　　　　　　　图 6-15-2

2. 调出文件 Yps6b-15.tif，如图 6-15-3 所示，对图像进行素描效果处理。最终结果如图 6-15-4 所示，以 Xps6b-15.tif 为文件名保存在考生文件夹中。

图 6-15-3　　　　　　　　　　　　　图 6-15-4

3. 调出文件 Yps6c-15.tif，如图 6-15-5 所示，对图像进行质地处理(类似布纹)。最终结果如图 6-15-6 所示，以 Xps6c-15.tif 为文件名保存在考生文件夹中。

图 6-15-5

图 6-15-6

【操作步骤】

一、图案的挤压效果

1. 打开文件 Yps6a-06.tif，执行【滤镜/扭曲/挤压】命令，在打开的对话框中，进行设置，数量取 100%，如图 6-15-7 所示。效果如图 6-15-2 所示。

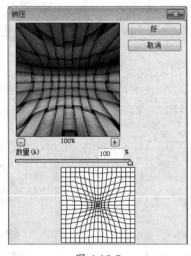

图 6-15-7

2. 将最终结果以 Xps6a-15.tif 为文件名保存在考生文件夹中。

二、图案的素描效果

1. 打开文件 Yps6b-15.tif，执行【滤镜/风格化/查找边缘】命令，直接生成最终效果如图 6-11-4 所示。

2. 将最终结果以 Xps6b-15.tif 为文件名保存在考生文件夹中。

三、图案的布纹效果

1. 打开文件 Yps6c-15.tif，用"魔棒"工具，容差取"40"，勾选"消除锯齿"和"连续的"选项，在黑色背景上单击选中背景，按 Delete 键删除背景上的黑色成为白色，然后，选用"橡皮"工具，将图案处理成如图 6-15-8 所示。

2．执行【滤镜/纹理/纹理化】命令，在打开的对话框中，进行设置，纹理：画布，缩放：75%，凸现：7，光照方向：底，如图 6-15-9 所示。最终效果如图 6-15-6 所示。

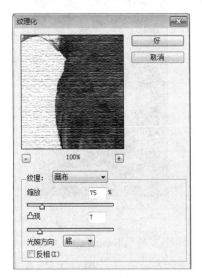

图 6-15-8　　　　　　　　　　　　　　　　图 6-15-9

3．将最终结果以 Xps6c-15.tif 为文件名保存在考生文件夹中。

6.16　灯光浅浮雕、辐射效果(第 16 题)

【操作要求】

通过对图像进行滤镜处理，产生灯光、浅浮雕、辐射模糊效果。

1．调出文件 Yps6a-16.tif，如图 6-16-1 所示，对图像进行镜头灯光处理。最终结果如图 6-16-2 所示，以 Xps6a-16.tif 为文件名保存在考生文件夹中。

图 6-16-1　　　　　　　　　　　　　　　　图 6-16-2

2．调出文件 Yps6b-16.tif，如图 6-16-3 所示，对图像进行浅浮雕处理。最终结果如图 6-16-4 所示，以 Xps6b-16.tif 为文件名保存在考生文件夹中。

233

图 6-16-3

图 6-16-4

3．调出文件 Yps6c-16.tif，如图 6-16-5 所示，对图像进行辐射模糊处理。最终结果如图 6-16-6 所示，以 Xps6c-16.tif 为文件名保存在考生文件夹中。

图 6-16-5

图 6-16-6

【操作步骤】

一、图案的镜头灯光效果

1．打开文件 Yps6a-16.tif，执行【滤镜/渲染/镜头光晕】命令，在打开的对话框中，进行设置，亮度：100%，镜头类型：50－300 毫米变焦，如图 6-16-7 所示。在光晕中心预览框的右上方单击，生成镜头光晕效果，最终效果如图 6-16-2 所示。

2．将最终结果以 Xps6a-16.tif 为文件名保存在考生文件夹中。

二、图案的浅浮雕效果

1．打开文件 Yps6b-16.tif，设置背景色为黑色。

2．置前景色为白色，背景色为黑色。执行【滤镜/素描/基底凸现】命令，在打开的对话框中，进行设置，细节：13，平滑度：2，亮照方向：底，如图 6-16-8 所示。效果如图 6-16-4 所示。

图 6-16-7　　　　　　　　　　图 6-16-8

3．将最终结果以 Xps6b-16.tif 为文件名保存在考生文件夹中。

三、图案的中心辐射效果

1．打开文件 Yps6c-16.tif，用"椭圆工具" 选中花蕊，如图 6-16-9，执行【选择/羽化】命令，羽化半径取 10。然后，按 Shift+Ctrl+I 组合键，反选花蕊以外的区域。

2．执行【滤镜/模糊/径向模糊】命令，在打开的对话框中，进行设置，数量：65，模糊方式：缩放，品质：好，如图 6-16-10 所示。按 Ctrl+D 组合键除去选区，最终效果如图 6-16-6 所示。

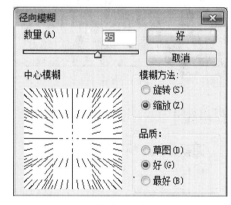

图 6-16-9　　　　　　　　　　图 6-16-10

3．将最终结果以 Xps6c-16.tif 为文件名保存在考生文件夹中。

6.17　变形 2(第 17 题)

【操作要求】

通过对图像进行滤镜处理，产生被变形效果。

1．调出文件 Yps6a-17.tif，如图 6-17-1 所示，对图像进行极坐标处理。最终结果如图 6-17-2 所示，以 Xps6a-17.tif 为文件名保存在考生文件夹中。

 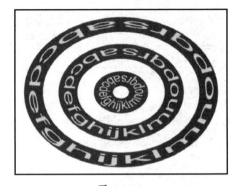

图 6-17-1　　　　　　　　　　　　图 6-17-2

2. 调出文件 Yps6a-17.tif，对图像进行水波浪处理(三角形效果)。最终结果如图 6-17-3 所示，以 Xps6b-17.tif 为文件名保存在考生文件夹中。

3. 调出文件 Yps6a-17.tif，对图像进行水波浪处理(方波效果)。最终结果如图 6-17-4 所示，以 Xps6c-17.tif 为文件名保存在考生文件夹中。

 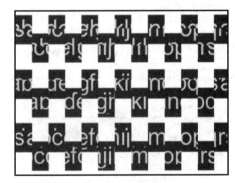

图 6-17-3　　　　　　　　　　　　图 6-17-4

【操作步骤】

一、图案的极坐标效果

1. 打开文件 Yps6a-17.tif，执行【滤镜/扭曲/极坐标】命令，在打开的对话框中，选择"平面坐标到极坐标"，如图 6-15-5 所示。最终效果如图 6-15-2 所示。

图 6-17-5

2. 将最终结果以 Xps6a-17.tif 为文件名保存在考生文件夹中。

二、图案的三角波效果

1. 打开文件 Yps6a-17.tif，执行【滤镜/扭曲/波浪】命令，在打开的对话框中，进行设置，类型：三角形，生成器器：2，波长：最大 100、最小 100，波幅：最大 100、最小 100，比例：水平 100%、垂直 100%"，并点选"折回"选项，如图 6-17-6 所示。最终效果如图 6-17-3 所示。

2. 将最终结果以 Xps6b-17.tif 为文件名保存在考生文件夹中。

三、图案的方波形效果

1. 打开文件 Yps6a-17.tif，执行【滤镜/扭曲/波浪】命令，在打开的对话框中，进行设置，类型：方形，生成器数：1，波长：最大 100、最小 100，波幅：最大 35、最小 35，比例：水平 100%、垂直 100%"，并点选"折回"选项，如图 6-17-7 所示。最终效果如图 6-17-4 所示。

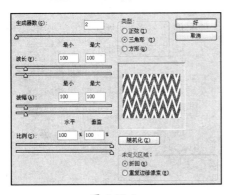

图 6-17-6   图 6-17-7

2. 将最终结果以 Xps6c-17.tif 为文件名保存在考生文件夹中。

6.18 变形、块状化、浮雕效果(第18题)

【操作要求】

通过对图像进行滤镜处理，产生变形、块状化、浮雕效果。

1. 调出文件 Yps6a-18.tif，如图 6-18-1 所示，对图像进行极坐标变形处理。最终结果如图 6-18-2 所示，以 Xps6a-18.tif 为文件名保存在考生文件夹中。

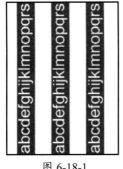 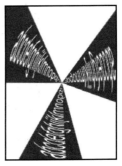

图 6-18-1   图 6-18-2

2. 调出文件 Yps6b-18.tif，如图 6-18-3 所示，对图像进行块状化处理(类似晶体)。最终结果如图 6-18-4 所示，以 Xps6b-18.tif 为文件名保存在考生文件夹中。

图 6-18-3

图 6-18-4

3. 调出文件 Yps6c-18.tif，如图 6-17-5 所示，对图像进行浮雕处理(灯光效果)。最终结果如图 6-18-6 所示，以 Xps6c-18.tif 为文件名保存在考生文件夹中。

图 6-18-5

图 6-18-6

【操作步骤】

一、图案的极坐标效果

1. 打开文件 Yps6a-18.tif，执行【滤镜/扭曲/极坐标】命令，在打开的对话框中，选择"平面坐标到极坐标"，如图 6-18-7 所示。最终效果如图 6-18-2 所示。

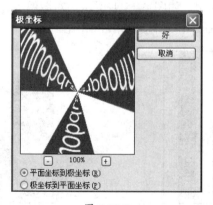
图 6-18-7

2．将最终结果以 Xps6a-18.tif 为文件名保存在考生文件夹中。

二、图案的块状化效果

1．打开文件 Yps6b-18.tif，用"椭圆工具" 选中花蕊，如图 6-18-8，执行【选择/羽化】命令，羽化半径取 10。然后，按 Shift+Ctrl+I 组合键，反选花蕊以外的区域。

2．执行【滤镜/像素化/晶格化】命令，在打开的对话框中进行设置，单元格大小取 8，如图 6-18-9 所示。按 Ctrl+D 组合键除去选区，最终效果如图 6-18-4 所示。

图 6-18-8

图 6-18-9

3．将最终结果以 Xps6b-18.tif 为文件名保存在考生文件夹中。

三、图案的浮雕效果

1．打开文件 Yps6c-18.tif，执行【滤镜/渲染/光照效果】命令，在打开的对话框中，调整光照椭圆的位置，进行设置，样式：默认值，光照类型：点光，强度：60，聚集：69，光泽：0，材料：60，暴光度：-8，环境：10，纹理通道：红，勾选"白色部分凸出"，高度：30，如图 6-18-10 所示。最终效果如图 6-18-6 所示。

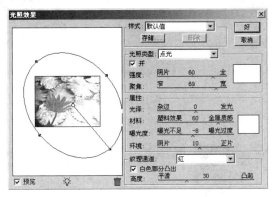
图 6-18-10

2．将最终结果以 Xps6c-18.tif 为文件名保存在考生文件夹中。

6.19 块状化浮雕玻璃质地效果(第 19 题)

【操作要求】

通过对图像进行滤镜处理，产生块状化、浮雕、玻璃质地效果。

1．调出文件 Yps6a-19.tif，如图 6-19-1 所示，对图像进行块状化处理。最终结果如图 6-19-2 所示，以 Xps6a-19.tif 为文件名保存在考生文件夹中。

图 6-19-1　　　　　　　　　　　　图 6-19-2

2．调出文件 Yps6b-19.tif，如图 6-19-3 所示，对图像进行浮雕处理(灯光效果)。将最终结果如图 6-19-4 所示，以 Xps6b-19.tif 为文件名保存在考生文件夹中。

图 6-19-3　　　　　　　　　　　　图 6-19-4

3．调出文件 Yps6c-19.tif，如图 6-19-5 所示，对图像进行变形，制作出类似玻璃质地的效果。最终结果如图 6-19-6 所示，以 Xps6c-19.tif 为文件名保存在考生文件夹中。

图 6-19-5　　　　　　　　　　　　图 6-19-6

【操作步骤】

一、图案的块状化凸出效果

1. 打开文件 Yps6a-19.tif，执行【滤镜/风格化/凸出】命令，在打开的对话框中，进行设置，选择"类型块，大小：35像素，深度：30，点选"基于色阶"，勾选"蒙版不完整块"，如图6-19-7所示。最终效果如图6-19-2所示。

图 6-19-7

2. 将最终结果以 Xps6a-19.tif 为文件名保存在考生文件夹中。

二、图案的浮雕灯光效果

1. 打开 Yps6b-19.tif，执行【滤镜/渲染/光照效果】命令，在打开的对话框中，调整光照椭圆的位置并进行设置，样式：默认值，光照类型：点光，强度：32，聚集：100，光泽：-100，材料：100，暴光度：10，环境：18，纹理通道：蓝，勾选"白色部分凸出"，高度：50，如图6-19-8所示。最终效果如图6-19-4所示。

2. 将最终结果以 Xps6b-19.tif 为文件名保存在考生文件夹中。

三、图案玻璃效果

1. 打开文件 Yps6c-19.tif，执行【滤镜/扭曲/玻璃】命令，在打开的对话框中，进行设置，扭曲度：5，平滑度：3，纹理：小镜头，缩放：75%，不勾选反相，如图6-19-9所示。最终效果如图6-19-6所示。

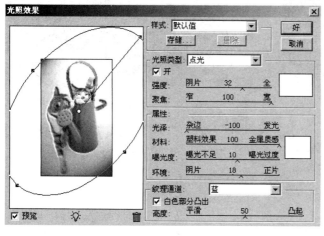

图 6-19-8

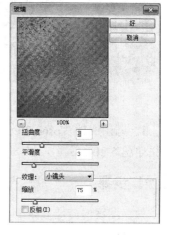

图 6-19-9

2. 将最终结果以 Xps6c-19.tif 为文件名保存在考生文件夹中。

6.20 砖墙、辐射模糊、水波浪效果(第20题)

【操作要求】

通过对图像进行滤镜处理，产生砖墙、辐射模糊、水波浪效果。

1. 调出文件 Yps6a-20.tif，如图 6-20-1 所示，对图像进行质地处理，产生砖墙效果。最终结果如图 6-20-2 所示，以 Xps6a-20.tif 为文件名保存在考生文件夹中。

图 6-20-1

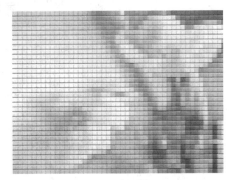
图 6-20-2

2. 调出文件 Yps6b-20.tif，如图 6-20-3 所示，对图像进行辐射模糊处理，产生老鹰快速飞扑过来的效果。最终结果如图 6-20-4 所示，以 Xps6b-20.tif 为文件名保存在考生文件夹中。

图 6-20-3

图 6-20-4

3. 调出文件 Yps6c-20.tif，如图 6-20-5 所示，对图像下部分进行水波浪处理。最终结果如图 6-20-6 所示，以 Xps6c-20.tif 为文件名保存在考生文件夹中。

【操作步骤】

一、图案的砖墙效果

1. 打开文件 Yps6a-20.tif，执行【滤镜/纹理/拼缀图】命令，在打开的对话框中进行设置，平方大小：5，凸现：8，如图 6-20-7 所示。最终效果如图 6-20-2 所示。

图 6-20-5

图 6-20-6

2．将最终结果以 Xps6a-20.tif 为文件名保存在考生文件夹中。

二、图案的辐射模糊效果

1．打开文件 Yps6b-20.tif，用"多边形套索工具"，将老鹰翅膀以外的部分套索，如图 6-20-8 所示。执行【选择/羽化】命令,羽化半径取 10,然后,按 Shift+Ctrl+I 组合键,反选套索以外区域。

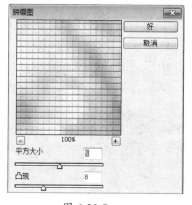
图 6-20-7

图 6-20-8

2．执行【滤镜/模糊/径向模糊】命令，在打开的对话框中，进行设置，数量：65，模糊方式：缩放，品质：好，如图 6-20-9 所示。按 Ctrl+D 组合键除去选区，最终效果如图 6-20-10 所示。

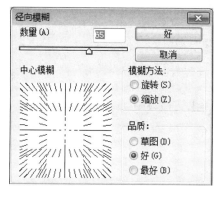
图 6-20-9

图 6-20-10

3．将最终结果以 Xps6b-20.tif 为文件名保存在考生文件夹中。

三、图案水波浪效果

1．打开文件 Yps6c-20.tif，用"矩形选框工具" 选中图像的下半部，如图 6-20-11 所示，然后，执行【选择/羽化】命令,羽化半径取 10。

图 6-20-11

2．执行【滤镜/扭曲/波浪】命令，在打开的对话框中，进行设置，类型：正弦，生成器数：1，波长：最大 65、最小 65，波幅：最大 10、最小 10，比例：水平 100%、垂直 100%"， 并点选 "重复边缘像素" 选项，如图 6-20-12 所示。按 Ctrl+D 组合键除去选区，最终效果如图 6-20-6 所示。

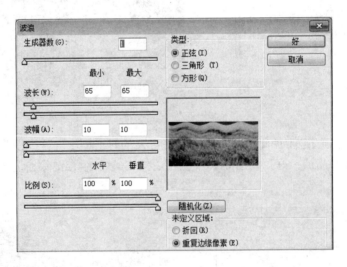

图 6-20-12

3．将最终结果以 Xps6c-20.tif 为文件名保存在考生文件夹中。

第 7 单元 文 字 效 果

7.1 灯管字(第1题)

【操作要求】

灯管字效果制作,效果如图 7-1-1 所示。

图 7-1-1

1. 建一个 16 厘米×12 厘米、72 像素/英寸、RGB 模式的新文件。
2. 制作"欢迎"文字,文字字体任选,文字大小为 160 像素。
3. 将文字制作成灯管字效果。
4. 将最后结果以 Xps7-01.tif 为文件名保存在考生文件夹中。

【操作步骤】

1. 新建一个 16×12 厘米、72 像素/英寸、RGB 模式的文件,置背景为黑色。
2. 新建图层 1,选择"横排文字蒙板工具" ,以 160 像素、华文中宋体输入文字"欢迎", 如图 7-1-2 所示。单击图层 1,形成文字选区,如图 7-1-3 所示。

图 7-1-2

图 7-1-3

245

3. 置前景为白颜色执行【编辑/描边/】命令，宽度取 1 像素、位置居中。
4. 新建图层 2，执行【选择/修改/扩边】命令，扩边宽度取 2 像素，如图 7-1-4 所示。
5. 选择"渐变工具"，渐变方式：线性渐变，渐变类型：色谱，从文字左边水平拉到右边，按 Ctrl+D 组合键去掉选区，效果如图 7-1-5 所示。
6. 将图层 1 置于所有图层之上，使灯管字产生边缘发亮的效果，如图 7-1-6 所示。

图 7-1-4　　　　　　　　　图 7-1-5　　　　　　　　　图 7-1-6

7. 合并图层 1 和图层 2 成图层 1，然后，选中背景图层，链接图层 1，点选"移动工具"，在属性栏分别单击"垂直中齐"按钮 和 "水平中齐"按钮 ，使彩色灯管字居于画面中央，最终效果如图 7-1-1 所示。

二、保存文件

将最后结果以文件 Xps7-01.tif 保存在考生文件夹中。

7.2　彩色牙膏字(第 2 题)

【操作要求】

彩色牙膏字效果制作，效果如图 7-2-1 所示。

图 7-2-1

1. 建一个 16 厘米×12 厘米、72 像素/英寸、RGB 模式的新文件。
2. 制作"yes"手绘文字，文字大小适中。
3. 文字制作成彩色牙膏字效果。

4．最后结果以文件 Xps7-02.tif 保存在考生文件夹中。

【操作步骤】

1．新建一个 16×12 厘米、72 像素/英寸、RGB 模式的文件，选择"椭圆选框工具" ，在属性栏中进行设置，样式：固定大小，宽度：30 像素，高度：30 像素；然后在左上方新建一个圆形选区。

2．新建图层 1，选择"渐变工具" ，渐变方式：角度渐变 ，渐变类型：色谱 ，从正圆选区圆心水平拉到右边缘。

3．执行【编辑/定义画笔】命令，然后取消选区。

4．选择钢笔工具，在色谱圆的中心开始绘制"yes"单词的路径，如图 7-2-2 所示。

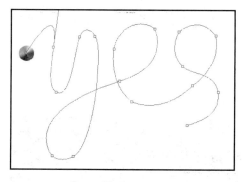

图 7-2-2

5．选择"涂抹工具" ，在画笔属性栏中选择之前定义的画笔，进行设置：

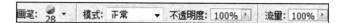

注意：实际画笔大小应比定义画笔的大小要小一点，这样，作出的字的色彩会更清晰、漂亮些。

6．单击"切换画笔调板"按钮 ，在打开的对话框中单击"画笔笔尖形状"选项，在其框中将"间距"设为 1%。

7．打开路径面板，按住 Alt 键单击"用画笔描边路径"按钮 ，在打开的对话框中选择"涂抹"，如图 7-2-3 所示，用新定义的画笔对路径进行描边，效果如图 7-2-4 所示。

图 7-2-3

图 7-2-4

247

8．新建图层 2，选用"椭圆选框工具" ，在属性栏中设置：

然后，在画面上单击生成一 28 像素×28 像素的正圆，将正圆移至彩色牙膏字的尾部正中。

9．选择"渐变工具" ，渐变方式：角度渐变 ，渐变类型：色谱 ，从正圆选区圆心水平拉到右边缘，使彩色牙膏字尾部横截面上的色谱圆更突出，有立体感，最终效果如图 7-2-1 所示。

二、保存文件

将最后结果以文件名 Xps7-02.tif 保存在考生文件夹中。

7.3 透明玻璃字(第 3 题)

【操作要求】

透明玻璃字效果制作，效果如图 7-3-1 所示。

图 7-3-1

1．建一个 16 厘米×12 厘米、72 像素/英寸、RGB 模式的新文件。
2．植入文字"玻璃"，文字字体任选，文字大小为 160 像素。
3．将文字制作成透明玻璃字效果。
4．将最后结果以文件名 Xps7-03.tif 保存在考生文件夹中。

【操作步骤】

一、绘制玻璃字

1．新建一个 16 厘米×12 厘米、72 像素/英寸、RGB 模式、白色背景的文件。

2．选择"横排文字工具" ，用 160 像素，颜色为黑色的"黑体"，输入文字"玻璃"。

3．选中背景图层，链接文字图层，点选"移动工具" ，在属性栏分别单击"垂直中齐"按钮 和"水平中齐"按钮 ，使文字居于画面中央，如图 7-3-2 所示。

248

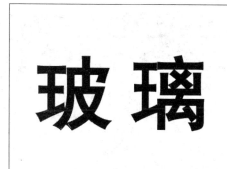

图 7-3-2

4．执行【图层/合并图层】命令，将所有图层合并成一个背景图层。

5．执行【滤镜/模糊/动感模糊】命令，进行设置，角度：40 度，"距离：30，如图 7-3-3 所示。再执行【滤镜/风格化/查找边缘】命令，如图 7-3-4 所示。

图 7-3-3

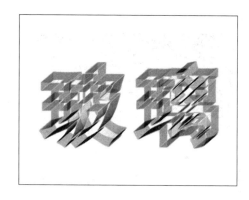

图 7-3-4

6．执行【图像/调整/反相】命令，如图 7-3-5 所示。

7．执行【图像/调整/色阶】命令，参数设置如图 7-3-6 所示，使玻璃字的玻璃感加强，效果如图 7-3-7 所示。

图 7-3-5

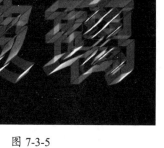

图 7-3-6

249

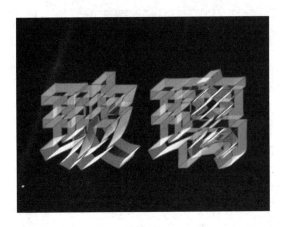

图 7-3-7

8. 选用"魔棒工具" ，进行设置，容差：32 ☑消除锯齿 ☑连续的，在图 7-3-8 中圆圈处所示位置单击，然后，执行【选择/选择相似】命令，将字符建立选区，如图 7-3-9 所示。

图 7-3-8

图 7-3-9

9. 选用"渐变工具" ，设置颜色为"蓝—绿—黄—红—紫—蓝"，色块位置与 RGB 值如图 7-3-10 所示，在属性栏选择"对称渐变"方式 ，渐变模式调整为"颜色"，从文字左上角中部向右下角中部拖拉出线性渐变，最终效果如图 7-3-1 所示。

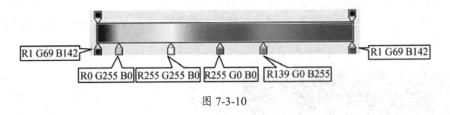

图 7-3-10

二、保存文件

将最后结果以文件名 Xps7-03.tif 保存在考生文件夹中。

7.4 金属字(第 4 题)

【操作要求】

透明金属字效果制作，效果如图 7-4-1 所示。

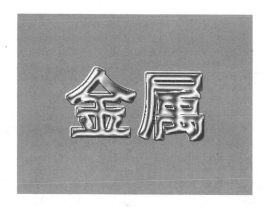

图 7-4-1

1. 建一个 16 厘米×12 厘米、72 像素/英寸、RGB 模式的新文件。
2. 植入白色文字"金属",文字字体任选,文字大小为 140 像素。
3. 将文字制作成金属字效果。
4. 将最后结果以文件名 Xps7-04.tif 保存在考生文件夹中。

【操作步骤】

一、绘制金属文字

1. 建立一个 16 厘米×12 厘米、72 像素/英寸、RGB 模式的新文件,置背景色为浅蓝色 RGB(16 208 215)。
2. 在通道面板,新建一个 Alpha1 通道。
3. 置前景色为白色,在 Alpha1 通道上,选择"横排文字工具"**T**,用 140 像素的黑体,输入文字"金属", 如图 7-4-2 所示。
4. 在工具箱上单击其它任何工具,自动载入白色文字和选区,如图 7-4-3 所示。

图 7-4-2

图 7-4-3

5. 执行【选择/修改/扩展】命令,扩展量取 5 像素。
6. 执行【滤镜/模糊/高斯模糊】命令,半径取 3 像素(此处像素大小,决定着金属字效果,不同的显示器取值有区别,读者可在 3 像素~5 像素范围内取值),如图 7-4-4 所示,效果如图 7-4-5 示。

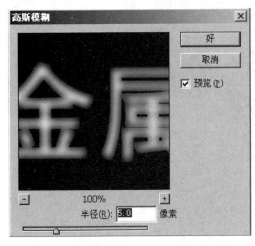

图 7-4-4　　　　　　　　　　　　　图 7-4-5

7．执行【滤镜/风格化/浮雕效果】命令，进行设置角度：-45°，高度：5 像素，数量：150%，如图 7-4-6 所示，效果如图 7-4-7 所示。

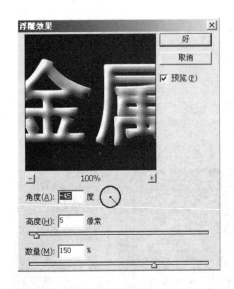
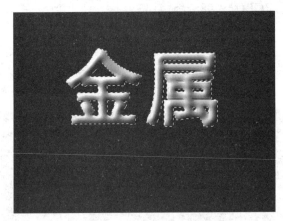

图 7-4-6　　　　　　　　　　　　　图 7-4-7

8．执行【选择/修改/扩展】命令，扩展量取 2 像素，按 Ctrl+C 组合键复制处理后的文字"金属"。

9．在图层面板，新建图层 1，按 Ctrl+V 组合键粘贴，选中背景图层，链接图层 1，点选"移动工具"，在属性栏分别单击"垂直中齐"按钮和"水平中齐"按钮，使文字居于画面中央，效果如图 7-4-8 所示。

10．选择图层 1 为当前图层，执行【图像/调整/曲线】命令，将曲线调整成类似波浪形状，进行设置，输入：222，输出：69，如图 7-4-9 所示。效果如图 7-4-10 所示。

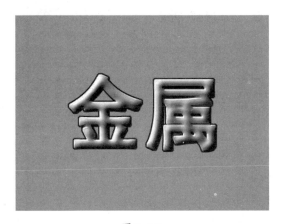 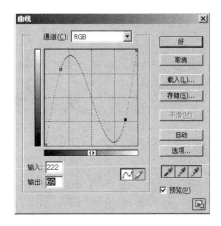

图 7-4-8　　　　　　　　　　　　　图 7-4-9

图 7-4-10

11．执行【图像/调整/"色相/饱和度"】命令，勾选"着色"，进行设置色相：32，饱和度：100，明度：+15，如图 7-4-11 所示，效果如图 7-4-12 所示。

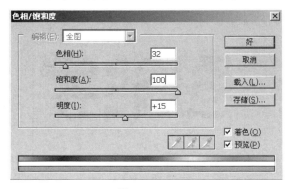 

图 7-4-11　　　　　　　　　　　　　图 7-4-12

12．复制图层 1 成图层 1 副本在图层 1 之上，按住 Ctrl 键单击图层 1，将金属字选区载入，给选区填充白色，按 Ctrl+D 组合键去掉选区。然后，分别按方向键↑和向左方向键←两次，形成金属字的左上方向的白边，最终效果如图 7-4-1 所示。

13．执行【图像/调整/色调均化】命令，然后，执行【图像/调整/"亮度/对比度"】

253

命令，将亮度和对比度分别设为 10，可使图像色彩均匀并明亮一点儿(此步也可省略)。

二、保存文件

将最后结果以文件名 Xps7-04.tif 保存在考生文件夹中。

7.5　彩色图案字 (第 5 题)

【操作要求】

彩色图案字效果制作，效果如图 7-5-1 所示。

1．建一个 16 厘米×12 厘米、72 像素/英寸、RGB 模式的新文件。

2．打开 Yps7-05.tif 文件，植入文字"图案字"，文字字体任选，文字大小 140 像素，文字间距 10。

3．将文字制作成图案字效果。

4、将最后结果以文件名 Xps7-05.tif 保存在考生文件夹中。

图 7-5-1

【操作步骤】

一、绘制图案文字

1．建立一个 16 厘米×12 厘米、72 像素/英寸、RGB 模式的新文件，背景填充为白色。

2．置前景色为黑色，选择"横排文字工具"T，用 140 像素的幼圆字体，文字间距 10，输入"图案字"，然后，执行【图层/栅格化/文字】命令，对文字图层进行栅格化，效果如图 7-5-2 所示。

3．执行【滤镜/其他/最小值】命令，半径取 2 像素，效果如图 7-5-3 所示。

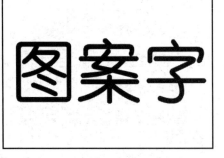

图 7-5-2

图 7-5-3

4．打开 Yps7-05.tif 文件，用"移动工具"将其拖到新文件中，自动在文字图层上面生成"图层 1"，效果如图 7-5-4 所示。

5．按住 Alt 键，在图层面板上的图层 1 和文字层之间单击，形成图案字，效果如图 7-5-5 所示，用"移动工具"把花移到适当位置。

图 7-5-4

图 7-5-5

二、保存文件

将最后结果以文件 Xps7-05.tif 保存在考生文件夹中。

7.6 长刺字 (第 6 题)

【操作要求】

长刺字效果制作，效果如图 7-6-1 所示。

图 7-6-1

1. 建立一个 16 厘米×12 厘米、72 像素/英寸、RGB 模式的新文件。
2. 植入文字"刺猬"，文字字体为黑体，文字大小为 160 像素。
3. 将文字制作成长刺字的效果
4. 将最后结果以文件名 Xps7-06.tif 保存在考生文件夹中。

【操作步骤】

一、绘制刺猬字

1. 新建一个 16 厘米×12 厘米、72 像素/英寸、RGB 模式的文件，选择"横排文字蒙版工具"，用 160 像素的黑体，输入文字"刺猬"，如图 7-6-2 所示。

2. 转到路径面板，在路径面板中单击，自动生成文字"刺猬"选区，用方向键将"刺猬"选区移到画面中央，如图 7-6-3 所示。

255

图 7-6-2

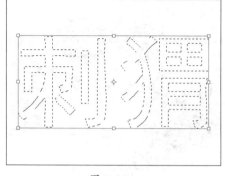
图 7-6-3

3. 单击"从选区生成工作路径"按钮 ，自动生成文字"刺猬"的工作路径，如图 7-6-4 所示。

4. 选用"直接选择工具" ，框选文字"刺"的"丨"，用向上方向键将其上移至与第一笔画"一"齐平，然后单击 4 次向右方向键，将其向右移到一点儿，如图 7-6-5 所示。

图 7-6-4

图 7-6-5

5. 在画面白色区域任何处单击，取消"直接选择"操作，然后，按住 Ctrl 键单击"工作路径"，生成变化了的"刺猬"选区，如图 7-6-6 所示。

6. 先选用"矩形选框工具" ，在属性栏上选择"添加到选区" 按钮，将"刺"选区套索成如图 7-6-7 左边所示样式；再选用"多边形套索工具" ，将"猬"选区套索成如图 7-6-7 右边所示样式。

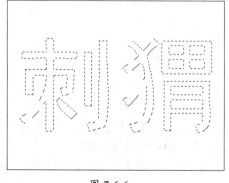
图 7-6-6

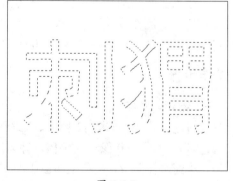
图 7-6-7

7．执行【选择/修改/扩展】命令，"扩展量"取 2 像素，效果如图 7-6-8 所示。

8．单击"从选区生成工作路径"按钮 ，自动生成变化了的"刺猬"的工作路径，如图 7-6-9 所示，然后，用"删除锚点工具" 、"钢笔工具" 和"直接选择工具" 将"刺猬"的工作路径变形为成如图 7-6-9 所示的样式。

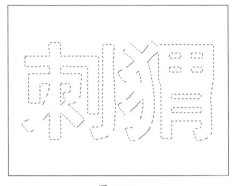

图 7-6-8 　　　　　　　　　　　　　　　图 7-6-9

9．选择"画笔工具" ，在画笔预设选择器中选择"混合画笔"，在画笔类型中选择"星形放射-小"，如图 7-6-10 所示。

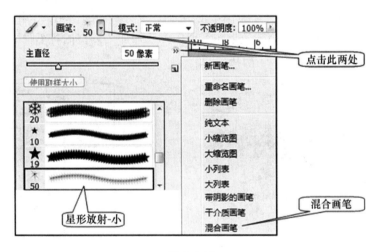

图 7-6-10

10．单击属性栏最右边的"切换画笔调板"按钮 ，勾选"动态颜色"复选框，进行设置，前景/背景抖动：100%，控制：渐隐，步骤：80，饱和度抖动：0%，亮度抖动：0%，纯度：0%，如图 7-6-11 所示。

11．单击"画笔笔尖形状"，直径：30 像素，间距：25%，如图 7-6-12 所示。

12．新建图层 1，置前景色为纯红色，背景色为深蓝色，打开路径面板，单击 4 次"用画笔描边路径按钮" ，生成长刺字的效果，在"工作路径"外单击，隐去路径，效果如图 7-6-13 所示。

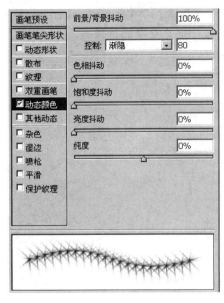

图 7-6-11

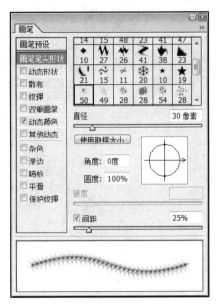

图 7-6-12

二、对刺猬字进行二次颜色处理

在图层 1 上,用"多边形套索工具" ,将要改变颜色的笔画套索,分别执行【图像/调整/"色相/饱和度"】命令,根据不同的笔画,设置不同的色相、饱和度和明度,使这些笔画(或笔画的一部分)成为与效果图近似的颜色,如"刺"的各笔画颜色改变为图 7-6-14 所示,最终效果如图 7-6-1 所示。

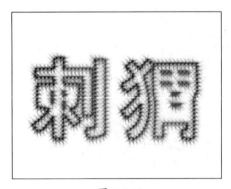

图 7-6-13

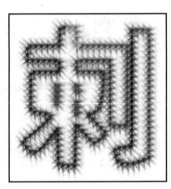

图 7-6-14

三、保存文件

将最后结果以文件名 Xps7-06.tif 保存在考生文件夹中。

7.7 燃烧字(第 7 题)

【操作要求】

燃烧字效果制作,效果如图 7-7-1 所示。

图 7-7-1

1. 建立一个 16 厘米×12 厘米、灰度模式、黑色背景的新文件。
2. 植入文字"燃烧",文字为白色。
3. 将文字制作成燃烧字的效果。
4. 将最后结果以文件名 Xps7-07.tif 保存在考生文件中。

【操作步骤】

一、绘制燃烧文字

1. 新建一个 16 厘米×12 厘米,72 像素/英寸、灰度模式,背景色为黑色的文件。
2. 置前景色为白色,选择"横排文字工具",用 120 像素、字距为 50 像素、白色粗黑体,输入字符"燃烧",再执行【图层/栅格化/文字】命令,对文字图层进行栅格化。然后,将字符"燃烧"放置如图 7-7-2 所示位置。
3. 选择"移动工具",按住 Ctrl 键,单击文字图层,载入字符"燃烧"选区。
4. 执行【选择/存储选区】命令,将文字选区保存到新通道中,在通道面板中自动生成名为 Alpha1 的通道,如图 7-7-3 所示。

图 7-7-2

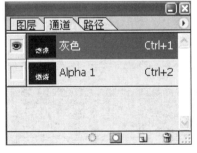

图 7-7-3

5. 执行【图像/旋转画布/90 度(顺时针)】命令,再执行【滤镜/风格化/风】命令,在打开的对话框中进行设置:"方法:风","方向:从左"。然后按 Ctrl+F 组合键重复执行【滤镜/风格化/风】命令四次,再执行【图像/旋转画布/90 度(逆时针)】命令,效果如图 7-7-4 所示。

6. 执行【滤镜/扭曲/波纹】命令，在打开的对话框中进行设置："数量：15%,","大小：中"。效果如图 7-7-5 所示。

图 7-7-4

图 7-7-5

7. 在通道面板，选择 Alpha1 通道，然后执行【选择/载入选区】命令，载入文字选区。

8. 转到图层面板，选择文字"燃烧"图层，按 Delete 键删除图形，只剩选区，如图 7-7-6 所示。

9. 执行【编辑/描边】命令，在打开的对话框中进行设置，宽度：1 像素，颜色：白色，位置：居中。

10. 执行【图像/模式/索引颜色】命令，再执行【图像/模式/颜色表】命令，在打开的对话框中的"颜色表"框下拉列表中选中"黑体"，按 Ctrl+D 组合键去掉选区，最终效果如图 7-7-1 所示。

二、保存文件

将最后结果以 Xps7-07.tif 为文件名保存在考生文件夹中。

注意：另一种方法如下所述：

步骤 1 至步骤 7 相同。

步骤 8：转到图层面板，选择文字"燃烧"图层。

步骤 9：执行【编辑/描边】命令，在打开的对话框中进行设置，宽度：1 像素，颜色：白色，位置：居中。

步骤 10：执行【图像/模式/索引颜色】命令，再执行【图像/模式/颜色表】命令，在打开的对话框中的"颜色表"中选中"黑体"，并将"颜色表"对话框中右下方最后一个小方格的颜色改为黑色，按 Ctrl+D 组合键去掉选区，最终效果如图 7-7-7 所示。

图 7-7-6

图 7-7-7

7.8 穿孔字(第8题)

【操作要求】

穿孔字效果制作，效果如图 7-8-1 所示。

1．建一个 16 厘米×12 厘米、RGB 模式、白色背景的新文件。

2．植入文字"洞眼"，文字颜色为(R128 G128 B128)，文字字体为黑体，文字大小为 160 像素。

3．将文字制作成穿孔字的效果。

4．将最后结果以 Xps7-08.tif 为名件名保存在考生文件夹中。

图 7-8-1

【操作步骤】

一、绘制洞眼文字

1．新建一个 16 厘米×12 厘米、RGB 模式、白色背景的文件，打开通道面板，新建一个 Alpha1 通道，选择"横排文字工具" T ，用 160 像素的黑体，输入颜色为 (R128 G128 B128)的文字"洞眼"，如图 7-8-2 所示。

2．单击"移动工具" ，此时"洞眼"两字成为选区，且通道背景色为黑色，文字颜色成为所设的(R128 G128 B128)色，如图 7-8-3 所示。

图 7-8-2

图 7-8-3

3．执行【滤镜/像素化/彩色半调】命令，在打开的对话框中进行设置，最大半径：7，效果如图 7-8-4 所示。执行【选择/存储选区】命令。

4．取消选区，回到图层面板，点击背景图层，执行【选择/载入选区】命令，然后，新建图层 1。设置前景色为橙红色(R250 G90 B90)，按 Alt+Delete 组合键对各选区填充，再按 Ctrl+D 组合键取消选区，效果如图 7-8-5 所示。

图 7-8-4　　　　　　　　　　　　　　图 7-8-5

5．双击图层 1，在打开的"图层样式"的"投影"对话框中进行设置，距离：5 像素，扩展 3%，大小：13 像素，完成穿孔字制作，效果如图 7-8-1 所示。

二、保存文件

将最后结果以 Xps7-08.tif 为文件名保存在考生文件夹中。

7.9　彩色立体字(第 9 题)

【操作要求】

彩色立体字效果制作，效果如图 7-9-1 所示。

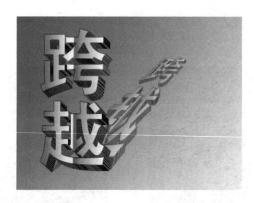

图 7-9-1

1．建立一个 16 厘米×12 厘米、RGB 模式，背景为红—白渐变色的新文件。
2．植入文字"跨越"，文字字体为黑体，文字大小为 140 像素，竖排，用渐变色填充。
3．将文字制作成彩色立体字效果。
4．将最后结果以 Xps7-09.tif 为文件名保存在考生文件夹中。

【操作步骤】

一、绘制跨越文字

1．新建一个 16 厘米×12 厘米、RGB 模式、背景为白色的文件。

2．将前景色设置为红色，背景色设置为白色，选择"渐变工具"，在"渐变拾色器"中选择"从前景到背景"样式，在属性栏上点选"线性渐变"选项，从画面左上角向右下角拉出红—白线性渐变背景。

3．新建图层1，选择"直排文字蒙版工具"，用140像素的黑体，输入文字"跨越"。

4．点选"移动工具"，执行【选择/变换选区】命令，将文字"跨越"选区移到合适的位置。

5．选择"渐变工具"，属性为"线性渐变"，类型为"铬黄"，从文字选区左向右拖，然后置前景色为黑色，执行【编辑/描边】命令，宽度为1像素，颜色为黑色，位置为居中，不透明度为50%，效果如图7-9-2所示。

图 7-9-2

6．按下Alt键后，交替按向上、向左方向键，进行向上、向左移动操作，效果如图7-9-3所示。

7．取消选区，并复制文字图层1成图层1副本在图层1之上，选择图层1，执行【编辑/变换/扭曲】命令，效果如图7-9-4所示。调整图层1不透明度为50%，完成彩色立体字制作，最终效果如图7-9-1所示。

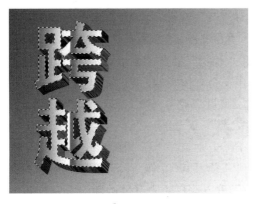

图 7-9-3

图 7-9-4

二、保存文件

将最后结果以Xps7-09.tif为文件名保存在考生文件夹中。

7.10 球体字(第 10 题)

【操作要求】

球体字效果制作,效果如图 7-10-1 所示。

图 7-10-1

1. 建一个 16 厘米×12 厘米、72 像素/英寸、RGB 模式、白色背景的新文件。
2. 制作四个圆球,在每个圆球中分别植入文字"新"、"春"、"快"、"乐"。
3. 将文字制作成球体字的效果。
4. 将最后结果以文件 Xps7-10.tif 保存在考生文件夹中。

【操作步骤】

一、绘制跨越文字

1. 新建一个 16 厘米×12 厘米、72 像素/英寸、RGB 模式、白色背景的文件,新建图层 1,选择"椭圆选框工具" ◯ ,在属性栏中进行设置,样式:固定大小,宽度:130 像素,高度:130 像素。在图层 1 中单击画一个 130 像素×130 像素的正圆。

2. 置前景色为白色,背景色为红色,选用"渐变"工具 ▮ ,从左上到右下,以 45 度方向做"径向渐变"操作,在图层 1 上制作一个立体圆球,对图层 1 复制 3 次,依次形成图层 1 副本、图层 1 副本 2、图层 1 副本 3,并调整立体圆球的位置如图 7-10-2。

3. 选择图层 1 为当前层,选择"横排文字工具" T ,用 120 像素的黄色楷体,输入文字"新"字,然后执行【图层/栅格化/文字】命令,对文字"新"图层进行栅格化处理。

4. 选中图层 1,链接文字"新"图层,在"移动工具" ▶ 下,点选"垂直中齐"按钮 ▭ 和"水平中齐"按钮 ▭ ,将文字"新"置入图层 1 上立体圆球的中央。

5. 按住 Ctrl 键,单击图层 1 选中圆球,重新载入圆球选区,再选择"新"字图层为当前图层,然后执行【滤镜/扭曲/球面化】命令,在对话框中取数量为 100%,效果如图 7-10-3 所示。

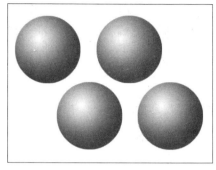

图 7-10-2

图 7-10-3

6．把文字"新"图层和图层1合并，形成图层1。

7．同理，依次做出"春"、"快"、"乐"，最终效果如图7-10-1所示。

二、保存文件

将最后结果以Xps7-10.tif为文件名保存在考生文件夹中。

7.11　飘动字(第11题)

【操作要求】

飘动字效果制作，效果如图7-11-1所示。

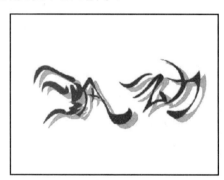

图 7-11-1

1．新建一个16厘米×12厘米、72像素/英寸、RGB模式、白色背景的新文件。

2．植入文字"飘动"，文字字体任选，文字大小为160像素，颜色为纯红。

3．将文字制作成飘动的效果。

4．将最后结果以Xps7-11.tif为文件名保存在考生文件夹中。

【操作步骤】

一、绘制与调整"飘动"文字

1．新建一个16厘米×12厘米、72像素/英寸、RGB模式、白色背景的文件。

2．在背景图层之上新建一图层1。

3．选用"横排蒙板文字工具" ，使用 160 像素的宋体，在图层 1 上输入文字"飘动"，如图 7-11-2 所示，在图层面板上单击图层 1，生成"飘动"选区，如图 7-11-3 所示。

图 7-11-2

图 7-11-3

4．转到路径面板，单击下方的"从选区生成工作路径" 按钮 ，将选区转为工作路径，如图 7-11-4 所示。选用"转换点工具" 、"添加锚点工具" 、"删除锚点工具" 等与"钢笔工具" 有关的工具，仔细耐心地将"飘动"路径调整成如图 7-11-5 所示(并不一定将"飘动"路径调整这样精确)。

5．在路径面板，按住 Ctrl 键单击路径图层，将路径转为选区，填充为纯红色，如图 7-11-6 所示。

图 7-11-4

图 7-11-5

图 7-11-6

二、加强文字的飘动感和绘制投影效果

1．执行【滤镜/扭曲/波浪】命令，参数设置如图 7-11-7 所示。

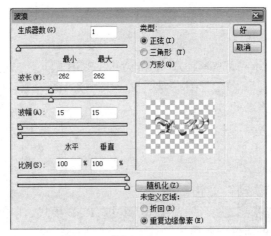

图 7-11-7

2. 复制图层 1 成图层 1 副本，选中图层 1，按住 Ctrl 键，单击图层 1，生成选区，填充为淡灰色。

3. 按 12 次向右方向键，8 次向下方向键，形成投影，最终效果如图 7-11-1 所示。

三、保存文件

将最后结果以 Xps7-11.tif 为文件名保存在考生文件夹中。

7.12　鹅卵石字(第 12 题)

【操作要求】

鹅卵石效果字制作，效果如图 7-12-1 所示。

1. 建一个 16 厘米×12 厘米、72 像素/英寸、RGB 模式、白色背景的新文件。
2. 植入文字"鹅卵石"，文字字体任选，文字大小为 160 像素。
3. 将文字制作成鹅卵石的效果。
4. 将最后结果以 Xps7-12.tif 为文件名保存在考生文件中。

【操作步骤】

一、输入文字"鹅卵石"

1. 建一个 16 厘米×12 厘米、72 像素/英寸、RGB 模式、白色背景的新文件。
2. 设置前景色为草绿色(R220 G180 B0)，选用"横排文字工具"**T**，大小为 160 像素的华文新魏字体，输入草绿色的文字"鹅卵石"，如图 7-12-2 所示。

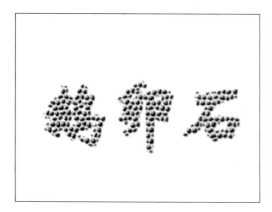

图 7-12-1

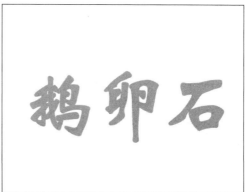

图 7-12-2

3. 执行【图层/栅格化/文字】命令，将"鹅卵石"文字图层转为普通图层。

二、处理文字"鹅卵石"

1. 置前景色为白色，背景色为草绿色(R220 G180 B0)。
2. 执行【滤镜/玟理/染色玻璃】命令，在打开的对话框中进行设置，单元格大小：4，边框粗细：3，光照强度：0，如图 7-12-3 所示。最终效果如图 7-12-4 所示。

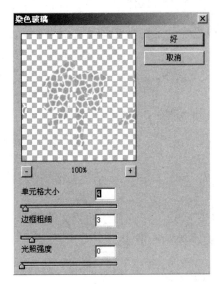

图 7-12-3

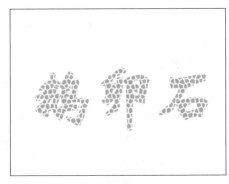

图 7-12-4

3．按住 Ctrl+空格组合键,多次单击"卵"字中间，放大"鹅卵石"。

4．选用"魔棒工具" ，容差取 5，在"卵"字下部的白色间隙中单击，再执行【选择/选择相似】命令，选中"鹅卵石"字的所有白色区域，效果如图 7-12-5 所示。按 Delete 键删除白色区域中的内容，按 Ctrl+D 组合键，去掉选区，效果如图 7-12-6 所示(注意：单击的白色间隙区域不同，制作出的效果不同)。

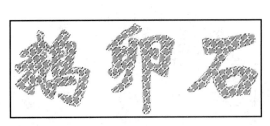

图 7-12-5

图 7-12-6

5．在图层面板中，用鼠标右击"鹅卵石"图层，在弹出的快捷菜单中，点选"混合选项"命令，打开"图层样式"对话框，并在"斜面和浮雕"对话框中进行设置，样式：浮雕效果，方法：平滑，大小：5 像素，其它参数默认，如图 7-12-7 所示。最终效果如图 7-12-8 所示。

6．在"投影"中进行设置，距离：3 像素，大小：3 像素，其它参数默认，如图 7-12-9 所示，最终效果如图 7-12-1 所示。

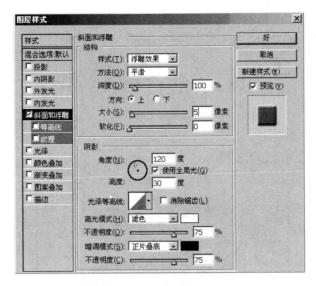

图 7-12-7

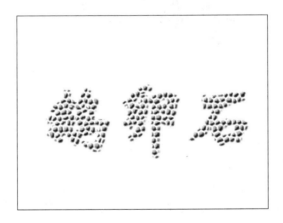

图 7-12-8

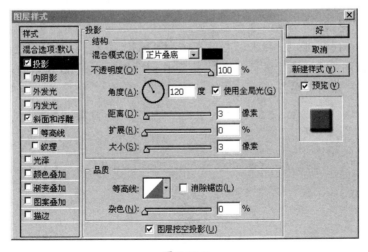

图 7-12-9

三、保存文件

将最后结果以 Xps7-12.tif 为文件名保存在考生文件夹中。

7.13 彩带字 (第 13 题)

【操作要求】

彩带效果文字制作，效果如图 7-13-1 所示。

图 7-13-1

1．建一个 16 厘米×12 厘米、72 像素/英寸、RGB 模式、白色背景的新文件。

2．建新层，植入纯蓝色文字"彩带字"，文字字体任选，文字大小为 60 像素，将文字定义为新笔刷。

3．将文字制作成彩色字的效果。

4．将最后结果以 Xps7-13.tif 为文件名保存在考生文件夹中。

【操作步骤】

一、定义"彩带字"画笔

1．建立一个 16 厘米×12 厘米、72 像素/英寸、RGB 模式、白色背景的新文件。然后，新建图层 1，选用"横排文字蒙版工具"，在属性栏中选择 60 像素的"楷体"，输入文字"彩带字"，如图 7-13-2 所示。

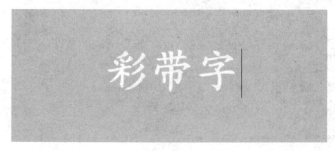

图 7-13-2

2．将前景色置为除白色以外的任何色，在这里置为纯蓝色(R0 G0 B155)，单击图层1，载入"彩带字"选区，按 Alt+Delete 组合键，将"彩带字"选区填为纯蓝色。

3．按 Ctrl+D 组合键取消"彩带字"选区，执行【编辑/定义画笔】命令，定义"彩带字"画笔。

二、绘制彩带

1．在图层 1 中，选用"矩形选框工具"，框选字符"彩带字"，按 Delete 键删除文字，按 Ctrl+D 组合键取消选区。

2．选用"钢笔工具"，在画面上部画一弧形路径，如图 7-13-3 所示。

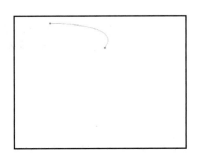

图 7-13-3

3．将前景色置为纯红色(R255 G0 B0)，背景色置为绿色(R0 G175 B50)，选择"画笔工具"，在属性栏上"画笔预设选取器"中，选择"彩带字"画笔；然后，单击"切换画笔调板"按钮，将"画笔笔尖形状"选项框中的"间距"设为 1%；设置"动态颜色"选项框中的"控制"为"渐隐"，且步长为"120"。

4．在路径面板中，单击"用画笔描边路径"按钮，生成由红到绿的第一条彩带，如图 7-13-4 所示。

5．选用"钢笔工具"，单击已画路径的末端，从已画路径的尾部接着画一条弧形路径，如图 7-13-5 所示。

图 7-13-4

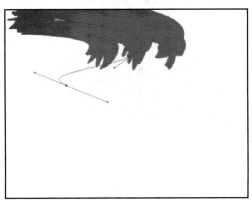

图 7-13-5

6．选用"直接选择工具"，单击路径的起始锚点，按 Delete 键，删除起始锚点，生成下一端彩带的路径。

7．将前景色置为绿色(R0 G175 B50)，背景色置为纯黄色(R255 G255 B0)，选择"画笔工具"，在路径面板中，单击"用画笔描边路径"按钮，生成由绿到黄的第二条彩带，如图 7-13-6 所示。

8．将前景色置为纯黄色(R255 G2555 B0)，背景色置为纯蓝色(R0 G0 B155)，重复步骤 5 至步骤 7 的操作，制作出黄到蓝的第三条彩带，效果如图 7-13-7 所示。

图 7-13-6　　　　　　　　　　　　图 7-13-7

9．将前景色置为蓝色(R0 G0 B155)，背景色置为红色(R255 G0 B0)，重复步骤 5 至步骤 7 的操作，制作出蓝到红的第四条彩带，效果如图 7-13-8 所示。

10．选用"直接选择工具"，单击最后一条路径的起始锚点，按 Delete 键，删除起始锚点。

11．选用"画笔工具"，在路径面板中单击"用画笔描边路径"按钮，会在最后一条路径的终止锚点上生成纯蓝色的彩带字，如图 7-13-9 所示。

图 7-13-8　　　　　　　　　　　　图 7-13-9

三、绘制彩色"彩带字"

1．选用"魔棒工具"，单击蓝色的文字，再执行【选择/选择相似】命令，将蓝色的文字选中。

2．选用"渐变工具"，在属性栏单击"可编辑渐变器"，在"渐变编

272

辑器"对话框中选择"色谱渐变",并在属性栏上单击"线性渐变"按钮 ▇ 。按住 Shift
键,对蓝色的文字选区,从左到右拖出渐变线,生成色谱渐变文字,如图 7-13-10 所示。

图 7-13-10

3．按 Ctrl+D 组合键,取消选区,并在路径面板删除路径。

四、修饰彩带字

1．执行【编辑/变换/透视】命令,向中心拖拉右边的控制柄,将文字变成由近到远的立体形状,如图 7-13-11 所示。

图 7-13-11

图 7-13-12

2．选中背景图层,将图层 1 与背景图层链接,单击"移动工具" ▇ ,在属性栏分别单击"垂直中齐"按钮 ▇ 与"水平中齐"按钮 ▇ ,使彩带字居中于画面,如图 7-13-12 所示。

3．选用"橡皮擦工具" ▇ ,在属性栏中选择 9 像素的硬画笔,将彩带上部中右侧稍许擦除,形成较好的曲线感觉,效果如图 7-13-13 所示。

4．选用"涂抹工具" ▇ ,在属性栏中选择 44 像素的软画笔,强度取 15%,在彩带的蓝色起始部分往左上涂抹,使蓝色的起始部分与相接的颜色融为一体,效果如图 7-13-14 所示。

图 7-13-13　　　　　　　　　　　　图 7-13-14

5．选用"减淡工具" ，在属性栏选择 100 像素的软画笔，曝光度取 20%，在蓝色的起始部分点数次，最终效果如图 7-13-1 所示。

五、保存文件

将最后结果以 Xps7-13.tif 为文件名保存在考生文件夹中。

7.14　象形文字(第 14 题)

【操作要求】

象形文字效果制作，效果如图 7-14-1 所示。

1．调出文件 Yps7-14.tif，如图 7-14-2 所示。

图 7-14-1　　　　　　　　　　　　图 7-14-2

2．制作一个"羊"的文字层，将文字"羊"转换、变形，使之与图像中的羊头形状相似，并填充黑色。

3．将文字层与背景层合成，制作成象形文字的效果。

4．将最后结果以 Xps7-14.tif 为文件名保存在考生文件夹中。

【操作步骤】

一、绘制"牛"图案

1．打开文件 Yps7-14.tif。

2．选用"钢笔工具" ，在属性栏中点选"路径" 按钮和"添加到路径区域"按钮 ，勾出牛角和鼻子，如图7-14-3所示。

3．转到路径面板，按住Ctrl键，单击路径图层，将路径转为选取区，如图7-14-4所示。

图 7-14-3

图 7-14-4

4．回到图层面板，按Ctrl+J组合键，在背景图层上生成一个选取区内图像的图层1，在背景图层上新建一个图层2并填充为白色，画布呈现如图7-14-5所示，此时图层面板如图7-14-6所示。

图 7-14-5

图 7-14-6

二、绘制"羊"字

1．关闭图层1与图层2，将羊的图像显示出来。

2．点选背景图层，然后，置前景色为黑色，选用"横排文字工具" ，在属性栏选择"华文行楷"字体，大小160像素，输入字符"羊"，经旋转、移动操作，放置在如图7-14-7所示位置。

3．执行【图层/栅格化/文字】命令，将字符"羊"图层转换为普通图层3，按住Ctrl键单击图层3，建立"羊"字选区，如图7-14-8所示。按Delete键删除选区中的文字图案，如图7-14-9所示。

4．转到路径面板，单击路径面板下方的"从选区生成工作路径"按钮 ，将选区转为路径，如图7-14-10所示。用"转换点工具" 、"增加锚点工具" 、"删除锚点工具" 将"羊"字路径调整为如图7-14-11所示。

图 7-14-7　　　　　　　　　　　　图 7-14-8

图 7-14-9　　　　　　　　　　　　图 7-14-10

5．单击路径面板下方的"将路径作为选区载入"按钮 ◯ ，将路径转为选区，如图 7-14-12 所示。

图 7-14-11　　　　　　　　　　　图 7-14-12

6．在背景图层中，按 Ctrl+C 组合键，复制选区内的图案。
7．将字符"羊"图层 3 删除。然后在最上方建立新的图层 3，按 Ctrl+V 组合键，粘贴选区内的图案，最终效果如图 7-14-1 所示。

三、保存文件

将最后结果以文件 Xps7-14.tif 保存在考生文件夹中。

7.15 发光文字(第15题)

【操作要求】

制作文字的发光效果,最终效果如图 7-15-1 所示。

图 7-15-1

1. 调出文件 Yps7a-15.tif 和 Yps7b-15.tif,分别如图 7-15-2 和图 7-15-3 所示。

图 7-15-2

图 7-15-3

2. 将 Yps7a-15.tif 中的部分图像填充到整个画面,并将图像大小调至合适尺寸(宽度、高度分别为 16 厘米和 12 厘米)。

3. 输入文字"2008",并将 Yps7b-15.tif 中花的图像复制到文字内。经过最后的处理做成发光的文字效果。

4. 将最终结果以文件 Xps7-15.tif 保存在考生文件夹中。

【操作步骤】

一、定义"小花"图案

1. 在文件 Yps7b-15.tif 中,选用"多边形套索工具" ,套索最下方的小白花,如

277

图 7-15-4 所示的框中小白花，按 Ctrl+C 组合键复制。

2．新建一个宽度 0.74 厘米，高度 0.74 厘米，分辨率为 96 像素/英寸，内容为"透明"，模式为 RGB 的临时文件，按 Ctrl+V 组合键粘贴小白花于临时文件中，然后，执行【编辑/定义图案】命令，并给小白花图案命名，如图 7-15-5 所示。关闭临时文件。

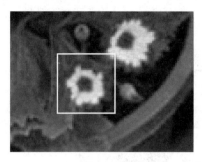
图 7-15-4

图 7-15-5

二、绘制背景

1．打开文件 Yps7a-15.tif。

2．在文件 Yps7a-15.tif 中，选用"裁剪"工具，在属性栏中进行设置，宽度：16 厘米，高度：12，分辨率：72 像素/英寸。然后，在画布上拖出如图 7-15-6 所示的裁剪框，最终效果如图 7-15-7 所示。

图 7-15-6

图 7-15-7

三、绘制发光文字"2008"

1．在文件 Yps7a-15.tif 中，选用"横排文字蒙版工具"，用 200 像素的黑体字体，输入文字"2008"，单击"移动工具"，文字"2008"变为选区。执行【选择/变换选区】命令，然后，将选区往垂直方向拉长，并将选区移至如图 7-15-8 所示位置。

2．执行【选择/修改/平滑】命令，在打开的对话框中设置"取样半径"为 5 像素。

3．按 Ctrl+J 组合键，复制选区内的图案成图层 1。

4．按住 Ctrl 键并单击图层 1，重新载入"2008"选区，执行【编辑/填充】命令，在打开的填充对话框中，选择前面定义的图案，效果如图 7-15-9 所示。

5．双击图层 1 的缩略图，在打开"图层样式"对话框中，设置"斜面和浮雕"样式的参数如图 7-15-10 所示。效果如图 7-15-11 所示。

图 7-15-8

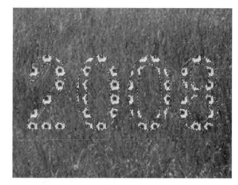
图 7-15-9

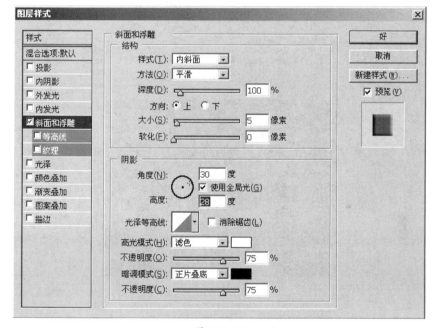
图 7-15-10

图 7-15-11

6．再设置"外发光"样式的参数如图 7-15-12 所示。效果如图 7-15-13 所示。

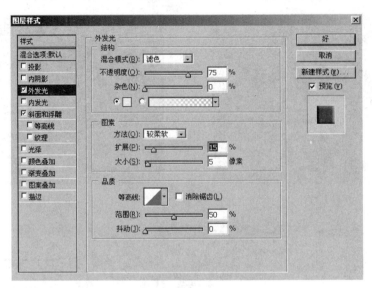

图 7-15-12

图 7-15-13

7．关闭图层1，执行【选择/修改/扩展】命令，在打开的对话框中设置"扩展量"为 3 像素。

8．选择背景图层，按 Ctrl+J 组合键，复制选区内的图案成图层 2。

9．双击图层 2 的缩略图，打开"图层样式"对话框，设置"外发光"、样式的参数如前图 7-15-12 所示。打开图层1，最终效果如图 7-15-1 所示。

四、保存文件

将最终结果以 Xps7-15.tif 为文件名保存在考生文件夹中。

7.16　水中倒影字(第 16 题)

【操作要求】

水中倒影字效果制作，效果如图 7-16-1 所示。

1. 调出文件 Yps7-16.tif，如图 7-16-2 所示。

图 7-16-1　　　　　　　　　　　　　图 7-16-2

2. 植入文字"水中字"，文字字体任选，颜色为纯红，文字大小为 120 像素。
3. 将文字制作成水中倒影的效果。
4. 将最终结果以 Xps7-16.tif 为文件名保存在考生文件夹中。

【操作步骤】

一、绘制"水中字"

1. 打开文件 Yps7-16.tif。
2. 置前景色为纯红色，选用"横排文字工具"**T**，在属性栏选择"楷体"字体，大小 120 像素，输入字符"水中字"，生成文字图层，放置在如图 7-16-3 所示位置。
3. 复制文字图层成副本图层，执行【编辑/变换/垂直翻转】命令,将垂直翻转的"水中字"移至如图 7-16-4 所示位置。

图 7-16-3　　　　　　　　　　　　　图 7-16-4

4. 选中文字副本图层，执行【图层/栅格化/文字】命令,将文字副本图层转为普通图层。
5. 执行【滤镜/扭曲/水波】命令，进行设置数量：-2，起伏：6，样式：水池波汶，如图 7-16-5 所示，效果如图 7-16-6 所示。

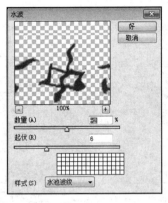

图 7-16-5　　　　　　　　　图 7-16-6

6. 右击文字副本图层，在弹出的快捷菜单中单击"混合选项"命令，进行设置，混合模式：滤色，不透明度：75%，其它参数默认，如图 7-16-7 所示。最终效果如图 7-16-1 所示。

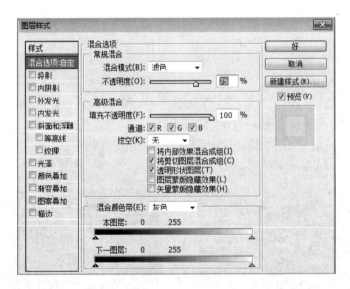

图 7-16-7

二、保存文件

将最终结果以 Xps7-16.tif 为文件名保存在考生文件夹中。

7.17　桌面反光倒影字(第 17 题)

【操作要求】

桌面反光倒影字效果制作，效果如图 7-17-1 所示。

1. 调出文件 Yps7-17.tif，如图 7-17-2 所示。

图 7-17-1

图 7-17-2

2．植入文字"倒影"，文字字体任选，颜色为纯蓝色，文字大小为 80 像素。
3．先将文字制作成立体效果，然后将文字制作成桌面反光倒影效果。
4．将最终结果以 Xps7-17.tif 为文件名保存在考生文件夹中。

【操作步骤】

一、绘制文字

1．打开文件 Yps7-17.tif。

2．置前景色为深蓝色(R30 G30 B150)，选用"横排文字工具" T，使用 80 像素的隶书字体，输入文字"倒影"，执行【图层/栅格化/文字】命令，将文字图层转为普通图层，并命名为图层 1。

3．对图层 1 执行【编辑/描边】命令，设置参数如图 7-17-3 所示。

4．选中背景图层，链接图层 1，选用"移动工具" ，单击属性栏中的"水平中齐"按钮 ，效果如图 7-17-4 所示。

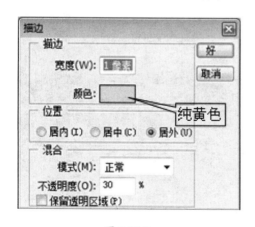
图 7-17-3

图 7-17-4

5．复制图层 1 成图层 1 副本，命名为图层 2。执行【编辑/变换/垂直翻转】命令，按住 Shift 键，用"移动工具" 翻转的"倒影"移动到桌子的前边缘附近，效果如图 7-17-5 所示。

283

图 7-17-5

二、绘制三维效果

1．选中图层 1，按住 Alt 键，同时按向左和向下方向键 6 次，形成正"倒影"文字的三维效果。关闭图层 2 和背景图层，执行【图层/合并可见图层】命令，合并后的图层为正"倒影"文字的图层 1。

2．打开图层 2 和背景图层，然后选中图层 2，按住 Alt 键，按住 Shift 键，并用"移动工具"将正"倒影"文字移到桌子的后边缘，如图 7-17-6 所示。

3．选中已翻转的"倒影"文字的图层 2，按住 Alt 键，同时按向右和向下方向键 6 次，形成已翻转的"倒影"文字的三维效果。关闭图层 1 和背景图层，执行【图层/合并可见图层】命令，合并后的图层为已翻转的"倒影"文字的图层 2。

4．打开图层 1 和背景图层，选中背景图层，链接图层 2，选用"移动工具"，单击属性栏中的"水平中齐"按钮，再将已翻转的"倒影"文字移动桌子的前边缘，效果如图 7-17-7 所示。

图 7-17-6

图 7-17-7

5．将图层 2 的不透明度调为 40%，最终效果如图 7-17-1 所示。

三、保存文件

将最终结果以 Xps7-17.tif 为文件名保存在考生文件夹中。

7.18 卷曲字(第 18 题)

【操作要求】

卷曲字效果制作，如图 7-18-1 所示。

图 7-18-1

1. 新建一个 16 厘米×12 厘米、72 像素/英寸、RGB 模式、白色背景的文件。
2. 植入文字"卷发"，文字字体为黑体，字大小为 160 像素，对文字作渐变色处理。
3. 将文字制作成卷曲字效果，并将文字作阴影处理。
4. 将最终结果以 Xps7-18.tif 为文件名保存在考生文件夹中。

【操作步骤】

一、绘制渐变字

1. 新建一个 16 厘米×12 厘米、72 像素/英寸、RGB 模式、白色背景的文件。
2. 选用"横排蒙板文字工具"，使用 160 像素的黑体，输入文字"卷发"，在工具箱中单击任何工具，生成"卷发"选区，如图 7-18-2 所示。
3. 新建图层 1，选用"渐变工具"，在"渐变编辑器"中选择"色谱"，在属性栏中单击"线性渐变"按钮口，从字符选区的左上角到右下角拖出渐变效果，如图 7-18-3 所示。

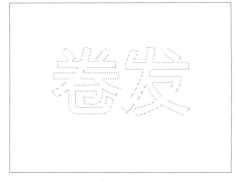

图 7-18-2

图 7-18-3

二、绘制卷曲字

1．在图层1中，选用"椭圆选框工具" ，样式取"固定大小"，宽度与高度视不同情况分别15像素×15像素、25像素×25像素、30像素×30像素，分别用椭圆选框选中"卷发"的起始笔处、落笔处和部分交叉处与拐弯处。

2．使用【滤镜/扭曲/旋转扭曲】命令，对框选"卷发"的起始笔处、落笔处和部分交叉处与拐弯处执行旋转扭曲操作，效果如图7-18-4所示(注意：角度分别取-999度或+999度，并且画每一个椭圆选框就执行一次"旋转扭曲"操作)。

图 7-18-4

3．复制图层1成图层1副本，按住Ctrl键，单击图层1，载入"卷发"选区，填充淡灰色。去掉选区，按8次向右方向键，按4次向下方向键，形成阴影效果，效果如图7-18-1所示。

三、保存文件

将最终结果以Xps7-18.tif为文件名保存在考生文件夹中。

7.19　自由落体字(第19题)

【操作要求】

自由落体字效果制作，如图7-19-1所示。

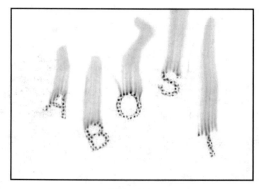

图 7-19-1

1．新建一个 16 厘米×12 厘米、72 像素/英寸、RGB 模式、白色背景的文件。

2．植入文字"ABOST",文字字体任选,字大小为 60 像素,将文字用灰白渐变色填充,用 Color Halftone 效果滤镜处理文字,并对各字母作随意转动,复制一层。

3．将文字制作成自由落体的效果。

4．将最终结果以 Xps7-19.tif 为文件名保存在考生文件夹中。

【操作步骤】

一、绘制彩色文字

1．新建一个 16 厘米×12 厘米、72 像素/英寸、RGB 模式、白色背景的文件。

2．置背景色为黑色,选用"横排蒙板文字工具" ,使用 60 像素的黑体,输入字符"ABOST",在工具箱中单击"移动工具" ,生成"ABOST"选区,如图 7-19-2 所示。

3．按 Ctrl+T 组合键,然后用移动工具将选区移到画布中央,按 Enter 键确认,效果如图 7-19-2 所示。

4．设置前景色为深灰色,背景色为白色,新建图层 1。

5．选用"渐变工具" ,在"渐变编辑器"中选择"从前景到背景",从字符选区在属性栏中单击"线性渐变"按钮 ,的上方到下方拖出线性渐变效果,效果如图 7-19-3 所示。

图 7-19-2

图 7-19-3

6．执行【滤镜/像素化/色彩半调】命令,设置最大半径为 7 像素,其它参数默认。去掉选区,效果如图 7-19-4 所示。

图 7-19-4

二、绘制彩色文字的自由落体效果

1．分别选用"矩形选框工具" ,框选各个字母,然后,按 Ctrl+T 组合键变换选区,执行移动和旋转操作,将各个字母放置到如图 7-19-5 所示位置。

2．选用"涂抹工具" ,在属性栏中选用 45 像素的软画笔,强度取 50%,对各字符涂抹出字符自由下落时的燃烧效果雏形。

3．选用"橡皮擦工具" ,在属性栏中选用 50 像素、10 像素等的软画笔,强度取 50%,将火焰擦成字符自由下落时的燃烧效果。

4．选用"模糊工具" ,在属性栏中选用 20 像素的软画笔,强度取 100%,将涂抹和擦出的火焰四周涂抹,除去边缘生硬的感觉。

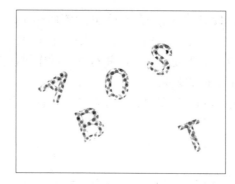

图 7-19-5

5．选用"减淡工具" ，在属性栏中选用 60 像素的软画笔，强度取 50%，将火焰颜色减淡，最终效果如图 7-19-1 所示。

三、保存文件

将最终结果以 Xps7-19.tif 为文件名保存在考生文件夹中。

7.20 凹陷字 (第 20 题)

【操作要求】

凹陷字效果文字制作，效果如图 7-20-1 所示。

1．调出文件 Yps8a-08.tif，这是一幅绿色木纹图，如图 7-20-2 所示。

图 7-20-1

图 7-20-2

2．植入文字"凹陷字"，文字字体为黑体，字大小为 160 像素。

3．利用通道计算，将文字制作成凹陷字处理。

4．将最终结果以 Xps7-20.tif 为文件名保存在考生文件夹中。

【操作步骤】

一、绘制凹陷文字

1．打开文件 Yps8a-08.tif。

2. 置前景色为白色，在通道面板，新建通道 Alpha 1，选用"横排文字工具" T ，使用 160 像素的加粗黑体，输入文字"凹陷字"，如图 7-20-3 所示。在工具箱中单击"移动工具" ，生成"凹陷字"选区，且"凹陷字"选区自动填充白色，如图 7-20-4 所示。

图 7-20-3　　　　　　　　　　　　　　　图 7-20-4

3. 将通道 Alpha 1 拖到通道面板下方的"创建新通道"按钮 上，复制一个通道 Alpha 1 副本。

4. 在通道 Alpha 1 副本，执行【滤镜/模糊/高斯模糊】命令，半径取 3 像素。然后，执行【滤镜/风格化/浮雕效果】命令，进行设置，角度：135 度，高度：3 像素，大小：135%，综合效果如图 7-20-5 所示。

5. 在通道 Alpha 1 副本，执行【图像/计算】命令，在打开的"计算"对话框中设置参数如图 7-20-6 所示。

图 7-20-5　　　　　　　　　　　　　　　图 7-20-6

6. 回到图层面板，单击背景图层，然后，执行【图像/应用图像】命令，参数设置，如图 7-20-7 所示。效果如图 7-20-8 所示。

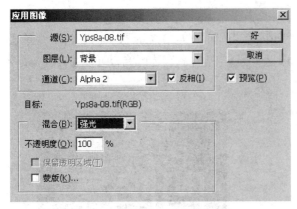 

图 7-20-7　　　　　　　　　　　图 7-20-8

7．执行【选择/修改/扩展】命令，扩展量取 4 像素。

8．按 Ctrl+J 组合键，复制背景图层为图层 1。然后，将背景图层填充为白色。再选中背景图层，链接图层 1，选用"移动工具"，单击属性栏上的"垂直中齐"按钮和"水平中齐"按钮，综合效果如图 7-20-9 所示。

9．双击图层 1，打开"图层样式"对话框，在"投影"样式中设置参数如图 7-20-10 所示，最终效果如图 7-20-1 所示。

 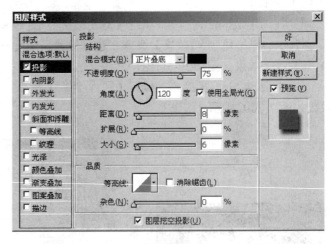

图 7-20-9　　　　　　　　　　　图 7-20-10

二、保存文件

将最终结果以 Xps7-20.tif 为文件名保存在考生文件夹中。

第 8 单元　图像综合技法

8.1　玻璃后的人像(第 1 题)

【操作要求】

通过对两图像的综合处理，制作出透过玻璃看到人像的效果，要求完成的最终效果如图 8-1-1 所示。

1. 调出文件 Yps8a-01.tif 文件，如图 8-1-2 所示，将额头的红点除去，要尽量不留修改痕迹。

2. 调出文件 Yps8b-01.tif，，如图 8-1-3 所示，将 Yps8a-01 图像粘贴到窗户里面。

图 8-1-1　　　　　　　　　　图 8-1-2　　　　　　　　　　图 8-1-3

3. 调整玻璃的透明度为 60%，使之产生透过玻璃看到人像的效果。

4. 将最终结果以 Xps8-01.tif 为文件名保存在考生文件夹中。

【操作步骤】

一、除去女人头部的红点

打开 Yps8a-01.tif，选择"仿制图章工具" ，在属性栏中，设置画笔为 10 像素，不透明度为 50%。然后，按住 Alt 键，在女人的头部红点附近单击，选取相近皮肤像素，再松开 Alt 键，在红色区域单击，将与皮肤相同的颜色替换女人头部的红点。

二、处理窗户

1. 打开 Yps8b-01.tif，双击背景图层，将背景图层解锁成图层 0。

2. 选择"魔棒工具" ，在属性栏选择"添加到选区"选项 ，并勾选"连续的"，然后分别点选窗户中的黑色部分，再按 Delete 键删除黑色部分，按 Ctrl+D 组合键除去选区，效果如图 8-1-4 所示。

二、置入人像

1. 用"魔棒工具" ，选取画面中的玻璃，按 Ctrl+Shift+J 组合键剪切玻璃，复制成图层 1。

2. 用"移动工具" 将 Yps8a-01.tif 拖到 Yps8b-01.tif 中，放到背景图层下面，进行缩放调整后的效果如图 8-1-5 所示。

图 8-1-4　　　　　　　　　　　　　　图 8-1-5

3. 选择玻璃图层为当前层，将图层不透明度调整为 60%，效果如图 8-1-1 所示。

三、保存文件

将最终结果以 Xps8-01.tif 为文件名保存在考生文件夹中。

8.2　立体墙面(第 2 题)

【操作要求】

通过对两图像的综合处理，制作出立体墙面的效果，最终效果如图 8-2-1 所示。

图 8-2-1

1. 分别调出文件 Yps8a-02.tif、Yps8b-02.jpg，如图 8-2-2 和图 8-2-3 所示。将 Yps8b-02.jpg 全图作图案填充，并进行图像调整。

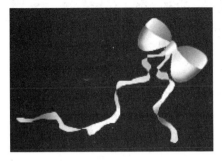
图 8-2-2

图 8-2-3

2．对图像进行透视等变换，作出礼品盒的效果。

3．植入文字 Happy Birthday，并作出立体效果。

4．将最终结果以 Xps8-02.tif 为文件名保存在考生文件夹中。

【操作步骤】

一、绘制背景

1．打开Yps8a-02.tif、Yps8b-02.jpg文件。

2．新建一个2厘米×2厘米，72像素/英寸，RGB模式、背景色为白色的文件。

3．选择"矩形选框工具"，在YPS8b-02中将花朵框选，如图8-2-4所示。再用"移动工具" 将其移入新建文件中，按Ctrl+T组合键，将其缩小至全部露出于画面中，如图8-2-5所示。再执行【编辑/定义图案】命令，将框选的花朵定义成图案。

图 8-2-4

图 8-2-5

4．建立一个16厘米×12厘米、72像素/英寸、RGB模式、白色背影的新文件。

5．执行【编辑/填充】命令，将上面定义的花朵图案填充整个背景，效果如图8-2-6所示。

6．双击背景图层的缩略图，在弹出的"新图层"对话框中，将背景图层的名称改为"0图层"，按Ctrl+J组合键两次，复制背景图层成图层1和图层1副本两个图层。

7．选用"矩形选框工具"，在图层1副本上，画一矩形选框如图8-2-7所示。

8．按Ctrl+J组合键，复制矩形选框内背景图层上的图案成图层2，删除背景图层和图层1副本两个图层，且关闭图层1，画面呈现图8-2-8所示样式。

9．在图层2，按Ctrl+T组合键，载入选框，用"移动工具" 将花朵图案填满图层2，如图8-2-9所示。

293

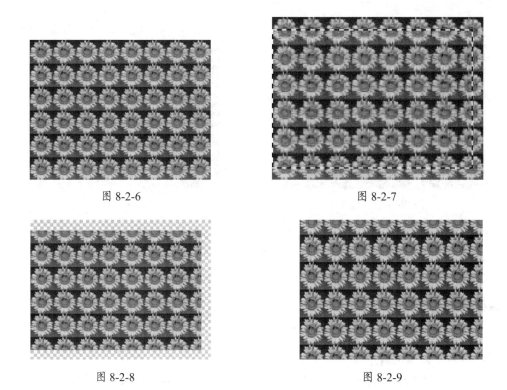

图 8-2-6   图 8-2-7

图 8-2-8   图 8-2-9

10. 执行【图像/调整/去色】命令，再执行【图像/调整/色彩平衡】命令，将"中间调"的色阶设置为(-100 +100 +100)，如图8-2-10所示；再执行【图像/调整/"亮度/对比度"】命令，进行设置，亮度：+45，对比度-15，效果如图8-2-11所示。

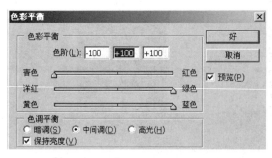   

图 8-2-10   图 8-2-11

二、绘制扭曲的花朵图案

1. 打开图层1，并将图层1移到图层2之上，然后，执行【编辑/变换/旋转90度(逆时针)】命令，再作适当的等比例缩小处理，效果如图8-2-12所示。

2. 选用"矩形选框工具" 将图层2的最后一排花框选，按Ctrl+X 组合键，剪切最后一排花，如图8-2-13所示。

3. 新建图层3，按Ctrl+V 组合键，将剪切的最后一排花粘贴在图层3上，关闭图层3。

4. 在图层2上，选用"矩形选框工具" 将图层2的第一列花框选，如图8-2-14所示，按Delete键删除选框中图案，如图8-2-15所示。

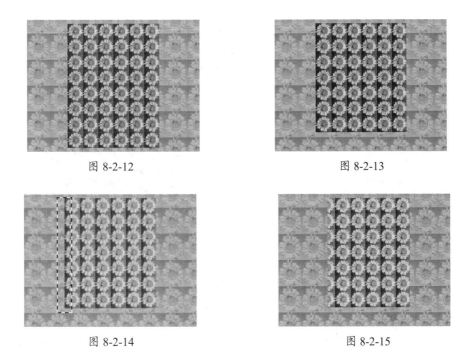

图 8-2-12　　　　　　　　　　　　　　图 8-2-13

图 8-2-14　　　　　　　　　　　　　　图 8-2-15

5．执行【编辑/变换/扭曲】命令，效果如图8-2-16所示。

6．执行【图像/调整/色阶】命令，在打开的对话框中设置输入色阶为(75　1.6　255)，效果如图8-2-17所示。

图 8-2-16　　　　　　　　　　　　　　图 8-2-17

7．打开图层3，如图8-2-18所示，选用"矩形选框工具"，将单独一排的花朵框选后删除成如图8-2-19所示样式。

图 8-2-18　　　　　　　　　　　　　　图 8-2-19

8．执行【图像/调整/"亮度/对比度"】命令，在打开的对话框中，进行设置，亮度：-58，对比度：+25，使最后一排的花朵颜色变暗，效果如图8-2-20所示。

9．执行【编辑/变换/扭曲】命令，并将图层3置于图层2之下，效果如图8-2-21所示。

图 8-2-20

图 8-2-21

三、置入蝴蝶结

1．选择"移动工具"，将Yps8a-02中的蝴蝶结移入当前文件中，生成图层Layer 4 copy，将其移至最上层，执行【图像/调整/"色相/饱和度"】命令，在打开的对话框中，如图8-2-22所示，勾选"着色"选项，进行设置，色相：260，饱和度：40，明度：+35。效果如图8-2-23所示。

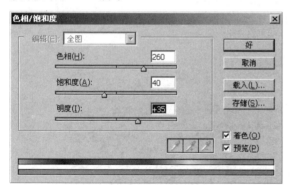
图 8-2-22

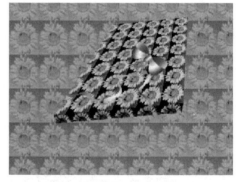
图 8-2-23

2．执行【编辑/变换/旋转】命令，再执行【编辑/变换/扭曲】命令，调整蝴蝶结如图8-2-24所示。

图 8-2-24

3．双击图层Layer 4 copy，对蝴蝶结作出投影效果，进行设置，距离：6像素，扩展：10%，大小：5像素，其它参数默认，如图8-2-25所示。效果如图8-2-26所示。

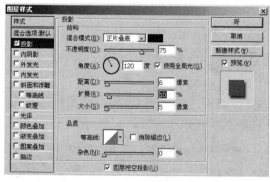

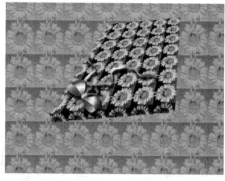

图 8-2-25　　　　　　　　　　　　　　　　图 8-2-26

四、输入文字

1．在通道面板里新建Alpha 1通道，选用"横排文字工具"，用80像素的"华文行楷"输入文字"happy birthday"。

2．回到图层面板，选择背景层，字符"happy birthday"选区自动载入，按Ctrl+J组合键复制选区内的图案，且自动在图层面板建立图层4。

3．双击图层4，打开"图层样式对话框"，选择"斜面与浮雕"样式，在对话框中设置参数如图8-2-27所示。效果如图8-2-28所示。

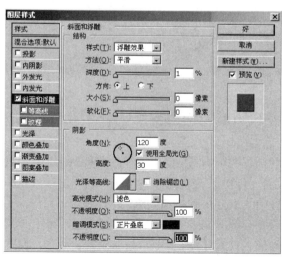

图 8-2-27　　　　　　　　　　　　　　　　图 8-2-28

4．选中背景图层，链接图层4，选用"移动工具"，单击属性栏上的"水平中齐"按钮，然后，将字符"happy birthday"向下移动到合适的位置，最终效果如图8-2-1所示。

五、保存文件

将最终结果以Xps8-02.tif为文件名保存在考生文件夹中。

8.3 水中花(第3题)

【操作要求】

通过特技处理制作出水中花的效果,最终效果如图8-3-1所示。

1．建立一个16厘米×12厘米、72像素/英寸、RGB模式的新文件。

2．通过相应的命令制作出水中的涟漪效果。打开文件Yps8-03.jpg,如图8-3-2所示,并将花的图像选择复制到新的文件中,作出花的倒影和摇曳效果。

图 8-3-1

图 8-3-2

3．通过图层样式制作出水滴效果。

4．将最终结果以Xps8-03.tif为文件名保存在考生文件夹中。

【操作步骤】

一、绘制荷花组合

1．建立一个16厘米×12厘米、72像素/英寸、RGB模式的新文件,用橄榄绿(R0、G132、B10)填充背景。

2．打开Yps8-03.jpg文件,选择"钢笔工具" 勾勒出荷花,按Ctrl+Enter组合键载入选区,选用"移动工具" 将其移入新文件中,在新文件中自动生成图层1,按住Ctrl+T组合键,将荷花缩小,并放置在垂直中线上方。效果如图8-3-3所示。

3．复制图层1为图层2,且放在图层1下方,选中图层2,按Ctrl+T组合键,将中心点定位在荷花茎的底端,逆时针旋转到适当位置,执行【滤镜/模糊/高斯模糊】命令,设置半径为3像素,然后,在图层面板将不透明度调整为70%,效果如图8-3-4所示。

4．复制图层1为图层3,且放在图层2下方,选中图层3,按Ctrl+T组合键,将中心点定位在荷花茎的底端,逆时针旋转到适当位置,执行【滤镜/模糊/高斯模糊】命令,设置半径为5.6像素,图层面板不透明度为50%,效果如图8-3-5所示。

5．复制图层1为图层4,放在图层1下方,选中图层4,按Ctrl+T组合键,将中心点定位在荷花茎的底端,顺时针旋转到适当位置,执行【滤镜/模糊/高斯模糊】命令,设置半径为4像素,图层面板不透明度为65%,效果如图8-3-6所示。

图 8-3-3

图 8-3-4

图 8-3-5

图 8-3-6

二、绘制水的涟漪效果

1. 复制图层4为图层5，放在图层3下方，先执行【编辑/变换/垂直翻转】命令，再执行【编辑/变换/扭曲】命令，将其调整和移动到合适的位置，效果如图8-3-7所示。

2. 设置前景色为(R6 G80 B2)，选中背景层，执行【滤镜/渲染/云彩】命令，效果如图8-3-8所示。

图 8-3-7

图 8-3-8

3．合并背景层、图层3、图层5成背景图层，在合并后的背景图层下选择"矩形选框工具"，建立矩形选区，然后，执行【选择/变换选区】命令，再用方向键将选框中心移到花的底部,如图8-3-9所示。

4．执行【滤镜/扭曲/水波】命令，在打开的对话框中，进行设置，数量：75%，起伏：10，样式：水池波纹，效果如图8-3-10所示。

图 8-3-9

图 8-3-10

三、绘制水珠效果

1．在图层1之上新建图层5、图层6和图层7。

2．选择图层7,选用"椭圆选框工具"，在图层7上画一正圆选区，并填充为白色，并调整图层7的不透明度为40%。

3．选择图层6，执行【选择/修改/扩展】命令，扩展量取2像素；再执行【编辑/描边】命令，宽度为2像素、位置居中、颜色为白色，为图层6上的正圆选区描上白边，并调整图层6的不透明度为70%。

4．选择图层5，进行同上操作，再为图层5正圆选区描上黑边。按Ctrl+D组合键除去选区，并调整图层5的不透明度为45%。

5．选用"移动工具"，按向下移动键两次，形成水珠的立体感。

6．选中图层7，链接图层5、图层6，按Ctrl+E组合键，合并图层5、图层6、图层7为图层5，并适当地缩放后放置在合适的位置，生成大一点的水珠，效果如图8-3-11所示。

图 8-3-11

7．选中图层5，按Ctrl+J组合键，复制图层5副本和图层5副本2，生成两个小一点的水珠图层。

8．分别选中图层5副本和图层5副本2，按Ctrl+T组合键分别载入两个小一点的水珠选框，进行缩小和移动操作，分别放置在合适的位置，最终效果如图8-3-1所示。

四、保存文件

将最终结果以Xps8-03.tif为文件名保存在考生文件夹中。

8.4 书签(第4题)

【操作要求】

通过对纹理等常用工具的处理，制作出书签的效果，最终效果如图8-4-1所示。

1．建立一个4厘米×10厘米、72像素/英寸、RGB模式、白色背景的新文件。

2．作出书签的纹理及边缘的锯齿效果。输入相应的文字，将文字摆放在合适的位置上并给文字做不同的效果。

3．打开文件Yps8-04.tif，如图8-4-2所示，将花复制到新文件中，并将花复制一份调成洋红色放在合适位置处，给书签制作阴影效果。

图 8-4-1

图 8-4-2

4．将最终结果以Xps8-04.tif为文件名保存在考生文件夹中。

【操作步骤】

一、绘制书签背景

1．建立一个4厘米×10厘米、72像素/英寸、RGB模式，背景暂时为黑色的新文件。

2．在图层面板上建立图层1，选择"矩形选框工具"，建立矩形选区，填充为白色，然后，进行"垂直中齐"和"水平中齐"操作。再执行【滤镜/纹理/纹理化】命令，在打开的对话框中，进行设置，纹理：画布，缩放：100%，凸现：2。效果如图8-4-3所示。

3．在路径面板上单击"从选区生成工作路径"按钮，将选区转换为路径。

4．置前景色为黑色，然后选择"橡皮擦工具"，在属性栏中单击"切换画笔调板"按钮，在打开的对话框中单击"画笔笔尖形态"选项，在打开的下级对话框中，先选择一种硬画笔，再进行设置，直径：7像素，间距：125%。

5．单击路径面板底部的"用画笔描边路径"按钮，效果如图8-4-4所示。

图 8-4-3

图 8-4-4

二、绘制书签文字

1．建立图层2，在图层2中用"钢笔工具"画一弧线路径，选用"画笔工具"，单击属性栏上的"切换画笔调板"按钮，在打开的"画笔笔尖形状"对话框中选择一种软画笔，进行设置，画笔大小：5像素，间距：25%，如图8-4-5所示。

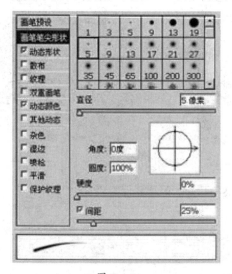
图 8-4-5

2．在"画笔笔尖形状"对话框中，单击"动态形状"选项，在打开的"动态形状"对话框中，进行设置，渐隐：50，如图8-4-6所示。在路径面板，单击"画笔描边路径"按钮 ，用画笔描出弧线效果，如图8-4-7所示字符之下的弧线。

3．用"路径选择工具" 选中弧线路径，然后，选用"横排文字工具"，选用大小为15点、斜体的任意字体，在路径上单击，用方向键将光标移动到路径之上的合适位置。沿路径输入黑色的字符"MiDi! My Friend!"，效果如图8-4-7所示。

图 8-4-6

图 8-4-7

4．合并图层2和文字层，命名为图层2，复制图层2为图层2副本，选择"移动工具"将其移至图像下方，再用不同的字体、大小和颜色依次输入"Remeber me"，"也许忙碌改变了我们的生活"，"但我会 永远珍惜 Don't forget me"，"嗨！我在这里等着你的讯息也常常想起你……"，效果如图8-4-8所示。

5．选择画笔工具，设定画笔大小为1像素，颜色为深紫色，对文字做出下划线、波浪线等效果，效果如图8-4-9所示。

图 8-4-8

图 8-4-9

三、装饰书签

1．选中背景图层，改背景图层为白色。

2．双击图层1，在打开的"图层样式"对话框的"投影"中，进行设置，混合模式：正片叠底，距离：5像素，扩展：1像素，大小：13像素，不透明度：100%，其它参数默认，如图8-4-10所示。

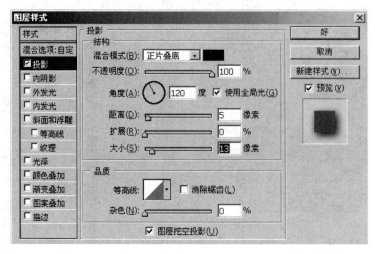

图 8-4-10

3．打开文件Yps8-04.tif，用"魔棒工具" 选择包括茎、叶的红色玫瑰，然后用"移动工具" 将其移入当前文件中，按Ctrl+T组合键，然后，缩小和旋转玫瑰花，放置在图像的右下角。

4．复制玫瑰花图层为副本，按Ctrl+T组合键，以茎底为旋转点旋转副本玫瑰花到合适的位置。

5．执行【图像/调整/"色相/饱和度"】命令，在打开的对话框中，将色相调整为"-35"，如图8-4-11所示，使副本的玫瑰花变为洋红色，效果如图8-4-1所示。

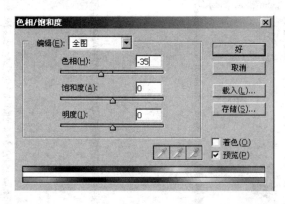

图 8-4-11

四、保存文件

将最终结果以Xps8-04.tif为文件名保存在考生文件夹中。

8.5 荡秋千女孩(第5题)

【操作要求】

通过对图像的特技处理，产生连续动作的效果，最后效果如图8-5-1所示。

1．调出文件Yps8-05.psd，如图8-5-2所示，并将背景置换成白色。

图 8-5-1

图 8-5-2

2．作出小女孩在荡秋千的动态效果。
3．要求最后结果是一个单层文件。
4．将最终结果以Xps8-05.tif为文件名保存在考生文件夹中。

【操作步骤】

一、绘制女孩荡秋千的动态效果

1．打开文件Yps8-05.psd，转到路径面板，按住Ctrl键，单击路径Path1，自动在背景图层上选中人物。

2．执行【选择/修改/平滑】命令，在打开的对话框中进行设置，取样半径取2像素。

3．按Shift+Ctrl+I组合键，反选背景；置前景色为白色，按Alt+Delete组合键，给背景填上白色。

4．执行【编辑/变换/旋转】命令，将人物调整位置并适当缩小，如图8-5-3所示。

图 8-5-3

5．复制图层1为图层2、图层3、图层4，且从上到下按图层1、图层2、图层3、图层4的顺序排列，按Ctrl+T组合键分别将图层2、图层3、图层4自由旋转，并调整三个图层的图像位置到如图8-5-4所示的位置。图层面板如图8-5-5所示。

图 8-5-4

图 8-5-5

二、绘制女孩荡秋千的动态效果

1．选择图层4为当前图层，复制图层4生成图层4副本，选中图层4，执行【滤镜/模糊/动感模糊】命令，在打开的对话框中进行设置，角度：45，距离：120；选中图层4副本，执行【滤镜/模糊/高斯模糊】命令，在打开的对话框中进行设置，半径取2。

2．选择图层3为当前图层，复制图层3生成图层3副本，选中图层3，执行【滤镜/模糊/动感模糊】命令，在打开的对话框中进行设置，角度：45，距离：90；选中图层3副本，执行【滤镜/模糊/高斯模糊】命令，在打开的对话框中进行设置，半径取1.5。

3．选择图层2为当前图层，复制图层2生成图层2副本，选中图层2，执行【滤镜/模糊/动感模糊】命令，在打开的对话框中进行设置，角度：45，距离：60；选中图层2副本，执行【滤镜/模糊/高斯模糊】命令，在打开的对话框中进行设置半径取1。最终效果如图8-5-1所示。

4．执行【图层/拼合图层】命令，将所有图层拼合成一个图层。

三、保存文件

将最终结果以Xps8-05.tif为文件名保存在考生文件夹中。

8.6 秋风落叶(第 6 题)

【操作要求】

通过对图像的特技处理，制作出秋风落叶的效果，最终效果如图8-6-1所示。

1．建立一个16厘米×16厘米、72像素/英寸、RGB模式、背景为白色的新文件。

2．调出文件Yps8a-06.tif和Yps8b-06.tif，分别如图8-6-2和图8-6-3所示，并分别选择图像进行复制，放置在新文件的相应位置中进行相应的处理。

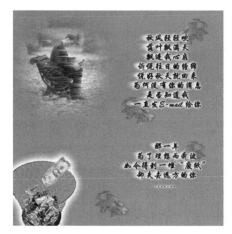

图 8-6-1

图 8-6-2

图 8-6-3

3．输入相应的文字，并给文字制作发光的吹风效果。

4．将最终结果以Xps8-06.tif为文件名保存在考生文件夹中。

【操作步骤】

一、建立新文件

1．建立一个16厘米×16厘米、72像素/英寸、RGB模式、背景为白色的新文件。

2．置前景色为(R167　G131　B17)，按Alt+Delete组合键，将背景色填充为草绿色。

二、置入人物

1．打开文件Yps8a-06.tif。

2．选用"椭圆选框工具"，选择文件Yps8a-06中的人物，执行【选择/羽化】命令，在打开的对话框中进行设置，羽化半径取30像素，然后，选择"移动工具"，将椭圆选框中的图案移入新建文件中，自动生成图层1，对其作适当的缩放，放置在画布的左上角，如图8-6-4所示。

图 8-6-4

三、置入垃圾桶

1．打开文件Yps8b-06.tif。

2．选择"魔棒工具" ，在属性栏中取容差为10，单击"添加到选区"按钮 ，且勾选"清除锯齿"和"连续的"选项。在背景上围着垃圾桶四周单击，选中文件Yps8b-06中垃圾桶以外的区域。然后，按Ctrl+Shift+I组合键反选中垃圾桶。

3．选择"移动工具" ，将垃圾桶移入新建文件中，自动生成图层2，按Ctrl+T组合键，缩小垃圾桶，放置在便于下步操作的位置，如图8-6-5所示。

4．双击图层2缩览图，打开"图层样式"对话框，在"外发光"对话框中进行设置，混合模式：滤色，不透明度：90%，颜色：白色，扩展：10%，大小：25像素，其余参数默认，为垃圾桶添加外发光效果，如图8-6-6所示。

图 8-6-5　　　　　　　　　　　　　图 8-6-6

5．选择"吸管工具" ，在草绿色的背景上单击，使前景色变为背景色的草绿色。

6．选择"魔棒工具" ，在属性栏中取容差为10，点选"添加到选区"按钮 ，在垃圾桶中一网格内单击，选中此网格，执行【选择/选取相似】命令，选中垃圾桶的网格。然后，按Alt+Delete组合键，给选中的网格填充草绿色。

7．再次用"魔棒工具" 单击未选中的网格，每选中一个，按一次Alt+Delete组合键，将其填充草绿色，直至垃圾桶镂空全部显出草绿色的背景色，然后将其放置在画布的左下角，如图8-6-7所示。

四、置入树叶

1．选择"魔棒工具" ，容差设置为15，在属性栏中点选"添加到选区"按钮 ，反复单击文件Yps8a-06.tif中椅子正上方的树叶，选中树叶。

2．选择"移动工具" ，将选中的树叶移入新文件中，生成图层3，执行【图像/亮度/对比度】命令，在打开的对话框中进行设置，亮度：-5，对比度：+30，先将树叶整体调亮，再执行【图像/调整/曲线】命令进行设置，输入：215，输出：220。

3．复制图层3成两个副本，将其中的一个执行【编辑/变换/水平翻转】命令，再将水平翻转的树叶复制一个，调整四片树叶的位置，效果如图8-6-8所示。

图 8-6-7　　　　　　　　　　　　　　图 8-6-8

五、文字处理

1. 选用"横排文字工具"T，用大小18点、黑色的华文行楷，且文字段落居中，行间距为20点，字符间距为10，输入第一段文本；然后，单击工具栏中任一工具，再选用"横排文字工具"T，输入第二段文本，如图8-6-9所示。

2. 链接两个文字图层，按Ctrl+E组合键合并文字图层成普通图层，复制文字图层为副本图层，按住Ctrl键单击在下方的文字图层，将文字图层载入选区，填充为白色，执行【滤镜/风格化/风】命令，在打开的对话框中进行设置，方法：风，方向：从左。

3. 双击下方的文字图层缩览图，在打开的"图层样式"对话框中的"外发光"选项中进行设置，混合模式：滤色，不透明度：100%，颜色：白色，大小：5像素，其余参数默认，效果如图8-6-10所示。

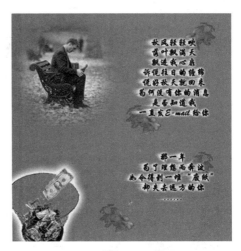

图 8-6-9　　　　　　　　　　　　　　图 8-6-10

六、人物处理

对人物所在的图层1执行【滤镜/风格化/风】命令，在打开的对话框中进行设置，方法：风，方向：从左，最终效果如图8-6-1所示。

七、保存文件

将最终结果以Xps8-06.tif为文件名保存在考生文件夹中。

8.7 汽车广告(第7题)

【操作要求】

通过对图像的特技处理，制作出车的效果，最终效果如图8-7-1所示。

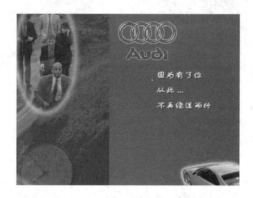

图 8-7-1

1．建立一个16厘米×12厘米、72像素/英寸、RGB模式、淡蓝色背景的新文件。

2．调出文件Yps8a-07.gif、Yps8b-07.jpg、Yps8c-07.jpg、Yps8d-07.jpg、Yps8e-07.jpg，分别如图8-7-2、图8-7-3、图8-7-4、图8-7-5和图8-7-6所示，将部分图像复制到新文件中。

图 8-7-2

图 8-7-3

图 8-7-4

图 8-7-5

图 8-7-6

3．输入文字并制作发光效果，给车及人物图像作出相应的发光效果。

4．将最终结果以Xps8-07.tif为文件名保存在考生文件夹中。

【操作步骤】

一、建立背景

1．打开文件Yps8c-07.jpg。

2．建立一个16厘米×12厘米、72像素/英寸、RGB模式、淡蓝色背景的新文件。

3．选择"移动工具"，将文件Yps8c-07.jpg的图像移到新建文件中，生成图层1，放置在如图8-7-7所示的位置。

4．选择"矩形选框工具"，将图8-7-7右边的图像框选，如图8-7-8所示，按Delete键删除框选的图像，如图8-7-9所示。

5．在图层面板上方调整图层1的不透明度为50%，如图8-7-10所示。

图 8-7-7

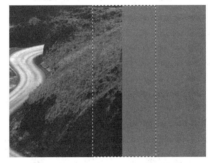
图 8-7-8

图 8-7-9

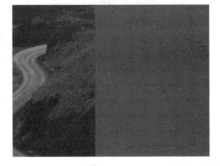
图 8-7-10

6．按Ctrl+E组合键，将原背景图层与图层1合并成背景图层。

二、绘制发光椭圆人像

1．打开文件Yps8b-07.jpg，选用"椭圆选框工具"，框选人像如图8-7-11所示。

2．执行【选择/羽化】命令，羽化半径取5像素。

3．按Ctrl+C组合键，复制椭圆选框内图像。

4．选择新文件为当前文件，按Ctrl+V组合键，将椭圆选框内图像粘贴在新文件中，生成图层1。

5．置图层1为当前图层，执行【编辑/描边】命令，宽度取10像素，颜色设为淡黄色，

311

位置居中。

6．按Ctrl+T组合键，再按Shift+Alt组合键，用"移动工具" 将椭圆选框内图像等比例稍许缩小，然后，移动至画面左上角的位置。

7．在图层面板上方调整图层1的不透明度为60%，效果如图8-7-12所示。

图 8-7-11

图 8-7-12

三、绘制挂钟

1．打开文件Yps8d-07，选用"磁性套索工具" ，将第4个挂钟套索，按Ctrl+C组合键，复制挂钟，如图8-7-13所示。

2．选择新文件为当前文件，按Ctrl+V组合键，将挂钟粘贴在新文件中，生成图层2。按Ctrl+T组合键，然后，逆时针旋转-15°，使挂钟在垂直方向摆正，如图8-7-14所示。

3．按"回车"键确定，然后，再按Ctrl+T组合键，用"移动工具" ，将挂钟水平放大成正圆形，如图8-7-15示。

图 8-7-13

图 8-7-14

图 8-7-15

4．将挂钟等比例缩小后，放置在如图8-7-16所示位置。在图层面板上方，调整图层2的不透明度为20%，效果如图8-7-16示。

四、绘制轿车标志

1．打开文件Yps8a-07.gif，选用"磁性套索工具" ，在属性栏中点选"从选区减去"选项 ，将4个环从外部套索，再分别将4个环从内部套索，形成4个环的选区。

2．在属性栏中点选"添加到选区"选项 ，分别将4个字母从外部套索，再点选"从选区减去"选项 ，分别将字母A和Q从内部套索，形成4个字母与4

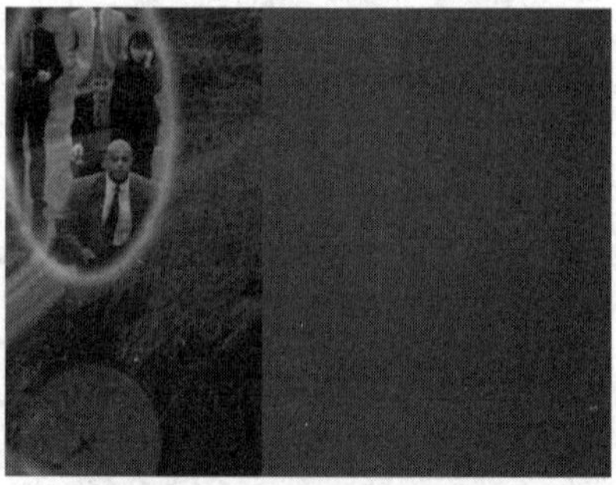

图 8-7-16

个环的选区。

3．执行【选择/修改/平滑】命令，取样半径设为1像素，使选区平滑。

4．选择"移动工具" ，将选区内的图案移到新文件中，生成图层3，双击图层3，在打开的"图层样式"对话框中单击"外发光"选项，在打开的"外发光"选项中，设置颜色为淡黄色，其它参数如图8-7-17所示。将轿车标志制成外发光的效果。

5．进行适当的缩放，用"移动工具" 将轿车标志移放至图8-7-18位置。

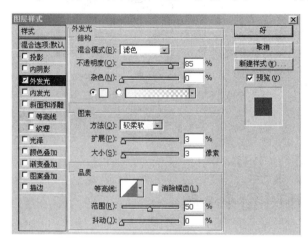

图 8-7-17

图 8-7-18

五、绘制轿车

1．打开文件Yps8e-07.gif，执行【图像/旋转画布/90度(顺时针)】命令，将画布顺时针旋转90度，然后，选用"磁性套索工具" ，将汽车套索成选区，再执行【选择/修改/平滑】命令，取样半径设为1像素，使选区平滑，如图8-7-19所示。

2．选择"移动工具" 将汽车移至新文件中，生成图层4，经适当的缩放后，将汽车放置在画布的右下角。

3．双击图层4缩览图，在打开的"图层样式"对话框中单击"外发光"选项，打开"外发光"对话框，设置颜色为淡黄色，其它参数如图8-7-17所示，将轿车制成外发光的效果，如图8-7-20所示。

图 8-7-19

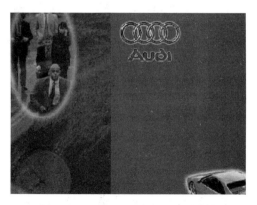

图 8-7-20

六、输入广告语

1．选择"横排文字工具" T，在属性栏中单击"切换字符和段落调板"按钮，颜色设为白色，其它参数如图8-7-21所示，输入广告语。

2．对文字图层执行【图层/栅格化/文字】命令，将文字图层转为普通图层。

3．复制文字的普通图层成副本图层，选中下面文字的普通图层。

4．置前景色为黑颜色，按住Ctrl键单击文字图层，载入文字选区，再按填充将文字填充为纯黑色；分别单击两次"向下"和"向右"方向键，做出带阴影的白色字。

5．在文字图层面板上将"不透明度"调为60%，降低阴影的亮度，最终效果如图8-7-1所示。

七、保存文件

将最终结果以Xps8-07.tif为文件名保存在考生文件夹中。

图 8-7-21

8.8 木雕图案(第8题)

【操作要求】

通过对图像的特技处理，产生木雕图案的效果，最终效果如图8-8-1所示。

1．分别调出文件Yps8a-08.tif、Yps8b-08.tif，如图8-8-2和图8-8-3所示。

图 8-8-1　　　　　　　图 8-8-2　　　　　　　图 8-8-3

2．通过通道计算，产生木雕花纹的效果。
3．设置适当的灯光效果。
4．将最终效果以Xps8-08.tif为文件名保存到考生文件夹中。

【操作步骤】

一、处理红花

1．打开文件Yps8b-08.tif，选用"魔棒工具"，容差取"30"，点选属性栏中的"添加到选区"按钮，在花的四周多处单击，选中图像背景，按Shift+Ctrl+I组合键执行反选操作选中花。然后，按Ctrl+C组合键复制花。

2．打开文件Yps8a-08.tif，新建Alpha1通道，按Ctrl+V组合键在Alpha1通道上粘贴花，效果如图8-8-4所示。

3．执行【滤镜/杂色/去斑】命令，再执行【滤镜/风格化/查找边缘】命令，效果如图8-8-5所示。

图 8-8-4　　　　　　　　　　　图 8-8-5

4．执行【图像/调整/反相】命令，效果如图8-8-6所示。

5．执行【图像/调整/"亮度/对比度"】命令，亮度取+78，效果如图8-8-7所示。

图 8-8-6　　　　　　　　　　　图 8-8-7

6．按Ctrl+D组合键，取消选区。

二、绘制木雕图案

1．回到文件Yps8a-08.tif的图层面板，执行【图像/计算】命令，在打开的对话框中进行设置，源1：Yps8a-08.tif，通道：红，源2：Yps8a-08.tif，通道：Alpha1；结果：新通道，如图8-8-8所示。

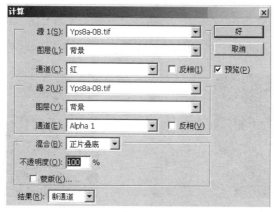

图 8-8-8

2．在通道面板上，单击RGB通道，执行【滤镜/渲染/光照效果】命令，在打开的对话框中设置光照椭圆的参数如图8-8-9所示。最终效果如图8-8-1所示。

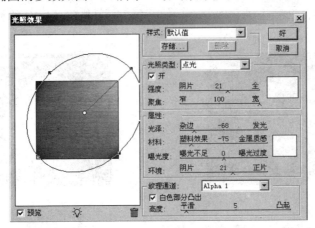

图 8-8-9

三、保存文件

将最终效果以Xps8-08.tif为文件名保存到考生文件夹中。

8.9 狮身人面 (第9题)

【操作要求】

通过对图像的特技处理，产生狮身人面的效果，最终效果如图8-9-1所示。

图 8-9-1

1．分别调出Yps8a-09.tif、Yps8b-09.tif，如图8-9-2和图8-9-3所示。

图 8-9-2

图 8-9-3

2．调整人头像的大小、形状和位置。

3．将人头像与狮子图像合成，作出狮身人面的效果。

4．将最终结果以Xps8-09.tif为文件名保存到考生文件夹中。

【操作步骤】

一、处理人头图像

1．打开文件Yps8a-09.tif，Yps8b-09.tif。

2．选择Yps8a-09.tif，选用"魔棒工具"，点选属性栏上"添加到选区"按钮，单击图像的淡蓝色部分，然后，按Ctrl+Shift+I组合键反选中人物脸部，然后，执行【选择/羽化】命令，羽化半径取10。

3．选用"移动工具"，把人脸移到文件Yps8b-09.tif中，通过缩放、旋转等操作，使人脸与狮子面部吻合，如图8-9-4所示。

图 8-9-4

4．置前景色为白色，背景色为黑色，单击图层面板下方的"添加矢量蒙板"按钮，选择"橡皮擦工具"，在属性栏上选用20像素的软画笔，擦去人脸的多余部分。

5．选择"模糊工具"，在属性栏上选用30像素的软画笔，在人脸与狮子面部接合部刷一圈，使人脸与狮子面部合成得自然些，最终效果如图8-9-1所示。

二、保存文件

将最终效果以Xps8-09.tif为文件名保存到考生文件夹中。

8.10 挂历(第 10 题)

【操作要求】

通过对图像的特技处理，制作出挂历，最终效果如图8-10-1所示。

1．建一个20厘米×26厘米、72像素/英寸、RGB模式、黑色背景的新文件。

2．调出Yps8a-10.tif、Yps8b-10.tif，分别如图8-10-2和图8-10-3所示，将图像复制到新文件中，对鱼的图像进行复制处理。

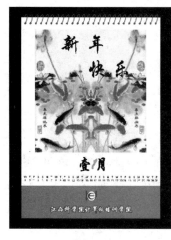

图 8-10-1　　　　　　　　　图 8-10-2　　　　　　　　　图 8-10-3

3．制作出标志的效果，并输入文字，给文字制作出相应的效果。

4．将最终结果以Xps8-10.tif为文件名保存到考生文件夹中。

【操作步骤】

一、绘制背景

1．新建一个20厘米×26厘米、72像素/英寸、RGB模式、黑色背景的文件。

2．新建图层1，用"矩形选框工具"　　画一矩形选区，填充淡蓝色，选择背景图层，链接图层1，选用"移动工具"　　，单击"垂直中齐"　　和"水平中齐"按钮　　，效果如图8-10-4所示。

3．压住左键，将图层1拖往图层面板下方的"创建新的图层"按钮　　，复制一个图层1副本在图层1之上。

4．置前景色为白颜色，按住Ctrl键单击图层1副本的缩览图，调出图层1副本选框，按Alt+Delete组合键，将图层1填充为白色。

5．按Ctrl+T组合键，载入选框，将图层1副本从下方往上缩小，效果如图8-10-5所示。

图 8-10-4　　　　　　　　　图 8-10-5

二、绘制挂历图案

1．打开文件Yps8b-10.tif，压住左键，将背景图层拖往图层面板下方的"创建新的图层"按钮 ，复制一个背景图层副本在背景图层之上。

2．选择背景图层副本，点选"吸管工具" ，在背景图层副本没有图案的区域上单击，将前景色置为背景图层副本没有图案的区域的颜色。然后，转到背景图层，按Alt+Delete组合键，将背景图层填充为背景图层副本没有图案的区域的颜色。

3．置前景色为白色，背景色为黑色，选择背景图层副本，单击图层面板下方的"添加矢量蒙板"按钮 ，单击"橡擦工具" ，在属性栏上选择像素为21的软画笔，将文字"新年快乐"附近的图形擦去，效果如图8-10-6所示。

4．选用"仿制图章工具" ，按住Alt键，在左上角花朵的茎上单击取色素，松开Alt键，在茎的端点处一次次的单击，将断开的茎修复，效果如图8-10-7所示。

图 8-10-6　　　　　　　　　　　图 8-10-7

5．将背景图层和背景图层副本合并成背景图层。

三、合成挂历图案

1．选用"移动工具" ，将修改后的文件Yps8b-10.tif的图像移到新文件中，生成图层2，执行缩放操作，调整到合适的大小和位置。

2．复制图层2成图层2副本，对图层2副本执行【编辑/变换/水平翻转】命令，然后，按向右方向键，将图层2副本向右移动，使两个图案相接，链接图层2和图层2副本，按Ctrl+E组合键合并成一个图层2。

3．选择背景图层，链接图层2，选择"移动工具" ，单击属性栏上的"水平中齐"按钮 ，效果如图8-10-8所示。

四、绘制挂历索环

1．新建图层3，选用"椭圆选框工具" ，在属性栏中进行设置，样式：固定长宽比，宽度：1，高度：1，设置前景色为棕红色，然后，在白色区域的左上角画一小正圆，按Alt+Delete组合键，填充为棕红色。

2．选用"钢笔工具" ，以正圆为基点，画一个单环索路径；再选用"画笔工具" ，选择3像素的硬画笔，然后，转到路径面板，单击下方的"用画笔描边路径"按钮 ，将单环索填充为棕红色，效果如图8-10-9所示。

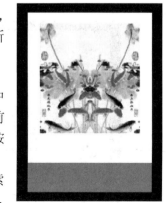

图 8-10-8

3．按住Alt键，水平拖出25个穿过小圆孔的单环索，选中图层3，链接25个单环索所在的图层，选用"移动工具"，单击属性栏上的"底对齐"和"按左分布"按钮，将26个单环索对齐排列，效果如图8-10-10所示。

图 8-10-9

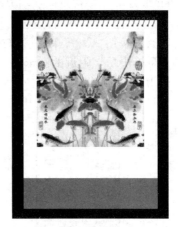
图 8-10-10

4．执行【图层/合并链接图层】命令,将所有单环索所在的图层合并成图层3。

五、置入文字

1．选用"横排文字工具"，用大小52点，黑色的华文行楷，输入文字"壹1月"，然后，将"1"设置为粉红色，最后将三个字符的字间距设为-100。

2．选择背景图层，链接文字图层，选择"移动工具"，单击属性栏上的"水平中齐"按钮，并将其移至图案正下方合适位置，效果如图8-10-11所示。

3．打开文件Yps8a-10.tif，选中Layer 1图层，选用"矩形选框工具"，尽量紧靠文字框选文字，按Ctrl+C组合键复制。

4．在新文件中新建图层4，按Ctrl+V组合键粘贴，按Ctrl+T组合键，作适当的缩小，放置"壹1月"之下。选择背景图层，链接图层4，选择"移动工具"，单击属性栏上的"水平中齐"按钮，效果如图8-10-12所示。

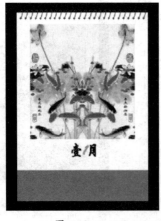
图 8-10-11

图 8-10-12

5. 选用"横排文字工具"，用大小70点，字间距为+300像素的黑色"华文行楷"，分行输入文本"新年"与"快乐"，效果如图8-10-13所示。

6. 按照第一单元中的第7题的方法制作标志，形成图层5。

7. 选中图层5，缩小标志，选择背景图层，链接图层5，选择"移动工具"，单击属性栏上的"水平中齐"按钮，使标志水平居中，效果如图8-10-14所示。

8. 选用"横排文字工具"，用大小24点，字间距为0像素的白色华文行楷，输入文本"江西省科学院计算机培训学院"。

9. 选择背景图层，链接"江西省科学院计算机培训学院"文字图层，选择"移动工具"，单击属性栏上的"水平中齐"按钮，使文字水平居中，效果如图8-10-15所示。

图 8-10-13

图 8-10-14

10. 执行【图层/栅格化/文字】命令，按住Ctrl键单击文字图层，将文字图层选区载入，执行【选择/修改/扩展】命令，扩展量取1像素。再执行【编辑/描边】命令，宽度为2像素，颜色为纯红色，位置居中，最终效果如图8-10-1所示。

图 8-10-15

六、保存文件

将最终结果以Xps8-10.tif为文件名保存到考生文件夹中。

8.11 羊头虎身(第 11 题)

【操作要求】

通过对图像的特技处理,产生羊头虎身效果,最终效果如图8-11-1所示。

图 8-11-1

1. 分别调出Yps8a-11.tif、Yps8b-11.tif,如图8-11-2和图8-11-3所示。

图 8-11-2　　　　　　　　　　　　图 8-11-3

2. 通过选定、剪贴等处理,作出羊头虎身的效果。
3. 要求最后结果是一个单层文件。
4. 将最终结果以Xps8-11.tif为文件名保存到考生文件夹中。

【操作步骤】

一、处理羊头图像

1. 打开文件Yps8a-11.tif,Yps8b-11.tif。
2. 选择文件Yps8b-11.tif,选用"磁性套索工具" ,将羊头套索成选区。
3. 执行【选择/修改/平滑】命令,取样半径取2像素,效果如图8-11-4所示,按Ctrl+C组合键复制。

4．选择文件Yps8a-11.tif，按Ctrl+V组合键粘贴，生成图层1。

5．执行缩放、旋转、扭曲等操作，将羊头调整成如图8-11-5所示的样子。

图 8-11-4

图 8-11-5

6．选择图层1，选用"仿制图章工具" ，在属性栏上选用15像素的软画笔，按住Alt键，在羊角中间边缘处单击取色素，松开Alt键，在边缘上端处一次次地单击，将老虎的毛色覆盖。

7．同样，将羊脸右部用"仿制图章工具" 进行处理。

8．同样，将羊脸左部用"仿制图章工具" 进行处理。

9．选择背景图层，将老虎的胡须，用"仿制图章工具" 进行处理，最终效果如图8-11-1所示。

注意：在使用"仿制图章工具" 时，要根据待处理的像素大小，改变画笔的像素。

10．执行【图层/拼合图层】命令，将全部图层合并成一个图层。

二、保存文件

将最终效果以Xps8-11.tif为文件名保存到考生文件夹中。

8.12 马路和草坪(第12题)

【操作要求】

通过对图像的特技处理，制作出马路和草坪的效果，最终效果如图8-12-1所示。

图 8-12-1

1．建一个 13 厘米×17 厘米、72 像素/英寸、RGB 模式的新文件。

2．调出文件 Yps8a-12.tif、Yps8b-12.tif、Yps8c-12.tif，分别如图 8-12-2、图 8-12-3 和图 8-12-4 所示，并复制图像。

图 8-12-2　　　　　　　　图 8-12-3　　　　　　　　图 8-12-4

3．通过对图层效果等处理，作出马路及草坪的效果。

4．将最终效果以Xps8-12.tif为文件名保存到考生文件夹中。

【操作步骤】

一、绘制草坪

1．打开文件Yps8a-12.tif，按Ctrl+B组合键，打开"色彩平衡"对话框，将"暗调"、"中间调"的色阶均设为(0 100 0)；然后，执行【图像/调整/"亮度/对比度"】命令，将对比度设为"+15"。

2．按Ctrl+A组合键，全选图案，按Ctrl+C组合键，复制图案。

3．建立一个13厘米×17厘米、72像素/英寸、RGB模式、白色背景的新文件。

4．选用"钢笔工具" 画出图8-12-1左边图形的路径，按Ctrl+Enter组合键，形成选区；按Shift+Ctrl+V组合键，将文件Yps8a-12的图案粘贴入选区中。按Ctrl+T组合键，然后，进行合适的放大、移动操作，形成图层1，如图8-2-5左边的样式。

5．进行与上一步类似的操作，形成图层2，如图8-12-5右边的样式。

二、绘制马路

1．置前景色为淡灰色(R220 G220 B220),在图层1之下新建图层3，选用"钢笔工具" 在图8-12-5左边勾出路径，按Ctrl+Enter组合键，形成选区，按Alt+Delete组合键,为选区填充淡灰色，如图8-12-6左边样式所示。

2．置前景色为深灰色(R115 G115 B115),在图层2之下新建图层4，选用"钢笔工具" 在图8-12-7右边勾出路径，按Ctrl+Enter组合键，形成选区，按Alt+Delete组合键,为选区填充深灰色，如图8-12-7右边样式所示。

3．置前景色为浅灰色(R135 G135 B135),在图层2之上新建图层5，选用"矩形选框工具" 框选画面，执行【选择/变换选区】命令，再执行【编辑/变换/斜切】命令，将选区调整成如图8-12-8样式所示，按Alt+Delete组合键，为选区填充灰色，效果如图8-12-9所示。

图 8-12-5

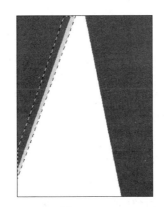
图 8-12-6

图 8-12-7

图 8-12-8

图 8-12-9

4. 在图层5之上建立图层6，选用"矩形选框工具" ▭ 画一矩形，填充为白色，按住Alt键，向上拖出5个白色矩形；链接6个白色矩形图层，在属性栏上分别单击"垂直中齐"按钮 ▫▫ 和"按顶分布"按钮 ▭，形成斑马线，效果如图8-12-10所示。

5. 执行【编辑/变换/斜切】命令，将斑马线斜切成如图8-12-11所示。

6. 执行旋转、纵向放大操作，将斑马线调整成如图8-12-12所示。

图 8-12-10

图 8-12-11

图 8-12-12

7．将链接的6个白色矩形图层合并成图层6。

三、绘制马路旁的树

1．打开文件 Yps8b-12.tif，执行【图像/模式/RGB 颜色】命令。

2．用"移动工具" 将小树移到新建文件中，生成图层 7，经缩小调整后执行【编辑/变换/水平翻转】命令。

3．按 Ctrl+B 组合键，打开"色彩平衡"对话框，将"色彩平衡"栏中的"暗调"、"中间调"的色阶均设为(0 +100 0)。然后，执行【图像/调整/"亮度/对比度"】命令，设置亮度为－35，使小树变得更绿，效果如图 8-12-13 所示。

4．打开文件 Yps8c-12.tif，选用"椭圆选框工具" ，将图像右下方的树丛框选，如图 8-12-14 所示。然后，执行【选择/羽化】命令，羽化半径取 2 像素。

5．用"移动工具" 将选区中的图案移到新建文件中，生成图层 8，执行【图像/调整/"亮度/对比度"】命令，设置亮度为－50，使选区中的图案变得更绿，适当缩小后移放到小树旁。将树丛和小树移到合适位置，效果如图 8-12-15 所示。

图 8-12-13

图 8-12-14

图 8-12-15

6．合并图层 7 和图层 8 成图层 7，形成树的合成图案的图层。

7．按住 Alt 键，在画面上拖出一个树的合成图案，适当缩小，移到合适的位置；依次，再做 4 次同样处理，形成马路右边的树，效果如图 8-12-16 所示。

8．合并全部树的图层为图层7，复制图层7成图层7副本，执行【编辑/变换/水平翻转】命令，用"移动工具" 将图层7副本上的小树移到马路的左边，并作适当的旋转，形成马路左边的树，效果如图8-12-17所示。

图 8-12-16

图 8-12-17

9. 合并图层7和图层7副本成图层7，形成马路两旁树的图层。

四、绘制草坪右边的树丛

1. 打开文件 Yps8c-12.tif，选用"钢笔工具" ，将边第二棵树丛勾勒出路径，按Ctrl+Enter组合键，将路径转为选区，如图8-12-18所示。

2. 用"移动工具" 将选区中的图案移到新建文件中，生成图层8，作适当的旋转、缩放操作后移至画面的右上角，用"橡皮擦工具" 擦去树丛多余部分，效果如图8-12-20所示。

3. 同样，在文件Yps8c-12.tif中，选用"钢笔工具" ，将右边第一个树丛勾勒出路径，按Ctrl+Enter组合键，将路径转为选区，如图8-12-19所示。

4. 用"移动工具" 将选区中的图案移到新建文件中，生成图层9，作适当的旋转、缩放操作后移至画面的右上角，用"橡皮擦工具" 擦去树丛多余部分，效果如图8-12-20所示。

图 8-12-18　　　　　图 8-12-19　　　　　图 8-12-20

5. 将图层8和图层9合并成图层8。

五、绘制草坪左边的树丛

1. 对图8-12-4中左边第二个树丛用"钢笔工具" 勾勒出路径，将路径转为选区，如图8-12-21所示。用"移动工具" 将框选的图案移到新文件左上角，生成图层9，经适当缩放操作后，用"橡皮擦工具" 擦去树丛多余部分，效果如图8-12-23所示。

2. 对图8-12-4中左边第二个树丛和第三个树丛用"钢笔工具" 勾勒出路径，将路径转为选区，如图8-12-22所示。用"移动工具" 将选区中的图案移到新文件的左上角，生成图层10，执行【编辑/变换/水平翻转】命令，经适当缩放操作后，用"橡皮擦工具" 擦去树丛多余部分，效果如图8-12-23所示。

3. 对图8-12-4中左边第三个树丛用"钢笔工具" 勾勒出路径，将路径转为选区，如图8-12-24所示。用"移动工具" 将选区中的图案移到新文件的左上角。生成图层11，经适当缩放、旋转操作后，用"橡皮擦工具" 擦去树丛多余部分。按住Ctrl键并单击图层11，载入选区，用13像素的白色软画笔，不透明度设为30%，流量设为30%，在月牙边缘喷出淡淡的白边，如图8-12-25所示。

图 8-12-21　　　　　　图 8-12-22　　　　　　图 8-12-23

4．对图8-12-4中右边第一个树丛用"钢笔工具" 勾勒出路径，将路径转为选区，如图8-12-26所示。用"移动工具" 将框选的图案移到新文件的左上角。生成图层12，经适当缩放、旋转操作后，用"橡皮擦工具" 擦去树丛多余部分。执行【图像/调整/"亮度/对比度"】命令，将亮度设为-20，使选区中的图案亮度变得暗一些。然后，按住Ctrl键并单击图层12，载入选区，用13像素的白色软画笔，不透明度设为30%，流量设为40%，在月牙边缘喷出白边，最终效果如图8-12-1所示。

图 8-12-24　　　　　　图 8-12-25　　　　　　图 8-12-26

六、保存文件

将最终效果以Xps8-12.tif为文件名保存到考生文件夹中。

8.13　空中楼阁(第 13 题)

【操作要求】

通过对图像的特技处理，产生空中楼阁的效果，最终效果如图 8-12-1 所示。

1．分别调出Yps8a-13.tif、Yps8b-13.tif，如图8-13-2和图8-13-3所示。
2．通过对层的合成处理，作出空中楼阁的梦幻效果。
3．要求最后结果是一个单层文件。
4．将最终结果以 Xps8-13.tif 为文件名保存到考生文件夹中。

图 8-13-1

图 8-13-2

图 8-13-3

【操作步骤】

一、将楼阁置入云彩图像中

1．打开文件Yps8a-13.tif、Yps8b-13.tif。

2．选择文件Yps8a-13.tif，选用"魔棒工具"，在属性栏中点选"添加到选区"按钮，容差取5像素，在白色天空上四处单击，然后，选用"矩形选框工具"，将白色天空选区内的零散小选区框选除去；再点选"从选区中减去"按钮，将白色天空选区外的零散小选区框选除去。

3．按Shift+Ctrl+I组合键，反选中楼阁和平地。

4．执行【选择/修改/收缩】命令，收缩量取1像素，按Ctrl+C组合键复制。

5．选打开文件Yps8b-13.tif，按Ctrl+V组合键粘贴，生成图层1。

6．在图层1，按Ctrl+T组合键，进行缩放操作，将楼阁调整如图8-13-4所示。

7．双击图层1缩览图，打开"图层样式"对话框，在"混合选项默认"对话框中，对"下一图层"进行操作，按住Alt键，将右边的"设置单一通道的混合范围"按钮向左调整为"150/175"，如图8-13-5所示。此时图像效果如图8-13-6所示。

8．选择"橡皮擦工具"，在属性栏中选取像素为35的软画笔，流量取得30%，将图8-13-6的左下角和右下角的图案用橡皮擦擦去，效果如图8-13-7所示。

图 8-13-4

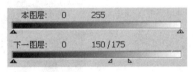

图 8-13-5

图 8-13-6

图 8-13-7

9. 将画笔的像素改为280，流量改为15%，在楼阁的下部擦一遍，最终效果如图8-13-1所示。

10. 执行【图层/合并图层】命令，将所有图层合并成一个图层。

二、保存文件

将最终结果以 Xps8-13.tif 为文件名保存到考生文件夹中。

8.14 生命之水(第 14 题)

【操作要求】

通过对图像的特技处理，产生图像融合的创意效果，最终效果如图8-14-1所示。

图 8-14-1

1. 分别调出Yps8a-14.tif、Yps8b-14.tif，如图8-14-2和图8-14-3所示。

图 8-14-2　　　　　　　　　　　　　　　图 8-14-3

2. 通过调整、层的蒙板等手法，作出局部图像融合的效果。
3. 要求最后结果是一个单层文件。
4. 将最终结果以Xps8-14.tif为文件名保存到考生文件夹中。

【操作步骤】

一、在水塘有水的地方置入生机盎然的水稻

1. 打开文件Yps8b-14.tif，选择"椭圆选框工具" 在水塘有水的部分画一选区，作适当的旋转操作。然后执行【选择/羽化】命令，羽化半径取15像素，如图8-14-4所示。

2. 打开文件 Yps8a-14.tif，按 Ctrl+A 组合键，全选图像，再按 Ctrl+C 组合键，复制图像。

3. 回到文件 Yps8b-14.tif，按 Shift+Ctrl+V 组合键，粘贴图像，生成有图层蒙版的图层1，如图 8-14-5 所示。

图 8-14-4　　　　　　　　　　　　　　　图 8-14-5

二、在水塘干涸的地方绘制枯死的水稻

1. 回到文件 Yps8a-14.tif，选择"矩形选框工具" 框选中下部的一束稻穗，如图 8-14-6 所示。按 Ctrl+C 组合键，复制稻穗。

2. 回到文件 Yps8b-14.tif，在图层 1 之上新建一图层 2，按 Ctrl+V 组合键，粘贴稻穗，作适当的放大操作，如图 8-14-7 所示。

图 8-14-6

图 8-14-7

3．置前景色为白色，背景色为黑色。然后，单击图层面板下方的"添加矢量蒙版"按钮 ，选取"橡皮擦工具" ，在属性栏中选择 35 像素的软画笔，将图层 2 上的稻穗擦成如图 8-14-8 的样式。

4．将稻穗作缩小、旋转处理后，执行【图像/调整/去色】命令，然后，再双击图层面板上的图层 2，打开"图层样式"对话框，将"混合模式"设为"滤色"，使稻穗变为淡白色。将稻穗移到画布的左上角，图 8-14-9 所示。

图 8-14-8

图 8-14-9

5．选用"仿制图章工具" ，在属性栏中选择 100 像素的软画笔，按住 ALT 键，单击画面左上角的淡白色稻穗，然后，在干涸的水塘的每一处地方盖上淡白色稻穗(也可用拖拉的方法给干涸的水塘的每一处地方拖出淡白色稻穗)，如图 8-14-10 所示。

6．将图层 2 的不透明度调整为 80%。

7．选用"矩形选框工具" ，将水塘中水稻下面的区域框选，执行【图像/调整/"亮度/对比度"】命令，将矩形区域内的亮度适当降低，使水塘下部的干涸裂缝区域中的淡白色稻穗颜色更淡一些。

三、置入文字"水"

1．置前景色为纯红色，选用"横排文字工具" ，在属性栏中进行设置，字体：华文楷体，大小：120像素。在画布右下角输入文字"水"，单击文字图层，形成"水"选区，如图8-14-11所示。

2．选用"移动工具" ，按Ctrl+T组合键，将"水"字适当放大，最终效果如图 8-14-1所示。

图 8-14-10　　　　　　　　　　　图 8-14-11

3．执行【图层/合并图层】命令，将所有图层合并成一个图层。

四、保存文件

将最终结果以Xps8-14.tif为文件名保存到考生文件夹中。

8.15　空中通道(第 15 题)

【操作要求】

通过对图像的特技处理，产生空中通道的创意效果，最终效果如图8-15-1所示。

图 8-15-1

1．分别调出文件Yps8b-13.tif、Yps8a-15.tif，Yps8b-15.tif，如图8-15-2、图8-15-3和图8-15-4所示。

图 8-15-2　　　　　　　　图 8-15-3　　　　　　　　图 8-15-4

2．通过对图层的处理，将各原图或其局部进行合成，产生空中通道的效果。

3．要求最后结果是一个单层文件。

4．将最终结果以Xps8-15.tif为文件名保存到考生文件夹中。

【操作步骤】

一、绘制空中通道

1．打开文件Yps8b-13.tif，按图8-15-5所示的数据拉出参考线。

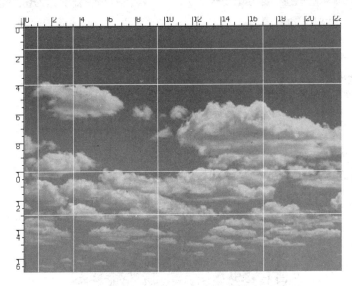

图 8-15-5

2．置前景色为深蓝色(R10 G20 B150)，新建图层1，选用"钢笔工具"，画出梯形1选框，按Ctrl+Enter组合键，将梯形1选框转为选区，按Alt+Delete组合键填充深蓝色，并将图层的不透明度改为85%，效果如图8-15-6所示。

3．新建图层2，选用"钢笔工具"，画出梯形2选框，按Ctrl+Enter组合键，将梯形2选框转为选区，填充深蓝色，并将图层的不透明度改为65%，效果如图8-15-6所示。

4．新建图层3，选用"钢笔工具"，画出梯形3选框，按Ctrl+Enter组合键，将梯形3选框转为选区，填充蓝色，并将图层的不透明度改为45%，效果如图8-15-6所示。

5．新建图层4，选用"钢笔工具"，画出梯形4选框，按Ctrl+Enter组合键，将梯形4选框转为选区，填充蓝色，并将图层的不透明度改为25%，效果如图8-15-6所示。

6．执行【窗口/清除参考线】命令，效果如图8-15-6所示。

二、绘制空中通道内图案

1．打开文件Yps8b-15.tif，按Ctrl+A组合键全选图像，按Ctrl+C组合键复制。

2．回到文件Yps8b-13.tif，选用"矩形选框工具"，沿天体通道的窗口画一矩形选区，按Shift+Ctrl+V组合键，将Yps8b-15的图案粘贴入矩形选区中，生成图层5。执行【图像/调整/"亮度/对比度"】命令，将亮度设为"-15"。然后，将图层的不透明度改为90%，效果如图8-15-7所示。

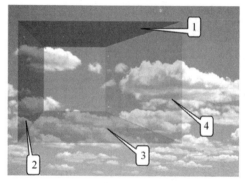
图 8-15-6

图 8-15-7

三、绘制人物图案

1．打开文件Yps8a-15.tif，选用"磁性套索工具" ，在属性栏中点选"从选区减去"按钮 ，将人物套索成选区(注意右手内部的套索)，然后，按Ctrl+C组合键复制。

2．回到文件Yps8b-13.tif，按Ctrl+V组合键将人物粘贴在窗口，生成图层6。经缩小操作后放置在如图8-15-8的位置。

3．复制图层6成图层6副本，点选图层6，执行【滤镜/模糊/动感模糊】命令，在打开的对话框中进行设置，角度：-45，距离：200，效果如图8-15-9所示。

图 8-15-8

图 8-15-9

4．执行【编辑/变换/透视】命令，将透视框调成如图8-15-10所示，回车确认。

5．按Ctrl+T组合键，然后，将模糊图案缩小，再向左移动至如图8-15-11所示位置，按回车键确认，效果如图8-15-1所示。

图 8-15-10

图 8-15-11

6. 执行【图层/合并图层】命令，将所有图层合并成一个图层。

四、保存文件

将最终结果以Xps8-15.tif为文件名保存到考生文件夹中。

8.16 机器大象(第16题)

【操作要求】

通过对图像的特技处理，产生机器大象的创意效果，最终效果如图8-16-1所示。

图 8-16-1

1. 分别调出文件 Yps8a-16.tif、Yps8b-16.tif，如图 8-16-2 和图 8-16-3 所示。

图 8-16-2

图 8-16-3

2. 通过对层的合成处理，作出大象的内脏由摩托车零件构成的效果。
3. 要求最后结果是一个单层文件。
4. 将最终结果以Xps8-16.tif为文件名保存到考生文件夹中。

【操作步骤】

一、建立大象图像

1. 打开文件 Yps8b-16.tif，执行【图像/调整/"亮度/对比度"】命令，在打开的对话框中进行设置，亮度：+30，对比度：+25，将大象变得光亮一些。

2．选用"磁性套索工具"，点选"从选区中减去"选项，将大象套索成选区，然后，按 Ctrl+C 组合键复制大象。

3．新建一个 16 厘米×12 厘米、72 像素/英寸、RGB 模式的新文件。将背景填充为蓝—白渐变色，然后，按 Ctrl+V 组合键粘贴大象，执行移动、旋转操作，将大象调整成如图 8-16-4 所示。

二、绘制大象内脏

1．打开文件 Yps8a-16.tif，选用"磁性套索工具"，将摩托车的前叉套索成选区，如图 8-16-5 所示。然后，执行【选择/羽化】命令，羽化半径取 15 像素，然后，按 Ctrl+C 组合键复制前叉。

图 8-16-4

2．转到新建文件，按 Ctrl+V 组合键粘贴前叉，然后，执行【编辑/变换/水平翻转】命令，再执行移动、旋转操作，将前叉调整成如图 8-16-6 所示。

图 8-16-5

图 8-16-6

3．按住 Alt 键，压住左键拖出一个前叉，经水平翻转、移动、旋转等操作，将前叉调整成如图 8-16-7 所示。

4．转到文件 Yps8a-18.tif，选用"磁性套索工具"，将摩托车的油箱以下部分套索成选区，如图 8-16-8 所示。然后，执行【选择/羽化】命令，羽化半径取 10 像素，然后，按 Ctrl+C 组合键复制选区。

图 8-16-7

图 8-16-8

5．转到新文件，按 Ctrl+V 组合键粘贴油箱以下部分，生成油箱图层，然后，对油箱图层执行【编辑/变换/水平翻转】命令，再执行移动、旋转、扭曲等操作，并选用"橡皮擦工具"，在属性栏选取 45 像素的软画笔，将过多的黑色部分擦除，使形状与位置如图 8-16-9 所示。

6．选择油箱图层，按 Ctrl+E 组合键，合并油箱图层和两个前叉图层为图层 2。然后，对图层 2 执行【图像/调整/去色】命令。

7．对图层 2，执行【图像/调整/色彩平衡】命令，将"中间调"、"暗调"与"高光"的色阶都设置为(0 +20 −20)。

8．执行【图像/调整/替换颜色】命令，先将"颜色容差"调整为"85"，然后，点选"选区"选项，再在选区框中单击，当油箱显示出来后，单击油箱，使白色的选区如图8-16-10所示。最后进行设置，色相：−15，饱和度：+45，明度：0。

图 8-16-9

图 8-16-10

9．将图层2的"不透明度"调整为50%。

10．执行【图像/调整/"亮度/对比度"】命令，将亮度设为+35，对比度设为10。

11．执行【图像/调整/"色相/饱和度"】命令，将参数设置成如图8-16-11所示。效果如图8-16-12所示。

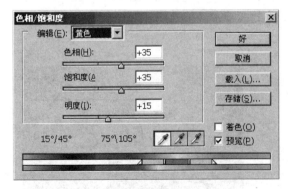

图 8-16-11

图 8-16-12

12．执行【图像/调整/曲线】命令，将参数设置成如图8-16-13所示，最终效果如图8-16-1所示。

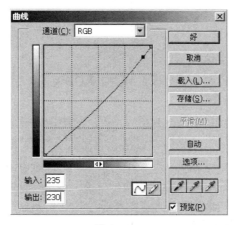

图 8-16-13

13. 执行【图层/合并图层】命令，将所有图层合并成一个图层。

三、保存文件

将最终结果以 Xps8-16.tif 为文件名保存到考生文件夹中。

8.17 梦幻环形(第 17 题)

【操作要求】

通过对图像的特技处理，制作出立体环绕的效果，最终效果如图8-17-1所示。

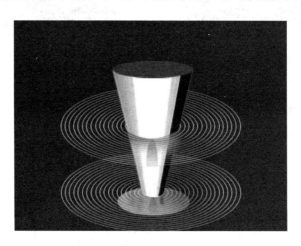

图 8-17-1

1．建立一个16厘米×12厘米、72像素/英寸、RGB模式、深蓝色背景(R41 G36 B113)的新文件。

2．通过相应的命令制作出立体形状，并处理好各侧面的色彩及亮度。

3．制作环形的效果，并围绕立体图形。

4．将最终结果以Xps8-17.tif为文件名保存到考生文件夹中。

【操作步骤】

一、绘制立体图形的主体

1．建立一个16厘米×12厘米、72像素/英寸、RGB模式、深蓝色背景(R42 G36 B113)的新文件。

2．置前景色为浅蓝色(R76 G64 B202)，新建图层1，选用"椭圆选框工具"，在画布的上方画一椭圆选区，填充为浅蓝色。

3．选中背景图层，链接图层1，点选"移动工具"，单击属性栏中的"水平中齐"按钮，将浅蓝色椭圆置于画面的水平居中位置。

4．以浅蓝色椭圆为依据，拖出辅助参考线。在背景图层之上新建图层2，选用"钢笔工具"，依参考线描出路径，再用"转换点工具"，将路径的下方拖成弧形，如图8-17-2所示。

5．置前景色为白色，按Ctrl+Enter组合键，将路径转为选区，按Alt+Delete组合键，将选区填充为白色，效果如图8-17-3所示。

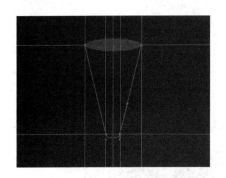 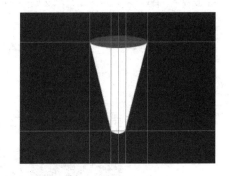

图 8-17-2　　　　　　　　　　　　　　　图 8-17-3

6．在图层2之上新建图层3，转到路径面板，单击下方的"创建新路径"按钮，新建路径1图层，然后，选用"钢笔工具"，描出路径1，按住Ctrl键单击路径1图层，将路径1转为选区，如图8-17-4所示。

7．执行【选择/羽化】命令，取羽化半径为"1像素"。

8．置前景色为浅蓝色(R153 G146 B251)，背景色为白色，选用"渐变工具"，在属性栏中点选"线性渐变"按钮；然后，单击"渐变拾色器"，在其中的"预设"栏中选择"从前景到背景"选项，从将选区的上端下些斜拖到下端，将选区填充为浅蓝—白渐变色，按 Delete+D 组合键，除去选区，并将图层3的图层不透明度改为80%。效果如图 8-17-5 所示。

9．在图层面板上，将图层3拖到面板下方的"创建新图层"按钮上，将图层3复制成图层3副本，然后，按Ctrl+T组合键,并将旋转中心移到浅蓝—白渐变区域底部的中点，在属性栏中进行设置：1.5度，按Entre键确认，将图层3副本的图层不透明度改为70%。

10．复制图层3的副本为图层3副本1，用同样的方法旋转1.6度，图层不透明度改为60%。

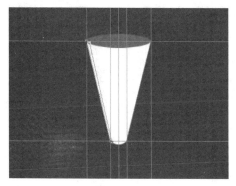
图 8-17-4

图 8-17-5

11．复制图层 3 的副本 1 为图层 3 副本 2，用同样的方法旋转-1.7 度，图层不透明度改为 50%。

12．复制图层 3 的副本 2 为图层 3 副本 3，用同样的方法旋转-1.8 度，图层不透明度改为 40%，综合效果如图 8-17-6 所示。

13．在图层 2 之上新建图层 4，转到路径面板，单击下方的"创建新路径"按钮 ，新建路径 2 图层，然后，选用"钢笔工具" ，描出路径 2，按住 Ctrl 键单击路径 2 图层，将路径 2 转为选区，如图 8-17-7 所示。

图 8-17-6

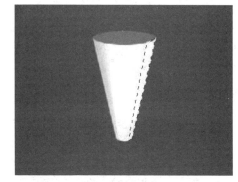
图 8-17-7

14．将前景色置为深蓝色(R14 G2 B133)，按 Alt+Delete 组合键，将选区填充为深蓝色，效果如图 8-17-8 所示。按 Delete+D 组合键，除去选区。

15．选中图层3副本3，复制成图层3副本4，执行【编辑/变换/水平翻转】命令，用"移动工具" 将其移到右边的深蓝色区域处，使两图案的下边重合。按Ctrl+T组合键，且将旋转中心移到浅蓝-白渐变区域底部的中点，旋转1.5度。

16．选中图层 3 副本 2，复制成图层 3 副本 5，执行【编辑/变换/水平翻转】命令，用"移动工具" 将其移到右边已移过去的浅蓝—白渐变区域，使两图案的下边重合。按 Ctrl+T 组合键，且将旋转中心移到浅蓝—白渐变区域底部的中点，旋转 1.5 度，综合效果如图 8-17-9 所示。

17．将除背景图层以外的图层合并成图层1。

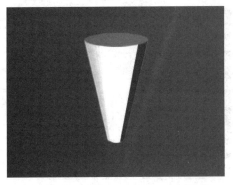 

图 8-17-8　　　　　　　　　　　　　图 8-17-9

二、绘制环形效果

1. 隐藏图层1，在图层1之下新建图层2。

2. 选用"椭圆选框工具" ◯ ，在属性栏中进行设置，样式：固定大小，宽度：300像素，高度：300像素。然后，在画面单击出 300 像素×300 像素的正圆，将正圆移到画布中心；分别拖出水平与垂直参考线相交于正圆圆心，如图 8-17-10 所示。

3. 执行【编辑/描边】命令，进行设置，宽度：1 像素，颜色：白色，位置：居中，给正圆描白边。

4. 执行【选择/变换选区】命令，在属性栏中将宽和高的数值进行设置，W：95.0%　H：95.0%，然后按 Enter 键确认。执行【编辑/描边】命令，进行设置，宽度：1 像素，颜色：白色，位置：居中，给缩小的正圆描白边。然后，按住 Shift+Ctrl+Alt+T 组合键，缩小复制成一个个同心圆环，一直操作到正圆变成一个很小的圆，如图 8-17-11 所示。

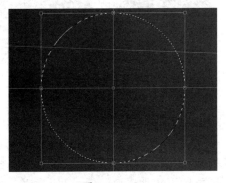 

图 8-17-10　　　　　　　　　　　　图 8-17-11

5. 以水平参考线为基准，拉出上下两条等距离的水平参考线。按 Ctrl+T 组合键，然后，分别向下和向上拖拉选框水平中部的两个控制柄，将正圆压缩成椭圆，如图 8-17-12 所示。复制图层 2 成图层 2 副本。

6. 显示图层 1，然后，将图层 2 和图层 2 副本图案的位置调整如图 8-17-13 所示。

7. 选中图层 1，复制图层 1 成图层 1 副本，且将图层面板调整成如图 8-17-14 所示。

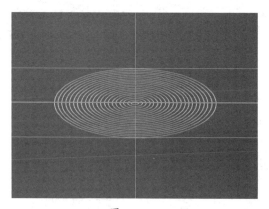

图 8-17-12

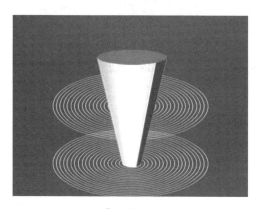

图 8-17-13

图 8-17-14

8. 转到路径面板，单击下方的"创建新路径"按钮 ▣ ，新建路径 3 图层，然后，选用"钢笔工具" ，描出路径 3，如图 8-17-15 所示。按住 Ctrl 键并单击路径 3 图层，将路径 3 转为选区，

9. 选中图层 1，按 Detele 键删除选区中的图案，然后，按 Ctrl+D 组合键去掉选区，形成立体图形被环形椭圆环绕的效果，如图 8-17-16 示。

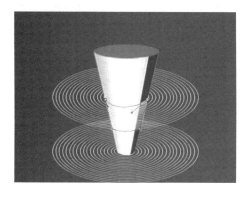

图 8-17-15

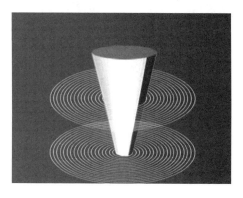

图 8-17-16

三、绘制立体图形中部和下部图案

1．在图层 2 之下新建图层 3，转到路径面板，按住 Ctrl 键并单击路径 3，重新载入路径 3 的选区，并将路径 3 的下面两个描点向上方移动，刚好超过最外层椭圆，如图 8-17-17 所示。

2．选用"渐变工具" ，在属性栏中点选"线性渐变"按钮 ，并单击"可编辑渐变" 按钮，在"渐变编辑器"中设置"浅蓝(R179 G184 B230)—透明"渐变色，在路径 3 的选区中从上到下拉出线性渐变色，效果如图 8-17-18 所示。

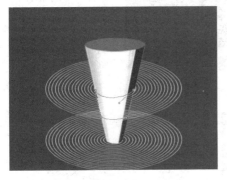

图 8-17-17

图 8-17-18

3．在图层 3 之上新建图层 4，在画布的其它地方，选用"椭圆选框工具" 往垂直方向画一椭圆选区，点选属性栏中的"从选区减去"按钮 ，再选用"矩形选框工具" 从椭圆选区的中偏下画一矩形选框，生成一个子弹头式的选区；然后，选用"渐变工具" ，在属性栏中点选"线性渐变"按钮 ，并单击"可编辑渐变"按钮 ，在"渐变编辑器"中选择原来设置的"浅蓝(R179 G184 B230)—透明"渐变色，将选区从上到下拖拉出线性渐变色，整个过程如图 8-17-19 所示。

4．将子弹头式的图案适当缩小，移到如图 8-17-20 所示位置。

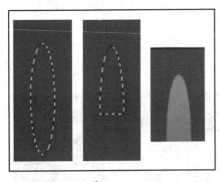

图 8-17-19

图 8-17-20

5．在图层 2 副本之上新建图层 5，此时，图层面板如图 8-17-21 所示。

6．置前景色为纯白色，然后，选用"椭圆选框工具" 在画布上画一椭圆，将其填充为纯白色，再将其与图层 1 副本"水平中齐" ，并将图层"不透明度"调整为 55%，效果如图 8-17-22 所示。

图 8-17-21

图 8-17-22

7. 复制图层 4 成图层 4 副本，用"移动工具" 将其移至下方淡白色椭圆图层 5 之上，并将淡白色椭圆的顶点与立体图形的主体相接。选用"矩形选框工具" 框住超出淡白色的椭圆子弹头图案，按 Delete 键删除，效果如图 8-17-23 所示。

8. 置前景色为蓝色，选用"画笔工具" ，选择 100 像素的软画笔，流量取 20%，在淡白色的椭圆右侧分别单击，使淡白色的椭圆有一种泛蓝的感觉。然后，用 16 像素的软画笔，流量取 5%，在左侧刷出两条泛蓝的形状，效果如图 8-17-24 所示。

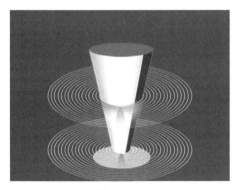

图 8-17-23

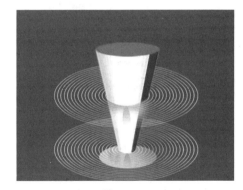

图 8-17-24

9. 改用 10 像素的软画笔，流量取 30%，在右侧刷画出一条泛蓝的形状，最终效果如图 8-17-1 所示。

四、保存文件

将最终结果以 Xps8-17.tif 为文件名保存到考生文件夹中。

8.18 奔跑的老虎(第 18 题)

【操作要求】

通过对图像的特技处理，产生老虎奔跑的动感效果，最终效果如图 8-18-1 所示。

图 8-18-1

1．分别调出Yps8a-18.tif、Yps8b-18.tif，如图8-18-2和图8-18-3所示。

图 8-18-2

图 8-18-3

2．通过对背景的模糊处理，产生老虎狂奔的动感效果。
3．要求最后结果是一个单层文件。
4．将最终结果以Xps8-18.tif为文件名保存到考生文件夹中。

【操作步骤】

一、将城堡动感化

打开文件 Yps8a-18.tif，执行【滤镜/模糊/径向模糊】命令，在打开的对话框中进行设置，数量：100，模糊方式：缩放，品质：最好，如图 8-18-4 所示。效果如图 8-18-5 所示。

图 8-18-4

图 8-18-5

二、将老虎模糊化

1. 打开文件 Yps8b-18.tif，转到路径面板，按住 Ctrl 键并单击老虎的工作路径选中老虎，然后，执行【选择/修改/平滑】命令，取样半径取 1 像素。

2. 用"移动工具"将选中的老虎移到文件 Yps8a-18.tif 中，生成图层 1，按 Ctrl+T 组合键，缩放老虎到合适大小，放置在如图 8-18-6 所示位置。

图 8-18-6

3. 在图层 1，执行【滤镜/模糊/高斯模糊】命令，在打开的对话框中进行设置，半径取 1，效果如图 8-18-1 所示。

4. 执行【图层/合并图层】命令，将所有图层合并成一个图层。

三、保存文件

将最终结果以 Xps8-18.tif 为文件名保存到考生文件夹中。

8.19 沙漠海市蜃楼(第 19 题)

【操作要求】

通过对图像的特技处理，产生沙漠中的海市蜃楼效果，最终效果如图 8-19-1 所示。

图 8-19-1

1. 分别调出Yps8a-19.tif、Yps8b-19.tif，如图8-19-2和图8-19-3所示。

图 8-19-2   图 8-19-3

2. 通过对层的融合处理，作出一种沙漠中海市蜃楼的效果。
3. 要求最后结果是一个单层文件。
4. 将最终结果以Xps8-19.tif为文件名保存到考生文件夹中。

【操作步骤】

一、绘制海市蜃楼效果

1. 打开文件Yps8b-19.tif，按Ctrl+A组合键全选图像，然后，按Ctrl+C组合键复制图像。
2. 打开文件 Yps8a-19.tif，按 Ctrl+V 组合键将 Yps8b-19.tif 的图像粘贴，自动生成图层1，完全覆盖 Yps8a-19.tif 的原图案，效果如图 8-19-4 所示。此时图层面板如图 8-19-5 所示。

图 8-19-4   图 8-19-5

3. 选中图层 1，按 Ctrl+T 组合键，然后，将其纵向放大成如图 8-19-6 所示。
4. 关闭图层 1，双击背景图层，在打开的对话框中，将背景图层命名为图层 0。
5. 选中图层 0，按 Ctrl+T 组合键，然后，将其纵向放大成如图 8-19-7 所示。
6. 打开并选中图层 1，此时画面回到如图 8-19-6 所示。单击图层面板下方的"添加矢量蒙板"按钮，对图层 1 进行矢量蒙板操作。
7. 设置前景色为黑色，背景色为白色，选择"渐变工具"，在属性栏的"渐变编辑器"中选择"前景到背景"选项，并点选"线性渐变"按钮，然后，在画面的中央，从上到下拉出垂直向下的线性渐变，最终效果如图8-19-1所示。

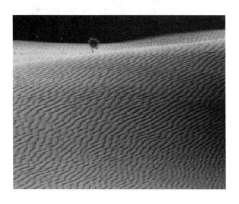 

图 8-19-6　　　　　　　　　　　　　　图 8-19-7

8．执行【图层/合并图层】命令，将所有图层1和图层0合并成一个图层。

二、保存文件

将最终结果以 Xps8-19.tif 为文件名保存到考生文件夹中。

8.20　大海海市蜃楼(第 20 题)

【操作要求】

通过对图像的特技处理，产生大海中的海市蜃楼效果，最终效果如图8-20-1所示。

图 8-20-1

1．分别调出Yps8a-20.tif、Yps8b-20.tif，如图8-20-2和图8-20-3所示。
2．通过对层的融合处理，作出一种大海中海市蜃楼的效果。
3．要求最后结果是一个单层文件。
4．将最终结果以Xps8-20.tif为文件名保存到考生文件夹中。

图 8-20-2

图 8-20-3

【操作步骤】

一、绘制海市蜃楼的效果

1. 打开文件 Yps8b-20.tif，选用"矩形选框工具"框选如图 8-20-4 所示图案，然后，按 Ctrl+C 组合键复制选框内的图像。

2. 打开文件 Yps8a-20.tif，按 Ctrl+V 组合键将 Yps8b-20.tif 的图像粘贴，自动生成图层 1，按 Ctrl+T 组合键,适当缩放图像后完全覆盖 Yps8a-20.tif 的图像，效果如图 8-20-5 所示。

图 8-20-4

图 8-20-5

3. 将图层 1 的模式选为"柔光"、不透明度设为"75%"，如图 8-20-6 所示。效果如图 8-20-7 所示，生成海市蜃楼的效果。

图 8-20-6

图 8-20-7

4. 选用"橡皮擦工具"，在属性栏中选用150像素的软画笔，不透明度取"50%"，对图层1图像四周的图案点刷，效果如图8-20-8所示，使海市蜃楼的效果更真实。

图 8-20-8

二、绘制文字"样"

1. 新建一个3厘米×2.3厘米、72像素/英寸、RGB模式、透明色背景的文件。
2. 新建图层1，并填充成黑色。
3. 选用"横排文字工具"，字体选"隶书"，大小为100像素，加粗，颜色为白色，输入文字"样"，形成文字"样"图层。
4. 选用"移动工具"，选中图层1，链接文字"样"图层，在属性栏中单击"垂直中齐"按钮 和"水平中齐" 按钮，将"样"字移到画布中央，效果如图8-20-9所示。
5. 删除图层1，执行【编辑/定义图案】命令，并在弹出的对话框中给要定义的图案取名。
6. 回到文件Yps8a-20.tif，转到通道面板，新建Alpha1通道，并执行【编辑/填充】命令，将Alpha1通道填充为字符"样"的点阵，效果如图8-20-10所示。

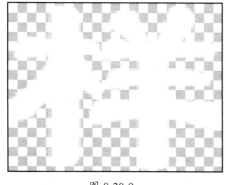

图 8-20-9　　　　　　　　　　图 8-20-10

三、修饰文字"样"

1. 在通道面板，按住Ctrl键并单击Alpha1通道，载入字符"样"选区。然后，复制Alpha1通道为Alpha1副本，对Alpha1副本执行【滤镜/风格化/浮雕效果】命令，在打开的对话框中进行设置，角度：100度，高度：6，数量：50%，如图8-20-11所示。效果如图8-20-12所示。

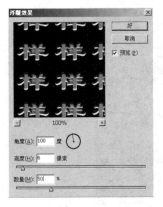

图 8-20-11　　　　　　　　　　　　　图 8-20-12

2．复制Alpha1副本为Alpha1副本2,然后再回到Alpha1副本,对Alpha1副本执行【图像/调整/色阶】命令，如图8-20-13所示。效果如图8-20-14所示。

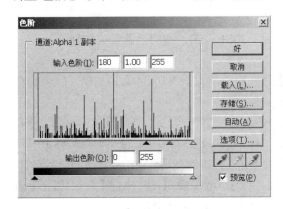 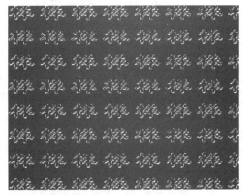

图 8-20-13　　　　　　　　　　　　　图 8-20-14

3．单击Alpha1副本2,对其执行【图像/调整/反相】命令，然后，再执行【图像/调整/"亮度/对比度"】命令，如图8-20-15所示。效果如图8-20-16所示。

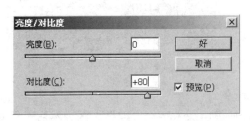 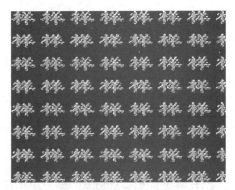

图 8-20-15　　　　　　　　　　　　　图 8-20-16

4．在通道面板上，单击RGB通道，此时通道面板如图8-20-17所示，将Alpha1副本拖入通道面板下方的"将通道作为选区载入"按钮 上，载入Alpha1副本上文本的选区，效果如图8-20-18所示。

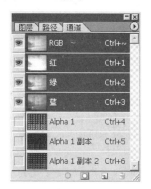

图 8-20-17

图 8-20-18

5．在图层面板上的图层1上，对载入Alpha1副本的选区执行【图像/调整/色阶】命令，在打开的对话框中进行如图8-20-19所示的设置。效果如图8-20-20所示。

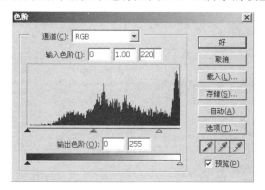

图 8-20-19

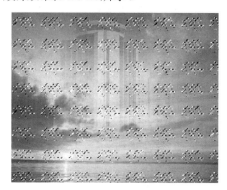

图 8-20-20

6．在通道面板上，将Alpha1副本2拖入通道面板下方的"将通道作为选区载入" 按钮上，载入Alpha1副本2上文本的选区，

7．在图层面板上图层1上，对载入Alpha1副本2的选区执行【图像/调整/色阶】命令，在打开的对话框中进行如图8-20-21所示的设置。效果如图8-20-22所示。

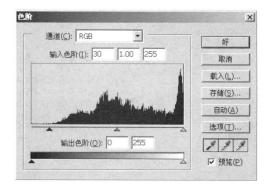

图 8-20-21

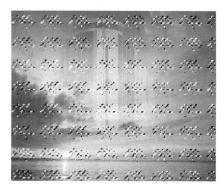

图 8-20-22

8．Ctrl+D组合键，取消选区，最终效果如图8-20-1所示。

9．执行【图层/合并图层】命令，将图层1和背景图层合并成一个图层。

四、保存文件

将最终结果以 Xps8-20.tif 为文件名保存到考生文件夹中。